鉛

作業主任者テキスト

中央労働災害防止協会

序

　鉛中毒は，早くから知られており，その予防のため昭和42年には鉛中毒予防規則が制定され，その後昭和47年の労働安全衛生法の制定を機に，同法に基づく省令として新たに制定・施行されました。

　鉛作業主任者は，この鉛中毒予防規則に基づき，鉛業務に従事する労働者が鉛や鉛化合物により汚染されないよう労働者を指揮すること，汚染された場合にはその汚染を除去させること，局所排気装置等を点検すること，呼吸用保護具等の使用状況を監視すること等の職務を行うことにより，労働者が健康被害を被ることのないようにするという，重要な役割を担っています。

　本書は，鉛作業主任者の職務と責任や作業主任者として知っておくべき知識を網羅するとともに，関係法令については理解しやすいように解説を加えるなどの工夫をしたテキストです。

　今般，化学物質の自律的な管理への転換をはじめとする最近の法令等の改正を踏まえ，最新の知識や情報を盛り込んで改訂いたしました。本書の作成に当たり，ご協力いただきました改訂編集委員会委員の方々には改めて感謝申し上げる次第です。

　本書が鉛作業主任者をはじめ多くの関係者の方々に活用され，労働者の健康障害の防止に役立つことを願っております。

　令和5年3月

中央労働災害防止協会

「鉛作業主任者テキスト」改訂編集委員会

技能講習の講習科目について

鉛作業主任者は技能講習を修了した者のうちから選任されることが定められている。講習科目は以下のとおり。

鉛作業主任者技能講習科目

講習科目	範　　囲	講習時間	本書 対応箇所 および頁
健康障害及びその予防措置に関する知識	鉛中毒の病理，症状，予防方法及び応急措置	3 時間	第 2 編 （31 頁）
作業環境の改善方法に関する知識	鉛の性質　鉛に係る設備の管理　作業環境の評価及び改善の方法	3 時間	第 3 編 （53 頁）
保護具に関する知識	鉛に係る保護具の種類，性能，使用方法及び管理	1 時間	第 4 編 （107 頁）
関係法令	労働安全衛生法，労働安全衛生法施行令及び労働安全衛生規則中の関係条項　鉛中毒予防規則	3 時間	第 5 編 （137 頁）

（平成 6 年 6 月 30 日労働省告示第 65 号「化学物質関係作業主任者技能講習規程」より作成）

目　　次

第4編　保護具に関する知識

参考資料

イラスト　安藤しげみ／田中　斉
表紙デザイン　デザイン・コンドウ

第1編

鉛作業主任者の職務と責任

各章のポイント

【第1章】労働衛生の3管理と作業主任者の職務

□ 鉛作業主任者の職務や，職務遂行に当たり実施することが重要な労働衛生の3管理（「作業環境管理」「作業管理」「健康管理」）について学ぶ。

□ 技能講習を修了して作業主任者に選任された場合に，責任の重さを自覚し，学習した内容を活用して指導を行えるようにする。

【第2章】作業主任者として求められる役割

□ 鉛作業主任者の役割は，作業環境管理，作業管理を推進し，作業中に鉛等を作業者の身体に接触させない，または吸入しないように，正しい作業方法を定めて守らせることである。

□ 鉛作業主任者は，鉛中毒予防規則と関係する法令，告示，通達についての理解が必要である。

□ 労働衛生の3管理を的確に進めるためには，リスクアセスメントとその結果に基づくリスク低減措置を講じることが必須である。

【第3章】化学物質の自律的な管理

□ 化学物質規制体系の見直しについて知り，事業者が選任する「化学物質管理者」「保護具着用管理責任者」などの必要な人材について理解する。

第1章　労働衛生の3管理と作業主任者の職務

1　作業主任者の職務

　図1-1 はライン・スタッフ型の安全衛生管理組織の例である。企業における通常業務の指示命令は，経営トップの責任でその意志が部長，課長，係長などラインの職制を通じて第一線の作業者まで伝達され，職制の指揮監督の下で実行される。安全衛生管理もそれと同じく経営トップの責任で業務ラインの職制を通じて実行されることが望ましい。しかし特に危険有害な業務では，一般的な職制の指揮監督に加えてさらにきめ細かい指導が必要であり，その目的で第一線で作業者に密着して指揮監督を行うのが作業主任者である。

　職場における危険または有害な作業のうち，労働災害を防止するために特に管理を必要とするものについては，事業者は作業主任者を選任し，その者に労働者の指揮その他必要な事項を行わせなければならないことが労働安全衛生法（以下，「安衛法」という。）に定められている（第14条）。鉛等を取り扱う業務のうちの多くは法令で定める鉛業務に該当し，鉛作業主任者技能講習を修了した者のうちから鉛作業主任者を選任することとなる。その職務は，次の5つの事項である（鉛中毒予

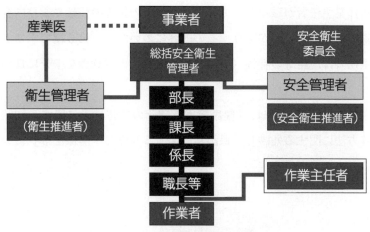

図1-1　安全衛生管理組織図

（沼野雄志監修「望ましい安全衛生管理体制とは（PRC版)」より引用）

防規則第34条)。

(1) 鉛業務に従事する労働者の身体ができるだけ鉛等または焼結鉱等により汚染されないように労働者を指揮すること。

(2) 鉛業務に従事する労働者の身体が鉛等または焼結鉱等によって著しく汚染されたことを発見したときは，速やかに，汚染を除去させること。

(3) 局所排気装置，プッシュプル型換気装置，全体換気装置，排気筒および除じん装置を毎週1回以上点検すること。

(4) 労働衛生保護具等の使用状況を監視すること。

(5) 鉛装置の内部における業務に労働者が従事するときは，次に定める措置が講じられていることを確認すること。

① 作業開始前に，当該鉛装置とそれ以外の装置で稼働させるものとの接続箇所を確実に遮断すること。

② 作業開始前に，当該鉛装置の内部を十分に換気すること。

③ 当該鉛装置の内部に付着し，または堆積している粉状の鉛等または焼結鉱等を湿らせる等によりこれらの粉じんの発散を防止すること。

④ 作業終了後，すみやかに，当該労働者に洗身をさせること。

鉛作業主任者がこれらの職務を遂行するに当たっては，作業指揮する立場にあることから，鉛等による健康障害を予防するために「作業環境管理」，「作業管理」，「健康管理」といういわゆる労働衛生の3管理と，作業者に対する労働衛生教育を確実に実施することが重要であり，そのために第一線で労働者を指揮する作業主任者の責任はきわめて重いと言えよう。

なお，鉛作業主任者が職務として取り扱う対象の鉛等の種類や業務内容については，鉛中毒予防規則に定めがあり，その内容については，第5編で学ぶことになるが，作業主任者は，鉛等の特性（危険性）や業務上の留意点を十分に理解する必要がある。

鉛作業主任者技能講習では，「健康障害及びその予防措置に関する知識」，「作業環境の改善方法に関する知識」，「保護具に関する知識」，「関係法令」について講習を受けることになっている。

2　労働衛生の3管理

　鉛業務に従事する労働者の健康障害を防止するためには，鉛等の粉じんやヒュームが呼吸器を通して体内に吸収される量を減らすために作業に伴って発散する鉛等の量を抑えることや，換気等の方法で空気中の鉛等の濃度を低く抑えることが重要であり，これが「作業環境管理」である。

　また，人体に鉛等の粉じんやヒュームを接触させない正しい作業方法を定めて守らせることや，必要な場合には鉛等に対して有効な保護具を使用させることも重要であり，これが「作業管理」である。「作業環境管理」，「作業管理」に必要な知識は第3編，第4編で学ぶ。

　さらに，「健康管理」は法令で定められた作業主任者の職務としては直接には明示されていないが，鉛等による健康障害，特に鉛中毒を予防するために，第2編の鉛等の有害性，健康障害の起こり方，鉛中毒の症状，健康診断結果に伴う対処，鉛中毒が発生した場合の処置方法などについて，作業主任者は十分理解しておく必要がある。

　技能講習を修了して作業主任者に選任されたならば，その責任の重さを自覚し，学習した内容を十分活用して指導を行い，鉛作業主任者としての職務を的確に遂行しなければならない。

第2章　作業主任者として求められる役割

1　作業環境管理，作業管理と作業主任者

　日常的に行われる鉛等の取扱い作業の状況を観察してみると，作業者が鉛等の危険有害性を十分認識していなかったり，あるいは仕事に慣れすぎて鉛等の危険有害性の認識が薄れてしまったために，不注意な行動をして発じんさせたり，保護具の着用を怠ったりすることにより，粉じんやヒュームを吸入し，健康診断等の結果が悪化するといった事例が見受けられる。作業主任者は，この技能講習で学んだことを十分理解し，作業者がこのような不安全な行動をしないように常に適切な指導監督を行わなければならない。

　鉛中毒予防規則は，第34条第1号に鉛作業主任者の職務として「鉛業務に従事する労働者の身体ができるだけ鉛等又は焼結鉱等により汚染されないように労働者を指揮すること。」と規定している。すなわち鉛作業主任者が第一に行わなければならない職務は，作業環境管理，作業管理を推進し，作業中に鉛等を作業者の身体に接触させない，または吸入しないように，正しい作業方法を定めて守らせることである。

　鉛作業主任者が日常作業において指導監督する内容としては以下の例があげられる。

(1) 鉛等を含む原材料等は，必要な量だけ作業場所に持ち込むようにさせること。

(2) 粉末状の鉛等を取り扱う際に，発じんさせないこと。

(3) 粉末状の鉛，焼結鉱，および浮渣等で発散するものは，ふたのついた容器に入れ，その都度必ずふたをさせること。

(4) 作業量，作業速度，温度，圧力などを必要以上に上げさせないこと。特に溶解させる温度を上げると発生するヒュームの量が増える。また，研磨や切断等する場合にも作業速度を上げることにより，発じん量が増える。

(5) 局所排気装置，プッシュプル型換気装置および全体換気装置は，作業開始前にスイッチを入れ，作業終了後もしばらく運転すること。

　　また，稼働状況を見えるようにする等して，確実に稼働した状態で作業させること（**写真 1-1**）。

(6)　鉛等の吸入を避けるため，発散源の風上で作業を行わせること。発散源と局所排気装置の吸引口との間に顔等が入らないようにすること（**図 1-2**）。

(7)　鉛等を手で取り扱う作業では，化学防護手袋（保護手袋）を使用させること。

(8)　作業場内での飲食，喫煙を禁止するとともに，タバコやペットボトル等の飲料の作業場内への持込みも禁止すること。鉛の融点（鉛が溶ける温度）は327.4℃ と低いために，タバコを吸うことにより，タバコに付着した鉛がヒュームとなり，吸入してしまう。

吹流しをつけて局所
排気装置の稼働状況
を見えるようにした
例

写真 1-1　稼働状況を見えるようにした例

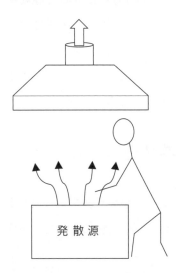

発 散 源

図 1-2　発散源とフードの間に顔が入る悪い例

写真1-2　スモークテスターの煙で局所排気装置の点検をする作業主任者

(9)　適切な呼吸用保護具を使用させること。特に防じんマスクを使用する場合には，作業を始める前に必ずシールチェック（密着性の確認）をして漏込みがないことを確認させること（陰圧法によるシールチェックは第4編参照）。

(10)　呼吸用保護具，保護衣類および作業用衣類をこれら以外の通勤用衣類と隔離して保管させること。

(11)　手の汚染を除去させるために，硝酸水溶液，重金属用等の手洗い溶液または石けんを使用させること。

(12)　身体の汚染を除去させるために，洗身設備を利用させること。

(13)　作業用衣類を自宅へ持ち帰り洗濯することを禁止すること。

(14)　その他，第3編，第4編で説明する注意事項を守らせること。

　また，鉛中毒予防規則第34条第3号には「局所排気装置，プッシュプル型換気装置，全体換気装置，排気筒及び除じん装置を毎週1回以上点検すること」を作業主任者の職務の1つと定めている。作業主任者はこれらの原理，構造，点検の方法を理解し，定期的に点検を行って換気装置等が正常に性能を発揮しているように維持しなければならない（**写真1-2**）（第3編参照）。

2　鉛中毒の防止と作業主任者

　鉛等による健康障害は，職業病の中でも非常に古い歴史があるが，近年の作業環境改善の成果と定期的な鉛健康診断の実施によって，重度の鉛中毒による健康障害が発生する事例は非常に少なくなった。

　しかしながら，鉛健康診断の結果によると年間約1,000人の有所見者が発生して

いる。鉛等による健康障害は，比較的低い濃度に長期間ばく露したことにより起こる慢性の障害と，高濃度に短時間ばく露した場合に起こる急性の障害とがある（第2編参照）。

　鉛中毒が発生した現場を調べてみると，作業主任者が選任されていなかったり，また，選任されていても職務を十分に遂行していなかったという事例も多い。

　鉛中毒の防止には，局所排気装置等の設置はもとより，局所排気装置等を確実に稼働させ，鉛等の粉じんおよびヒュームを作業場内に発散させないことが重要である（第3編参照）。

　次に重要なことは有効な呼吸用保護具を着用して作業することである。有効な呼吸用保護具の効果を維持するために必要なメンテナンス方法，正しい装着方法などを厳守させる（第4編参照）。なお，前述した「局所排気装置等の正常な稼働の点検」により監視することと，呼吸用保護具をはじめ「保護具の使用状況を監視すること」は鉛中毒予防規則第34条に定められた作業主任者の重要な職務である。また，短時間での高濃度ばく露の可能性のある「鉛装置の内部における業務」の確認事項についても鉛作業主任者の重要な職務であり，保護具の使用状況の監視と併せて行うことが重要である。

　鉛健康診断や作業環境測定等の結果に基づき，早い段階で適切な措置をとっていれば，鉛中毒の発生は救急処置が必要になることはあまりない。

　健康管理は労働安全衛生法で定められた作業主任者の職務ではないが，少なくとも自分が指揮する作業場で使用される鉛等について，第2編で学ぶ有害性，健康障害の起こり方，中毒の症状等について十分理解し，作業者に教え，指揮することが重要である。

3　労働衛生関係法令と作業主任者

　国会が制定した「法律」と，法律の委任を受けて内閣が制定した「政令」および専門の行政機関（省）が制定した「省令」などの「命令」をあわせて一般に法令と呼ぶ。

　労働安全衛生に関する代表的な法律が，「労働安全衛生法」であり，「鉛中毒予防規則」は，労働安全衛生法の委任に基づいて厚生労働省が制定した「厚生労働省令」であり，鉛等による健康障害を防止するために事業者が講じなければならないいろいろな措置を定めている。また，厳密には法令ではないが法令とともにさらに詳細

な技術的基準などを定める「告示」がある。法令・告示の内容を解釈する「通達」も法令ではないが，法令を正しく理解するために発するものと考えられている。したがって，法令の規定を理解するためには，法律・政令・省令だけでなく，関係する告示・通達も併せて総合的に理解することが必要である（第5編参照）。

　鉛作業主任者が適切に職務を遂行するためには鉛中毒予防規則と関係する法令・告示および通達（例えば作業環境測定基準や防じんマスクの選定・使用等に関する通達等）についても理解が必要である。

　また，「関係法令」を理解するに当たっては，その内容とともに趣旨を把握するように努めるとともに，社会情勢の変化や技術の進歩等に対応するために行われる法令改正の動きにも注視しておく必要がある。

4　リスクアセスメント

(1)　リスクアセスメント

　労働衛生の3管理を的確に進めるためには，リスクアセスメントとその結果に基づくリスク低減措置によって作業場に存在する危険有害因子を取り除くことが必須である。

　リスクアセスメントとは，危険性・有害性の特定，リスクの見積り，優先度の設定，リスク低減措置の決定の一連の手順をいい，事業者は，その結果に基づいて適切なリスク低減措置を講じることができる。

　リスクアセスメントは事業場のトップから作業者まで全員参加で行われるべきであるが，特に現場の作業実態をよく知る作業主任者の積極的な関与が望まれる。

　化学物質のリスクアセスメントについては，「化学物質等による危険性又は有害性等の調査等に関する指針」（平成27年9月18日付け公示第3号）（参考資料6）に，化学物質の危険有害性とばく露の程度の組合わせで表されるリスクの大きさを見積もり，リスクの大きさに応じて低減措置の優先度を決め，優先度に対応した低減措置を実施する方法が示されている。

　リスクアセスメントでは，ばく露測定または作業環境測定等の結果から推定される作業者のばく露濃度のデータがある場合には，それを日本産業衛生学会が勧告する許容濃度，米国産業衛生専門家会議（ACGIH）が勧告するTLVs（Threshold Limit Values）等のばく露限界と比較することにより定量的なリスクの見積りができる。そのようなデータが無い場合は安全データシート（SDS）に記載されているGHS

（化学品の分類および表示に関する世界調和システム）の分類区分（有害性ランク）と物質の物性，形状，温度（揮発性・飛散性ランク）および1回または1日あたりの使用量（取扱量ランク）によって推定した労働者のばく露量の組合わせで定性的なリスクの見積りを行う。

　労働安全衛生法および政省令により，安全データシート（SDS）交付義務対象である通知対象物すべてについて，新規に採用する際や作業手順を変更する際にリスクアセスメントを実施することが義務付けられている。「鉛及びその無機化合物」も

【液体または粉体を扱う作業（鉱物性粉じん，金属粉じん等を生ずる作業を除く。）】

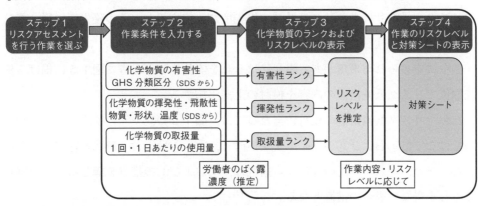

図1-3　厚生労働省版コントロール・バンディング

（出典：厚生労働省「職場のあんぜんサイト」https://anzeninfo.mhlw.go.jp/user/anzen/kag/ankgc07_1.htm）

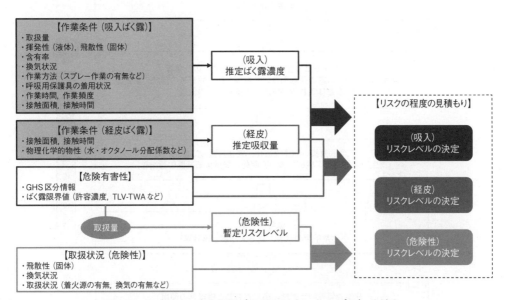

図1-4　CREATE-SIMPLE（クリエイト・シンプル）の流れ

（出典：厚生労働省「職場のあんぜんサイト」https://anzeninfo.mhlw.go.jp/user/anzen/kag/ankgc07_3.htm）

通知対象物に含まれている。

　厚生労働省は化学物質についての特別の専門的知識が無くても定性的なリスクアセスメントが実施できる「化学物質リスク簡易評価法（コントロール・バンディング）」（**図1-3**）や，比較的少量の化学物質を取り扱う事業者に向けた「CREATE－SIMPLE（クリエイト・シンプル）」（**図1-4**）などを準備している。これらのリスクアセスメントの支援ツールは下記のウェブサイトから無料で利用できる。

　厚生労働省「職場のあんぜんサイト（化学物質のリスクアセスメント実施支援）」

　https：//anzeninfo.mhlw.go.jp/user/anzen/kag/ankgc07.htm

（2）　リスク低減措置の検討および実施

　リスクの見積りによりリスク低減の優先度が決定すると，その優先度に従ってリスク低減措置の検討を行う。

　法令に定められた事項がある場合にはそれを実施するとともに**図1-5**に掲げる優先順位でリスク低減措置の内容を検討の上，実施する。

　なお，リスク低減措置の検討に当たっては，**図1-5**の③や④の措置に安易に頼るのではなく，①および②の措置をまず検討し，③，④は①および②の補完措置と考える。また，③および④のみによる措置は，①および②の措置を講じることが困難でやむを得ない場合の措置となる。

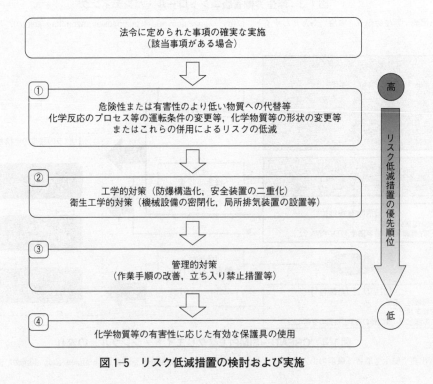

図1-5　リスク低減措置の検討および実施

　死亡，後遺障害，重篤な疾病をもたらすおそれのあるリスクに対しては，適切な
リスク低減措置を講じるまでに時間を要する場合は，暫定的な措置を直ちに講じる
よう努めるべきである。

（3）　リスクアセスメント結果等の労働者への周知等

　リスクアセスメントの結果は，作業者に周知することが求められている。対象の
化学物質等の名称，対象業務の内容，リスクアセスメントの結果（特定した危険性
または有害性，見積もったリスク），実施するリスク低減措置の内容について，作
業場の見やすい場所に常時掲示するなどの方法で作業者に周知する。また，業務が
継続し作業者への周知を行っている間はこれらの事項を記録し保存しなければなら
ない。

（4）　リスクアセスメント対象物にばく露される濃度の低減措置

　リスクアセスメント対象物（リスクアセスメント実施の義務対象物質）のうち，
一定程度のばく露に抑えることにより，労働者に健康障害を生ずるおそれがない物
質として厚生労働大臣が定める物質（「濃度基準値設定物質」という。）について
は，労働者がばく露される程度を厚生労働大臣が定める濃度基準（「濃度基準値」と
いう。）以下としなければならないとされる。なお，この安衛法政省令の改正は令
和 4 年 5 月 31 日に公布され，令和 6 年 4 月 1 日に施行される。

5　安全データシート（SDS）

　さらに，安全データシート（SDS）（表 1-1）の情報や作業環境測定結果，個人
ばく露測定結果，特殊健康診断結果などをもとに，作業場で使用する化学物質のリ
スクアセスメントを行い，優先度に従って対策を取ることが勧められている。産業
現場では数万種類の化学物質が使用されており，毎年数百種類以上の新規化学物質
が使用され，毒性情報が不十分なために適切な対応がとられずに生じる中毒事例も
みられる。化学品の分類および表示に関する世界調和システム（GHS）の国連勧告
を踏まえて，SDS には，化学物質の名称，物性（絵表示等を含む），特性，人体への
影響，事故発生時の応急措置，事故対策，予防措置，関連法令などが記されている。
安衛法では，作業者がいつでも SDS を見ることができるようにしておくことを義
務付けている。ただし，毒性情報が不十分な物質も多く，SDS を過信してはなら
ない。また，SDS の通知事項である「人体に及ぼす作用」を，定期的に確認し，変
更があるときは更新しなければならない。

表1-1　安全データシート（SDS）の例（四酸化鉛）

製品安全データシート

1. 化学物質等及び会社情報
   - 化学物質等の名称　　　　　酸化鉛（Lead oxide）
   - 製品コード　　　　　　　　20B0450
   - 会社名　　　　　　　　　　○○○○株式会社
   - 住所　　　　　　　　　　　東京都△△区△△町△丁目△△番地
   - 電話番号　　　　　　　　　03－1234－5678
   - …中略…

2. 危険有害性の要約
   - GHS分類
     - 分類実施日　　　　　　　H18.7.24　（環境に対する有害性はH18.3.31），GHS分類マニュアル（H18.2.10版）を使用
     - 物理化学的危険性　　　　火薬類　分類対象外
       - …中略…
       - 金属腐食性物質　分類できない
     - 健康に対する有害性　　　急性毒性（経口）　区分外
       - 急性毒性（経皮）　分類できない
       - 急性毒性（吸入：ガス）　分類対象外
       - 急性毒性（吸入：蒸気）　分類できない
       - 急性毒性（吸入：粉じん）　分類できない
       - 急性毒性（吸入：ミスト）　分類対象外
       - 皮膚腐食性・刺激性　分類できない
       - 眼に対する重篤な損傷・眼刺激性　分類できない
       - 呼吸器感作性　分類できない
       - 皮膚感作性　分類できない
       - 生殖細胞変異原性　分類できない
       - 発がん性　区分2
       - 生殖毒性　区分1A
       - 特定標的臓器・全身毒性（単回ばく露）　区分1（神経系 腎臓 血液系）
       - 特定標的臓器・全身毒性（反復ばく露）　区分1（腎臓 血液系 神経系）
       - 吸引性呼吸器有害性　分類できない
     - 環境に対する有害性　　　水生環境急性有害性　分類できない
       - 水生環境慢性有害性　分類できない
   - ラベル要素
   - 絵表示又はシンボル

   - 注意喚起語　　　　　　　　危険
   - 危険有害性情報　　　　　　発がんのおそれの疑い
     - 生殖能又は胎児への悪影響のおそれ
     - 血液系，神経系，腎臓の障害
     - 長期又は反復ばく露による血液系，神経系，腎臓の障害
   - 注意書き　　　　　　　　　…中略…

3. 組成及び成分情報
   - 化学物質
     - 化学名又は一般名　　　　四酸化鉛
     - 別名　　　　　　　　　　四酸化三鉛（Trilead Tetraoxide），四酸化鉛（IV）二鉛（II）（dilead（II）lead（IV）oxide），鉛丹（Minium）
     - 分子式（分子量）　　　　Pb_3O_4　（74.689）
     - 化学特性（示性式又は構造式）

$$Pb \diagdown_O^O \diagup Pb$$
$$O \diagdown_{Pb} \diagup O$$

     - CAS番号：　　　　　　　1314－41－6
     - 官報公示整理番号（化審法・安衛法）　（1）－527
     - 分類に寄与する不純物及び　データなし
     - 安定化添加物
     - 濃度又は濃度範囲　　　　100%

4. 応急措置
   - 吸入した場合　　　　　　　気分が悪い時は，医師の診断，手当てを受けること。
   - 皮膚に付着した場合　　　　多量の水と石鹸で洗うこと。
     - 皮膚刺激が生じた場合，医師の診断，手当てを受けること。
   - 目に入った場合　　　　　　水で数分間注意深く洗うこと。
     - 眼の刺激が持続する場合は，医師の診断，手当てを受けること。
   - 飲み込んだ場合　　　　　　口をすすぐこと。
     - 気分が悪い時は，医師の診断，手当てを受けること。
   - 予想される急性症状及び遅発性症状　経口摂取：腹痛，吐き気，嘔吐。
   - 最も重要な兆候及び症状　　データなし
   - 応急措置をする者の保護　　データなし

医師に対する特別注意事項	ばく露の程度によっては，定期検診が必要である。

5. 火災時の措置　　　　　　　　　　　…中略…
6. 漏出時の措置　　　　　　　　　　　…中略…
7. 取扱い及び保管上の注意　　　　　　…中略…
8. ばく露防止及び保護措置

管理濃度	0.05 mg/m³（Pb として）
許容濃度（ばく露限界値，生物学的ばく露指標）	
日本産衛学会（2019 年版）	鉛および鉛化合物（アルキル鉛化合物を除く）0.03 mg/m³（Pb として）
ACGIH（2018 年版）	TWA 0.05 mg/m³（Pb として）
設備対策	この物質を貯蔵ないし取り扱う作業場には洗眼器と安全シャワーを設置すること。ばく露を防止するため，装置の密閉化又は局所排気装置を設置すること。
保護具　呼吸器の保護具	適切な呼吸器保護具を着用すること。
手の保護具	適切な保護手袋を着用すること。
眼の保護具	適切な眼の保護具を着用すること。
皮膚及び身体の保護具	適切な保護衣を着用すること。
衛生対策	取扱い後はよく手を洗うこと。

9. 物理的及び化学的性質　　　　　　　…中略…
10. 安定性及び反応性　　　　　　　　　…中略…
11. 有害性情報

急性毒性　経口	ラットを用いた経口投与試験の LD 50＞10,000 mg/kg（IUCLID（2000））に基づき，区分外とした。
経皮	データなし
吸入	吸入（ガス）：　GHS の定義による固体であるため，分類対象外とした。
	吸入（蒸気）：　データなし
	吸入（粉じん）：データなし
皮膚腐食性・刺激性	データなし
眼に対する重篤な損傷・刺激性	データなし
呼吸器感作性又は皮膚感作性	呼吸器感作性：データなし　皮膚感作性：データなし
生殖細胞変異原性	データなし
発がん性	NTP（2005）で R，IARC（1987）で Group 2 B，ACGIH（2001）で A 3，日本産業衛生学会で 2 B に分類されていることから，区分 2 とした。
生殖毒性	鉛はヒトで，発生神経毒性物質，生殖毒性物質として知られていることから，専門家の判断に基づき，区分 1 A とした。
特定標的臓器・全身毒性（単回ばく露）	本物質については，無機鉛化合物の影響を基に分類するものとする。無機鉛化合物の毒性として，ヒトについては，「無機鉛の急性影響及び慢性影響はほぼ同様の症状が認められている。無機鉛の吸入もしくは経口摂取により口内の収斂，渇き，消化器への影響として吐き気，嘔吐，上腹部不快感，食欲不振，腹痛，便秘などを引き起こすと報告されている。造血機能への影響は無機鉛の代表的な作用であり，δ－アミノレブリン酸及びヘム合成酵素の阻害に起因したヘモグロビン合成阻害，赤血球寿命の短縮による貧血が認められている。
	…中略…

12. 環境影響情報　　　　　　　　　　　…中略…
13. 廃棄上の注意　　　　　　　　　　　…中略…
14. 輸送上の注意　　　　　　　　　　　…中略…
15. 適用法令

労働安全衛生法	作業環境評価基準（法第 65 条の 2 第 1 項）（政令番号：34）
	名称等を表示すべき危険有害物（法 57 条，施行令第 18 条別表第 9）
	リスクアセスメントを実施すべき危険有害物（法第 57 条の 3）
	名称等を通知すべき危険有害物（法第 57 条の 2，施行令第 18 条の 2 別表第 9）（政令番号：9－411）
	鉛化合物（施行令別表第 4・鉛中毒予防規則第 1 条第 4 号・昭 47 労働省告示 91 号）
毒物及び劇物取締法	劇物・除外品目（指定令第 2 条）（政令番号：77）
大気汚染防止法	排出規制物質（有害物質）（法第 2 条第 1 項 3，政令第 1 条）（政令番号：4）
水質汚濁防止法	有害物質（法第 2 条，令第 2 条，排水基準を定める省令第 1 条）（政令番号：4）
化学物質排出把握管理促進法（PRTR 法）	第 1 種指定化学物質（法第 2 条第 2 項，施行令第 1 条別表第 1）（政令番号：1－230）
労働基準法	疾病化学物質（法第 75 条第 2 項，施行規則第 35 条・別表第 1 の 2 第 4 号 1・昭 53 労告 36 号）

16. その他の情報　　　　　　　　　　　…中略…

引用：厚生労働省　職場のあんぜんサイト「GHS対応モデルラベル・モデルSDS情報」　https://anzeninfo.mhlw.go.jp/
anzen_pg/GHS_MSD_FND.aspxより一部改変（令和 4 年 12 月現在）

第3章　化学物質の自律的な管理

1　新たな化学物質規制の概要

　令和4年2月24日，5月31日の安衛法政省令の改正により，自律的な管理を基軸とした新たな化学物質の管理（**図1-6**参照）が導入された。

　化学物質の管理については，今までの法令順守による個別の規制管理から自律的な管理を基軸とする規制へ移行するため，化学物質規制体系を見直し，特定の化学物質の危険性・有害性が確認されたすべての物質に対して，国が定める管理基準の達成が求められ，達成のための手段は限定しない方式に大きく転換されることになる。

　化学物質の自律的な管理として，次の内容が規定され推進される。

①　化学物質の自律的な管理のための実施体制の確立

　　・事業場内の化学物質管理体制の整備・化学物質管理の専門人材の確保・育成

■措置義務対象の大幅拡大。国が定めた管理基準を達成する手段は，有害性情報に基づくリスクアセスメントにより事業者が自ら選択可能
■特化則等の対象物質は引き続き同規則を適用。一定の要件を満たした企業は，特化則等の対象物質にも自律的な管理を容認

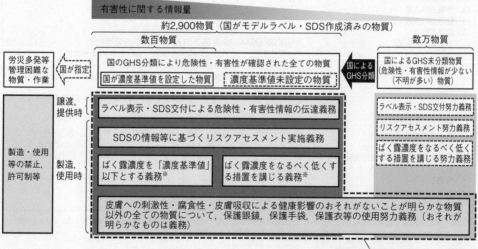

※　ばく露濃度を下げる手段は，以下の優先順位の考え方に基づいて事業者が自ら選択。①有害性の低い物質への変更，②密閉化・換気装置設置等，③作業手順の改善等，④有効な呼吸用保護具の使用

図1-6　自律的な管理における化学物質管理の体系（資料：厚生労働省）

② 化学物質の危険性・有害性に関する情報の伝達の強化

・SDS の記載項目の追加と見直し

・SDS の定期的な更新の義務化

・化学物質の移し替え時等の危険性・有害性に関する情報の表示の義務化

③ 特定化学物質障害予防規則等に基づく措置の柔軟化および強化

・特化則等に基づく健康診断のリスクに応じた実施頻度の見直し

・有機溶剤，特定化学物質（特別管理物質を除く），鉛，四アルキル鉛に関する特殊健康診断の実施頻度の緩和

・作業環境測定結果が第3管理区分である事業場に対する措置の強化

④ がん等の遅発性の疾病の把握強化とデータの長期保存

・がん等の遅発性疾病の把握の強化

・事業場において，複数の労働者が同種のがんに罹患し外部機関の医師が必要と認めた場合または事業場の産業医が同様の事実を把握し必要と認めた場合の所轄労働局への報告の義務化

・健診結果等の長期保存が必要なデータの保存

⑤ 化学物質管理の水準が一定以上の事業場の個別規制の適用除外

・一定の要件を満たした事業場は，特別規則の個別規制を除外，自律的な管理（リスクアセスメントに基づく管理）を容認

2　化学物質管理者の選任による化学物質の管理

　リスクアセスメント対象物を製造，取扱い，または譲渡提供をする事業場（業種・規模要件なし）ごとに化学物質の管理に関わる業務を適切に実施できる能力を有する「化学物質管理者」を選任して，化学物質の管理に係る技術的事項を管理しなければならない。

　選任要件としては，化学物質の管理に関わる業務を適切に実施できる能力を有す

表1-2　化学物質管理者の事業場別の選任要件

事業場の種別	化学物質管理者の選任要件
リスクアセスメント対象物の製造事業場	専門的講習（厚生労働大臣告示で示す科目）の修了者
リスクアセスメント対象物の製造事業場以外の事業場	資格要件なし（専門的講習等の受講を推奨）

る者とされる（**表1-2**）。

　化学物質管理者の職務としては，次の事項を管理する。

①　ラベル・SDS等の確認，化学物質に関わるリスクアセスメントの実施管理

②　リスクアセスメント結果に基づく，ばく露防止措置の選択，実施の管理

③　化学物質の自律的な管理に関わる各種記録の作成・保存，化学物質の自律的な管理に関わる労働者への周知，教育

④　ラベル・SDSの作成（リスクアセスメント対象物の製造事業場の場合）

⑤　リスクアセスメント対象物による労働災害が発生した場合の対応

3　保護具着用管理責任者の選任による保護具の管理

　リスクアセスメントに基づく措置として，作業者に保護具を使用させる事業場において，化学物質の管理に関わる保護具を適切に管理できる能力を有する「保護具着用管理責任者」を選任して，有効な保護具の選択，労働者の使用状況の管理その他保護具の管理に関わる業務をさせなければならないとされる。

　選任要件としては，保護具に関する知識および経験を有すると認められる者とされているが，保護具の管理に関する教育を受講することが望ましい。

　保護具着用管理責任者の職務としては，次の事項を管理する。

①　保護具の適正な選択に関すること

②　労働者の保護具の適正な使用に関すること

③　保護具の保守管理に関すること

化学物質管理者および保護具着用管理責任者は選任事由の発生から14日以内に選任しなければならない。また職務をなし得る権限を与え，氏名を見やすい箇所に掲示するなどにより，関係者に周知することが必要となる。

　なお，化学物質管理者および保護具着用管理責任者の選任において，鉛作業主任者が併任（兼務）する場合は，その職務が異なるので役割に十分留意することが必要である。

　ただし，作業環境測定結果が第3管理区分による措置での保護具着用管理責任者は作業主任者との併任（兼務）はできない。

4　化学物質管理専門家による助言

　労働災害の発生またはそのおそれのある事業場について，労働基準監督署長が，その事業場で化学物質の管理が適切に行われていない疑いがあると判断した場合は，事業場の事業者に対し，改善を指示することができる。

　改善の指示を受けた事業者は，「化学物質管理専門家」（外部が望ましい）から，リスクアセスメントの結果に基づき講じた措置の有効性の確認と望ましい改善措置に関する助言を受けた上で，改善計画を作成し，労働基準監督署長に報告し，必要な改善措置を実施しなければならないとされる。

　また，特定化学物質障害予防規則，有機溶剤中毒予防規則，鉛中毒予防規則，粉じん障害防止規則（以下，「特別規則」という。）に基づく作業環境測定の結果，第3管理区分に区分された場合にも，外部の化学物質管理専門家から意見を聴くこととされる。

　なお，管理水準が良好な事業場の特別規則の適用除外のためには事業場に化学物質管理専門家の配置等が必要とされる。

　化学物質管理専門家の資格要件は，事業場における化学物質の管理について必要な知識および技能を有する者として厚生労働大臣が定める労働衛生コンサルタント，衛生工学衛生管理者免許，作業環境測定士等の資格と経験を有する者，または同等以上の能力を有すると認められる者とされる。

5　作業環境管理専門家による助言

　作業環境測定の評価結果が第3管理区分にされた場所について，作業環境の改善を図るため，事業者は作業環境の改善の可否および改善が可能な場合の改善措置については，事業場に属さない作業環境管理専門家の意見を聴かなければならないとされる。作業環境管理専門家の資格要件は，化学物質管理専門家または同等以上の能力を有すると認められる者とされている。

　なお，この安衛法政省令の改正は令和4年5月31日に公布され，令和5年4月1日または令和6年4月1日に施行される（158頁参照）。

第**2**編

鉛による健康障害および その予防措置

各章のポイント

【第1章】概説

☐ 鉛による健康障害について，発生原因と有効な防止対策を災害事例から学ぶ。

☐ 鉛による健康障害は，局所排気装置を適切に稼働させていなかったこと，作業者に有効な呼吸用保護具を着用させていなかったこと，また健康診断を実施していなかったことなど労働衛生の3管理が不十分な状況で発生している。

【第2章】鉛による健康障害

☐ 鉛による健康障害は，呼吸器および消化器から体内に吸収され，特定の器官（標的臓器）に蓄積されて起こる。

☐ 鉛ばく露による中毒には急性中毒と慢性中毒があるが，慢性中毒が多い。鉛のヒュームを大量に吸入した場合には急性中毒を起こすことがある。

【第3章】健康管理

☐ 健康診断は，健康管理上重要な意味をもち，労働者の健康状態を調べ，適切な事後措置を行うために不可欠なものである。

☐ 作業現場で発生する鉛中毒のほとんどは長い年月をかけて徐々に症状が重くなる慢性中毒あるいは亜急性中毒であり，予防対策を徹底し継続的に努力することが必要である。

第1章　概　説

1　鉛業務と労働衛生管理

　鉛による健康障害の発生の経路と，防止対策を示したものが**図2–1**である。作業に伴って発散した鉛は，粉じんやヒュームとなって環境空気中に拡散し，それらに接触または吸入した労働者の体内に侵入する。鉛が体内に吸収される経路としては，呼吸器，消化器があるが，このうち呼吸器を通って吸収されるものが最も多い。

　労働者の体内に吸収される鉛の量は，作業中に労働者が接する鉛の量に比例すると考えられ，これを鉛に対する「ばく露量」という。ばく露量は，労働時間が長いほど，環境空気中の鉛濃度が高いほど大きくなる。呼吸により体内に侵入した鉛は，体内で代謝されて，しだいに体外へ排泄されるが，吸収量が多くて排泄量を上回った場合には排泄しきれずに体内に蓄積し，蓄積量がある許容限度（生物学的限界値）を超えると健康に好ましくない影響が現れる。したがって，職業性の健康障害は鉛に対するばく露量が大きいほど発生しやすく，健康障害を防止するには鉛に対する

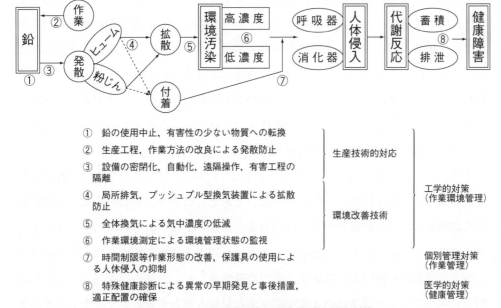

①　鉛の使用中止，有害性の少ない物質への転換

②　生産工程，作業方法の改良による発散防止

③　設備の密閉化，自動化，遠隔操作，有害工程の隔離

生産技術的対応

④　局所排気，プッシュプル型換気装置による拡散防止

⑤　全体換気による気中濃度の低減

⑥　作業環境測定による環境管理状態の監視

環境改善技術

工学的対策（作業環境管理）

⑦　時間制限等作業形態の改善，保護具の使用による人体侵入の抑制

個別管理対策（作業管理）

⑧　特殊健康診断による異常の早期発見と事後措置，適正配置の確保

医学的対策（健康管理）

図2–1　鉛による健康障害の発生経路と防止対策

（沼野雄志，「労働衛生工学」第21号（発行：日本労働衛生工学会），1982　一部改変）

ばく露をなくすか，できるだけ少なくすることが必要である。

　ほとんどすべての労働者が通常の勤務状態（1日8時間，1週40時間）で働き続けても，それが原因となって著しい健康障害を起こさないと考えられるばく露量を「ばく露限界」と呼び，「許容濃度」（日本産業衛生学会）と「TLVs」（米国産業衛生専門家会議（ACGIH））などがある。ばく露限界は，1日8時間の労働中の時間加重平均濃度（TWA）で表され，工学的対策によって環境を管理する目安とされる。作業環境測定の結果を評価するための基準としては，「管理濃度」を用いる。ただし，許容濃度や管理濃度は，あくまで管理する目安であり，安全な濃度と危険な濃度の境界線とか，ここまでは許される濃度と誤解してはいけない。

　図2-1につけた番号とそれに対応する対策は，鉛の発散から健康障害にいたる連鎖を途中で断ち切って健康障害を防止する方法を示すもので，番号の数字が小さいものほど根本的で有効な対策といえる。これでわかるように，鉛等による健康障害を防止するには，まず生産技術的な対応によって鉛に触れないで済むようにし，次に環境改善の技術によって，環境空気中の鉛等の濃度を低く保つことが大切である（作業環境管理）。

　保護具の使用は臨時の作業等で環境対策を十分に行えない場合のみならず，ばく露の可能性がある場合にも有効な対策である。ただし，環境改善の努力を怠ったまま保護具の使用に頼るべきではない。労働者に使用させる呼吸用保護具，化学防護服または作業衣はこれら以外の衣服から隔離して保管する。また，それらの作業衣は作業場で洗濯をし，鉛のついた作業衣を自宅へ持ち帰ることを禁止する。鉛作業後には，硝酸水溶液・重金属用等の手洗い溶液，爪ブラシなどを用いて十分に手洗いを行う。鉛作業場は，毎日1回以上，真空掃除機または水洗によって掃除し，堆積粉じんを除去する。鉛作業場内での喫煙または飲食は禁止し，その旨を作業場内の見やすい箇所に掲示する。また，鉛作業場には，ペットボトルのような飲み物やタバコの持込みを禁止する（作業管理）。

　工学的対策による環境管理が十分に行われていれば，ばく露量を小さく抑えることができるので健康障害の危険性は少ないと考えられるが，鉛に対する感受性には個人差があり，工学的対策だけでは絶対安全とはいえない。そのために，鉛に対して特に過敏な労働者を誤って健康障害のおそれのある業務に就かせないための雇入れ時または配置転換時の特殊健康診断（特殊健診）や，異常の早期発見のために定期的に実施される特殊健診のような医学的な対策も欠かすことができない（健康管理）。

　上記の作業環境管理，作業管理，健康管理をあわせて「労働衛生の 3 管理」とい
い，産業現場で鉛業務のような有害業務の健康障害を予防するためには，有効な管
理方法である。

2　鉛中毒の事例，原因と防止対策

　鉛による健康障害について，その発生原因を把握し有効な防止対策について理解するために，急性または慢性中毒等の中から主な事例を以下に取り上げた。なお，鉛による災害の発生はこれらの状況に限定されるものではないことに留意する必要がある。

（1）　【事例1】橋梁桁に塗布された塗料の塗り替え作業中，鉛中毒を発症

ア　災害の概要

① 業種　　建築工事

② 被害　　休業1名

③ 発生状況

　本災害は，高速道路で，橋梁桁に塗布された塗料の塗り替え作業中に発生した（図2-2）。

　高速道路の橋梁桁に塗布された塗料の塗り替え工事で，近隣環境への配慮のためビニールシートで作業場を覆い，隔離措置された作業場でディスクサンダー等を用いて含鉛塗料のかき落とし作業に従事した作業者1名が全身倦怠感，食欲不振，体の痛み，指の痺れ，急激な体重減少などを訴え，鉛中毒と診断された。

イ　原因

① 発注者，事業者は，塗布されている塗料中の鉛等の有害な化学物質の有無を把握せず，また，把握した後も施工事業者に伝えられていなかったこと。

② 剥離等作業を乾式方法で行っていたこと。

③ 保護具の選定が適切でなかったこと。

④ 作業時に保護具を外すことが行われていたこと。

⑤ 集じん機・掃除機等による除じんを行っていなかったこと。

⑥ 鉛作業主任者が選任されていなかったこと。

ウ　対策

① 発注者は，有害な化学物質の有無について把握している情報を施工者に伝えるほか，塗料中の有害物の調査やばく露防止対策について必要な経費等に関する配慮を行うこと。

② 施工者は発注者に問い合わせる等して，当該塗料の成分を把握すること。

③ 当該塗料の成分に鉛等の有害物が確認された場合，当該塗膜の剥離作業を行

図2-2　災害発生状況図

う場合，湿式による作業の実施，作業主任者の選任と適切な作業指揮の実施，
有効な保護具の着用，適切な使用の監視等を行うこと。
④　塗膜の剥離作業に従事させる時は，遅滞なく，塗料に含まれる鉛等の有害物
に係る有害性，取扱い方法，当該作業に関し発症するおそれがある疾病の原因，
予防方法，保護具の性能および取扱い方法に関する教育を行うこと。

エ　災害の特徴，その他

塗料の剥離作業では，塗料に含まれる化学物質が粉じんとなって中毒を起こすこ
とがある。

一般に錆止め等の目的で鉛を含有した塗料が塗布された橋梁等建設物があり，こ
れらの建設物の塗料の剥離等作業を行う場合には，塗料における鉛等有害物の使用
状況を適切に把握した上で，状況に応じ，ばく露防止対策を講じる必要がある。

（2）　【事例2】固定グラインダーによる鉛粉じんにより慢性鉛中毒

ア　災害の概要

①　業種　　非鉄金属製造業

②　被害　　休業1名

③　発生状況

本災害は，鉛を含有する水道用仕切り弁の鋳物部品を製造する事業場において発
生した。

図 2-3　災害発生状況図

　製品は，原料を溶解し，鋳込み，型ばらしを経た後，不必要な部分を切断し固定グラインダーにより研磨するという工程を経て製造されるが，被災者は入社以来18 年にわたり，主として固定グラインダーによる研磨の作業に従事していた。

　このグラインダーには局所排気装置が設けられていたが，被災者は，時々稼働させることなく作業をすることがあった。また，この局所排気装置に接続されている除じん装置の排気口は，屋内に設置されており，除去しきれない鉛粉じんは屋内に飛散するようになっていた。さらに，被災者は作業中にガーゼマスクを着用し，防じんマスクは使用していなかった（**図 2-3**）。

　被災者が腹痛を訴え，病院で血液検査を受けた結果，血中鉛濃度が労災の認定基準値の 60 μg/100 mL を超える 80 μg/100 mL であることが判明し，慢性鉛中毒と診断された。

　この事業場では，健康診断，作業環境測定ともに法定の頻度で実施しておらず，労働衛生管理が不十分な状態であった。

イ　原　因

①　局所排気装置の稼働が不十分であったこと，除じん装置の排気口が屋内にあったことなど，作業環境管理が不適切であったこと。

②　作業環境測定が実施されていなかったこと。

③　有効な呼吸用保護具を着用していなかったこと（ガーゼマスクは，微細な粉じんに対しては効果がない）。

④　健康診断を実施していなかったこと。

⑤　関係作業者に対して，鉛粉じん等に関する教育が実施されていなかったこと。

ウ　対　策

①　作業中は常時，局所排気装置を有効に稼働させるとともに，除じん装置の排気口は必ず屋外に設けること。

②　作業環境測定を実施し，作業環境の状態を確認するとともに，必要な改善を行うこと。

③　有効な呼吸用保護具を着用させること。

④　健康診断を実施し，その結果に基づく事後措置を行うこと。

⑤　作業主任者を選任し，職務を適切に行わせること。

⑥　関係作業者に対して労働衛生教育を実施すること。

エ　災害の特徴，その他

鉛を含有する鉛鋳物製品の切断や研磨により，鉛粉じんが発生することが認識されないことがある。管理監督者は，加工する鋳物製品の含有する化学物質を必ず確認し，鉛が含有されていれば，鉛中毒予防規則に定められた作業環境管理，作業管理，健康管理を実施すること。

（3）　【事例3】廃バッテリーから鉛を精製する工程における慢性鉛中毒

ア　災害の概要

①　業種　　非鉄金属精練・圧延業

②　被害　　休業1名，不休業1名

③　発生状況

この災害は，自動車用バッテリー廃品の電極板から鉛を精製する工場において発生した鉛中毒である。

この事業場には，鉛精錬部門（キューポラを用いて電極板から粗鉛を分離する精錬工程，溶解炉にて粗鉛を製品鉛（1tインゴット）にする精製工程，1tインゴットから50kgインゴットを生産する再溶解工程），樹脂部門（プラスチックケースを解体し，粉砕する工程）および廃液処理部門（希硫酸の入ったバッテリー廃液を中和し，工場外に排出する工程）がある。

作業者Aは，入社後約8年にわたって，鉛インゴットを鋳造するための溶解炉および再溶解炉の炉前で溶解鉛を型に流し込む作業に従事していた（図2-4）。

作業者Bも入社後約5年間，主としてプラスチックケース解体作業に従事しながら，インゴットの再溶解工程の仕事が多忙なときには作業者Aの応援に行っていた。

会社が行った鉛健康診断の結果，両名とも鉛中毒と診断され，Aは休業し，Bは

図2-4　災害発生状況図

就労しながら療養するに至った。

イ　原　因

①　長期間にわたって鉛粉じん・ヒュームを多量に吸入していたこと。

　　鉛健康診断では，被災者2名とも血液中の鉛の量が労災認定基準値とされて
いる60 μg/100 mLを大幅に超えることが多かった。

②　鉛粉じん・ヒュームを吸入する環境であったこと。

　　溶解鉛を流し込むインゴットケースごとに局所排気装置が設けられていなか
った。

　　鉛精錬・精製工程箇所のほか，工場入口，バッテリー解体作業場，更衣室，
風呂場など広範囲の場所に鉛粉じんが堆積していた。

　　使用していた防じんマスクのフィルター交換が不適切であったため，その性
能が確保されていなかった。

　　また，粉じん・ヒュームが付着した作業着と通勤着を同一のロッカーに保管
していた。鉛精製工程の作業場付近で，作業中に喫煙したり，清涼飲料を飲ん
でいた。

③　鉛作業主任者を選任していたが，その職務を果たしていなかったこと。

ウ　対　策

①　溶解炉炉前の鉛を型に流し込む作業箇所に局所排気装置を設置すること。

②　鉛粉じんの拡散防止措置を講ずること。

　　㋐　鉛精錬・精製工程を壁等により隔離する。

　　㋑　鉛で汚染された堆積粉じんを除去する。

　③　清潔の保持等に必要な措置を講ずること。

　　㋐　鉛精錬・精製工程の作業箇所および休憩室等を清掃する。

　　㋑　作業着，防じんマスク等の専用保管設備を設置する。

　　　手洗いを励行させ，作業着の汚染を除去させるとともに，鉛業務を行う作業場所での喫煙，飲食を禁止する。

　④　作業主任者に職務を適切に行わせること。

　⑤　労働衛生教育を徹底すること。

エ　災害の特徴，その他

　①　自動車用鉛バッテリーの製造工場やリサイクル工場では，大量に鉛を取り扱う。また，鉛溶解炉は鉛ヒュームや粉じんが発生するので，その労働衛生対策が重要である。

　②　鉛中毒事例では鉛作業主任者がいても，その職務が遂行されずに被災していることが多い。

○参考
【事例1】【事例2】【事例3】厚生労働省　職場のあんぜんサイト「労働災害事例」https://anzeninfo.mhlw.go.jp/anzen/sai/saigai_index.html　（令和5年3月現在）

第2章　鉛による健康障害

1　鉛による健康障害の起こり方

　鉛による健康障害は，呼吸器および消化器から体内に吸収され，特定の器官（標的臓器）に蓄積されて起きる。鉛作業場では，鉛は粉じんまたはヒュームの形で存在することが多く，呼吸器が主たる侵入経路である。

2　吸収，体内蓄積，排泄

（1）　呼吸器および消化器からの吸収

　① 呼吸器

　人は通常1分間に4～7Lの空気を呼吸している。空気中の酸素を体内に取り入れ，体内にできた二酸化炭素を吐き出している。激しい肉体労働をすればするほど，多量の酸素を必要とし，毎分50Lに達することもある。

　吸い込んだ空気は，気管，気管支，細気管支を通って肺胞という袋状の部分に達し，その周囲を囲むように走っている毛細血管の中に酸素が溶け込み，二酸化炭素は，逆に毛細血管の中から肺胞の中に出てくる（図2-5）。

　肺胞の大きさは，径0.1～0.3mmで，片肺ごとに約3億個あり，その表面積は70㎡の大きさになる。つまり，吸収された空気中の鉛は，肺の中で広い面積で血液と接触することになる。

　また，激しい労働の際には呼吸量が増えるので，それだけ空気中の鉛の吸収が多くなる。

　高温度で溶けた鉛の表面からは，鉛が蒸気の状態となって立ち昇るが，これはすぐに酸化鉛の細かいヒュームになると考えられる。

　吸入されて肺胞に達するような粉じんは2～3μm以下の直径を持つような細かいもので，大きい粉じん・ヒュームは気道の除去作用によって痰として出されたり，気道から消化器に流れ込む粘液によって消化器へ入ることになる（図2-6）。

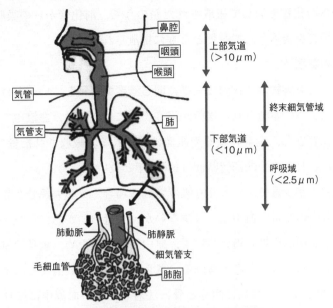

図 2-5　人の呼吸器と粒子の沈着領域（概念図）
（環境省 HP）

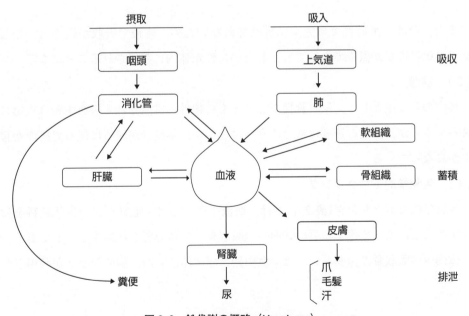

図 2-6　鉛代謝の概略（Hernberg）

② 消化器

　鉛の粉じん・ヒュームが口の中に入り唾液に溶け込んだり，鉛の粉じんや液体で汚れた手のまま食物やタバコをつまんで口に持っていくことがあれば，結果としてそれを飲み込むことになる。

口から消化管を通して摂取された鉛のうち，消化管からの吸収は5〜10% で，残りは腸管を素通りして糞便とともに排泄される。

（2）　体内蓄積

吸収された有害物は，体内で一様に同じ濃度で蓄積しているわけではなく，有害物の種類によって蓄積される場所が違う。鉛については，血液中では大部分が赤血球とともに存在し，全身の臓器や組織に運ばれる。吸収された量の約90% が骨に蓄積される。骨への平均滞留時間は約30年と長い。

鉛の吸収量が少量で，ゆっくり吸収される場合，その大部分が骨組織に沈着するので，血液中の鉛量（血中鉛）は少ないが，大量の鉛が急に吸収されると骨に沈着する速さが血中鉛増加に追いつけず，血中鉛は増すため，全身の組織に作用して中毒症状をあらわすものと考えられる。さらに，発熱や飲酒などによって血液が酸性（生理的なアシドーシス）に傾くと骨に沈着した鉛が血液中に流れ出し，血中鉛が上昇する可能性がある。平常時の血中鉛を正しく測定するため，作業主任者は，鉛健康診断で血中鉛を測定される者に，数日前から過度の飲酒を控えるように指導する。

また，鉛は，24時間では完全に排泄されないため，連続で吸収が続くと，たとえ1日の摂取量が微量であっても，しだいに鉛が体内に蓄積されることになる。

（3）　排泄

体内の鉛は主として，尿，糞便などとともに体外へ排泄される。血中鉛は次第に減ってくるが，排泄の速度は初めのうちは速いが，蓄積量が減るに従って排泄が緩やかになってくる。

（4）　生物学的モニタリング

生物学的モニタリング(**表2–1**)とは，血液や尿，呼気，毛髪などの生体試料を検査することによって化学物質の体内への吸収量や生体影響を把握することである。

体内への吸収量の指標としては，血中鉛，尿中鉛，骨鉛，歯の鉛などが利用され

表2–1　鉛健康診断の生物学的モニタリング項目

検査内容	単位	分布		
		1	2	3
血液中の鉛の量	μg/100 mL	20 以下	20 超　　40 以下	40 超
尿中のデルタアミノレブリン酸の量	mg/L	5 以下	5 超　　10 以下	10 超
赤血球中のプロトポルフィリンの量	μg/100 mL 赤血球	100 以下	100 超　　250 以下	250 超

ている。なかでも，血中鉛は，鉛の吸収，蓄積，体内負荷量，排泄の平衡状態を反映することから，一般的なばく露指標とされる。

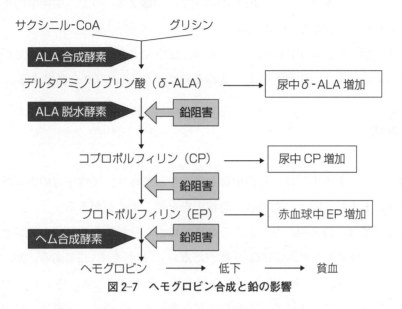

図2-7　ヘモグロビン合成と鉛の影響

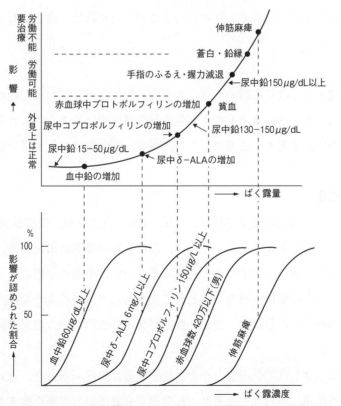

図2-8　量-影響関係（上）と量-反応関係（下）の対応

（輿，日本医師会雑誌90巻，p 2633, 1983）

　鉛は赤血球の色素であるヘモグロビンの合成系酵素を阻害するため貧血が生じるが（**図2-7**），貧血を呈する前に，尿中のデルタアミノレブリン酸（δ-ALA）や赤血球中のプロトポルフィリン（EP）が増加する（**図2-8**）ので，生物学的モニタリングにこれらの検査が用いられる。

　鉛健康診断では，6カ月以内ごとに1回，血中鉛と尿中 δ-ALA の測定が義務付けられている。また，医師が必要と認める者には赤血球中 EP を測定する。

3　症状

　鉛ばく露による中毒には，急性中毒と慢性中毒があり，慢性中毒の方が多い。鉛のヒュームを大量に吸入した場合に急性中毒を起こすことがある。

　鉛ばく露では，口の中が甘いような金属味はかなり鋭敏な鉛吸収の兆候とされている。一般に鉛中毒の初期症状は，「体がだるい」「疲れやすい」である。次いで，「イライラする」，頭痛，不眠，食欲不振などを訴えるようになる。さらに鉛のばく露が続くと腹痛，便秘，下痢などの腹部症状をきたす。その他，関節痛や筋肉痛，体重減少，貧血などがみられる。鉛中毒の3つの主な症状は，貧血，腹部症状，神経症状である。

（1）　貧血

　血液の変化としては赤血球の大きさが変化したり，形が変わった赤血球（異形赤血球）があらわれ，その後まもなく血色素量の減少ではじまる。これらはいずれも貧血の1つの兆候である。必要に応じて，健康診断の際に血色素量を測ることが大切である。

（2）　腹部症状

　鉛ばく露により起こる腹部症状は，便秘，下痢，食欲不振，腹部膨満感，吐き気，嘔吐，腹痛などさまざまである。便秘は，鉛ばく露後早期に出現する。

　発作的に起こる激しい腹痛のことを鉛疝痛（せんつう）といい，小腸の痙攣（けいれん）によるものと考えられている。この疝痛は，臍（へそ）を中心として突然起こり，裂くような痛みであることが多い。疝痛が起こる前には，便秘，腹部膨満感，食欲不振，腹部の鈍痛などの症状がみられる。

　軽い腹痛はしばしば消化不良とか十二指腸潰瘍，虫垂炎などと，重い疝痛は急性腹膜炎とか腸閉塞，胆石などとそれぞれ間違えられて誤った薬を飲まされたり，不必要な手術をされたりした例もあった。したがって，鉛作業者はこのような腹痛が

起こり得ることを忘れてはならないし，医師の診察を受けるときには鉛作業に従事している旨を伝える必要がある（51頁参照）。

（3）　神経症状

鉛の神経症状には，末梢神経障害と中枢神経障害がある。

末梢神経障害では，運動障害が主体で，感覚障害は少ない。運動麻痺は手腕の伸筋麻痺が古くから知られている。これは手の関節から下が，内側にひかれて垂れ，持ち上げられない垂れ手（下垂手）である。この他に親指（拇指）を動かす筋肉，肩の筋肉，下肢の筋肉が麻痺して運動が困難になったり，のど（咽頭）の神経が侵されて声がかれたり，顔面神経が麻痺して顔がゆがんだりした例もあったとされている。

中枢神経障害として重症になると鉛脳症が出現する。鉛脳症では一般に頭痛，めまい，場所・時間・人などが認識できなくなったり，錯乱や意識障害がみられる。

（4）　その他の症状

鉛中毒の自覚症状のない者でも進んだ例では顔色が悪く，やや衰えた顔つきをしている（鉛顔貌（がんぼう））。現在ではほとんどみられないが，かつては，青白い顔は灰色で黄色がかって，頬はボーッと赤くなると言われていた。

歯ぐきの歯に接する部分に幅1mmぐらいの暗緑色ないし青色の線状をみとめることがある。これを鉛縁といい，犬歯や門歯の歯肉縁に多くみられる。鉛縁は，血液中に吸収された鉛が硫化鉛となってこの部分の組織内部に沈着したものであるから，鉛ばく露の指標であっても，中毒の所見ではない。

高濃度の鉛にばく露を長期間受けると腎障害をきたすことがある。

女性に関しては，鉛の低濃度ばく露での流産・早産や低体重出生などが指摘されており，妊産婦の就業は禁止されている（女性労働基準規則）。また，胎児ばく露による小児の知的発達障害が報告されており，妊娠可能年齢の女性を鉛業務に従事させることは避けるべきである。

第3章　健康管理

1　健康診断

　健康管理は健康診断や健康測定，医師による面接などによって，労働者の心身の健康状態を調べ，その結果に基づいて，運動や栄養など日常の生活指導，あるいは就業上の措置を講じることである。健康管理の中で健康診断は重要な意味をもち，労働者の健康状態を調べ，適切な事後措置を行うために不可欠なものである。一般の労働者に対して，雇入れ時およびその後1年以内ごとに1回，定期に健康診断（一般健康診断）を行うことが定められているが，鉛業務に常時従事する労働者に対しては，6カ月以内ごとの一般健康診断（労働安全衛生規則第45条）とともに雇入れ時，鉛業務への配置替え時および鉛によって生じるおそれのある健康障害の早期発見のため，6カ月以内（印刷工程における活字の文選，植字または解版，はんだ付け，鉛化合物を含有する釉薬を用いて行う施釉と施釉したものの焼成，鉛化合物を含有する絵具を用いて行う絵付けと絵付けしたものの焼成，鉛業務を行う作業場所の清掃の業務に従事する労働者に対しては1年以内）ごとに1回，定期に鉛健康診断を実施することが規定されている。鉛健康診断結果で鉛による所見がみられた場合，鉛作業主任者は，速やかに管理監督者，衛生管理者や産業医らと協議しながら職場の改善を図らなければならない。

【鉛健康診断】

ア　必ず実施すべき健康診断項目

① 業務の経歴の調査

② 作業条件の簡易な調査

③ ㋐ 鉛による自覚症状および他覚症状の既往歴の有無の検査

　　㋑ ⑤および⑥の既往の検査結果の調査

④ 鉛による自覚症状または他覚症状と通常認められる症状の有無の検査

⑤ 血液中の鉛の量の検査

⑥ 尿中のデルタアミノレブリン酸の量の検査

イ　医師が必要と認める場合に実施しなければならない健康診断項目

　① 作業条件の調査

　② 貧血検査

　③ 赤血球中のプロトポルフィリンの量の検査

　④ 神経学的検査

　前述したように，血中鉛は鉛の体内ばく露の指標として，尿中 δ-ALA や赤血球中 EP は鉛の生体影響の指標として重要である。鉛中毒にかかっている者はもちろんであるが，貧血がある者，血中鉛や尿中 δ-ALA が増加傾向にあるような者は，鉛業務に従事するとさらに健康影響を受けやすいので，これらの者はできるだけ鉛職場から配置転換をして，それ以上，鉛を体内に取り込まないように配慮することが必要である。

　なお，鉛健康診断結果は，速やかに労働基準監督署長に報告しなければならない（鉛中毒予防規則第 55 条）。

　鉛特殊健康診断の実施頻度について，**表 2–2** のように作業環境管理やばく露防止対策等が適切に実施されている場合には，事業者は，当該健康診断の頻度（通常は 6 月以内ごとに 1 回）を 1 年以内ごとに 1 回に緩和できる。

表 2–2　特殊健康診断の実施頻度

要　件	実施頻度
以下のいずれも満たす場合（区分 1） 　①当該労働者が作業する単位作業場所における直近 3 回の作業環境測定結果が第 1 管理区分に区分されたこと。 　②直近 3 回の健康診断において，当該労働者に新たな異常所見がないこと。 　③直近の健康診断実施日から，ばく露の程度に大きな影響を与えるような作業内容の変更がないこと。	次回は 1 年以内に 1 回 （実施頻度の緩和の判断は，前回の健康診断実施日以降に，左記の要件に該当する旨の情報が揃ったタイミングで行う。）
上記以外（区分 2）	次回は 6 月以内に 1 回

※上記要件を満たすかどうかの判断は，事業場単位ではなく，事業者が労働者ごとに行うこととする。この際，労働衛生に係る知識または経験のある医師等の専門家の助言を踏まえて判断することが望ましい。
※同一の作業場で作業内容が同じで，同程度のばく露があると考えられる労働者が複数いる場合には，その集団の全員が上記要件を満たしている場合に実施頻度を 1 年以内ごとに 1 回に見直すことが望ましい。

2　応急措置

　作業現場で発生する鉛中毒はほとんどの場合，長い年月をかけて徐々に症状が重くなる慢性中毒あるいは亜急性中毒であって，急性の中毒は少ない。

　したがって，その発病の時期もはっきりしないし，誰にもわかるような症状が現れるような段階になっていると，その治療も長い年月がかかる。救急処置を要するような場合はあまりないが，予防対策を徹底し継続的に努力することが必要となる。

　鉛中毒にかかっていると疑われる場合は，鉛作業を中止させ，速やかに医師の診察を受けさせる。その際，必ず鉛作業に従事していることを伝える。その症状に応じて医師が作業の軽減あるいは配置転換などについて勧告し，適当な治療をするために必要な指示を行うことになるので，関係者はそれに従う。治療の第一歩は，鉛作業からの離脱である。

　また，一般の医師は鉛中毒の治療方法を知らないことがあるため，医師の診察を受けさせるときには，51頁に記した鉛中毒の治療方法を持参させるとよい。

　目に鉛の粉じんなどがついた場合は，直ちに大量の流水で鉛のついた目を下にしてよく洗うか，洗眼装置を用いて洗い流す（**図 2–9**）。特に痛む場合や，充血のひどい場合はもちろんのこと，後で症状が悪化する場合もあるので，応急手当時に異常がなくても医師の診察を受けさせる。

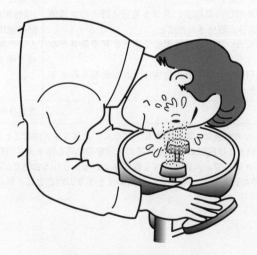

図 2–9　洗眼装置を用いた洗眼

鉛中毒の治療方法

（参考：MSD マニュアル）

　体内の鉛の除去には鉛に結合する薬を投与して，尿中に排出させる（キレート療法）。肝および腎機能障害は，キレート剤（EDTA，D-ペニシラミンなど）に対して相対禁忌である。キレート化により鉛の消化管吸収が増加しうるので，鉛ばく露が継続している者に対してはキレート剤を投与するべきではない。

　代表的なキレート剤として用いられる EDTA は，合成によって作られたポリアミノ酸で，水や有機溶媒には少し溶解するが無機酸にはよく溶解し，多くの金属と結合して水溶性のキレートを作る。体内に蓄積された鉛を体外に排出するためには，EDTA とカルシウムの錯塩（Ca-EDTA）を用いるが，これは鉛を排出するときにカルシウム欠乏症を併発しないようにするためである。また，キレート剤は亜鉛や銅，鉄など体にとって大切なミネラルも取り除いてしまうので，これらのミネラルも補う必要がある。鉛を EDTA との錯化合物にして尿中に排出するときは鉛中毒の種々の症状はほとんど現れない。この方法によって体内の軟らかい組織の中の鉛は容易に排出しうるが，骨髄中の鉛の排出はやや困難である。経口投与よりも静脈注射の方が効き目が早い。

　Ca-EDTA は血栓性静脈炎を引き起こしうるが，これは筋注ではなく静注投与すること，および静注濃度を 0.5% 以下とすることで予防が可能である。Ca-EDTA 投与開始前に，尿流量が十分であることを確認する。Ca-EDTA に対する重篤な反応には，腎不全，尿蛋白，顕微鏡的血尿，発熱，下痢などがある。腎毒性は用量と相関し，通常は可逆的である。Ca-EDTA の副作用はおそらく亜鉛の涸渇が原因である。

　鉛を誤飲し，鉛の小片が腹部 X 線で確認される場合は，繰り返しの腹部 X 線で鉛が確認されなくなるまで，ポリエチレングリコール電解質溶液を用いて全腸洗浄する。

＜鉛中毒が疑われて，医師の診察を受けるときに持参させること。＞

第3編

作業環境の改善方法

各章のポイント

【第1章】鉛，鉛合金および鉛化合物の物理化学的性状と危険有害性
☐　作業環境管理上知っておくべき，鉛の空気中における性状，分類について学ぶ。

【第2章】作業環境管理の工学的対策
☐　工学的な作業環境対策としては，①原材料の転換，②生産工程，作業方法の改良による発散防止など複数の対策がある。具体的対策を選ぶ際の考え方を知る。

【第3章，第4章】局所排気，プッシュプル換気
☐　局所排気またはプッシュプル換気は，有害物質が発散する工程で，作業者の手作業が必要などの理由で発散源を密閉できない場合に有効な対策である。

【第5章】全体換気
☐　全体換気は，給気口から入ったきれいな空気が有害物質で汚染された空気と混合希釈を繰り返しながら換気扇に吸引排気され，有害物質の平均濃度を下げる方法である。

【第6章】局所排気装置等の点検
☐　局所排気装置等の性能を維持するためには，常に点検・検査を行い，その結果に基づいて適切なメンテナンスを行うことが重要である。

【第7章，第8章】特別規則の規定による多様な発散防止抑制措置，化学物質の自律的な管理による多様な発散防止抑制措置
☐　作業主任者は多様な発散防止抑制措置等についてよく理解し，作業者が正しい作業方法を守って作業するよう指導しなければならない。

【第9章】作業環境測定と評価
☐　作業主任者は作業環境測定士が適切な測定を行えるよう作業等に関する十分な情報を提供し，また管理区分など測定結果の内容を理解し，作業者が正しい作業方法を守って作業するよう指導しなければならない。

【第10章】除じん装置
☐　鉛の粉じんまたはヒュームを排出する局所排気装置またはプッシュプル型換気装置には，ろ過除じん方式またはこれと同等以上の性能を有する除じん装置を設けるよう定められている。

第1章　鉛，鉛合金および鉛化合物の物理化学的性状と危険有害性

　鉛，鉛合金または鉛化合物を取り扱う作業場では，作業に伴ってこれらの物質が発散して作業場の空気を汚染し，そこで働く作業者の健康に悪い影響を与える。作業主任者が自分の作業場で発散するこれらの物質の性状を理解することは，効果的な作業環境改善対策を行うために重要である。

　鉛，鉛合金，鉛化合物には物理化学的な性質の異なる多くの物質があり，発散のメカニズムも空気中における性状もそれぞれ異なっているが，環境の空気中に存在するこれらの物質は粉じん（ダスト）とヒュームに分類される。

　また，鉛の融点は327.4℃で，ビスマス（271.4℃），スズ（232℃），カドミウム（321℃）に次いで低く，容易に溶融して液体になり表面から酸化鉛のヒュームを発散する。

1　鉛および鉛合金

　鉛は，青みを帯びた灰白色の柔らかい金属で，通常表面が空気中の酸素による酸化作用で生成した皮膜で覆われ光沢のない鈍い灰色である。鉛は比重が11.34で，産業界で取り扱われる金属のうちで白金（21.45），金（19.3），タングステン（19.3）に次いで比重が大きい。また，展性に富みきわめて薄い板に加工できるが，延性は小さく細い線に引くことは難しい。

　鉛の用途は，鉛蓄電池の電極が約半分を占め，次いで酸の輸送用鉛管，電気ケーブルの保護用被覆，金属の快削性向上のための合金成分，電離放射線遮蔽材，軸受け合金，活字合金，はんだ，釣り用おもり，美術工芸品，防音・制振シート，銃弾などに使われている。

　鉛合金とは，鉛とスズ，アンチモン，銅，ビスマスなどとの合金で鉛を重量の10％以上含有するものをいい，活字合金，軸受け合金，快削合金，はんだ合金などに使われているが，近年，環境汚染を引き起こす危険のある鉛の使用が制限されつつあり，徐々に鉛を含まない合金へ移行しつつある。

2　鉛化合物

　鉛化合物には酸化鉛, 硝酸鉛, 硫酸鉛, ヒ酸鉛, クロム酸鉛, 水酸化鉛, 塩化鉛, 炭酸鉛, けい酸鉛など約 50 種類の無機鉛化合物と, 酢酸鉛, ステアリン酸鉛, 四エチル鉛などの有機鉛化合物がある。

　無機鉛化合物は, 鉛蓄電池の陽極活物質, 鉛ガラス（光学レンズ, クリスタルガラス, 放射線遮蔽用ガラス）, ゴム加硫剤, 防錆ペイント用の顔料, 電子材料など, ステアリン酸鉛はポリ塩化ビニル樹脂の安定剤として広く使われているが, 最近では有害物質, 環境汚染物質であるとして他の物質への代替が進められている。これらの鉛化合物のうち**表 3-1** に示す 13 種類が鉛中毒予防規則（以下「鉛則」という。）の適用対象である。また, ガソリンのアンチノック剤として使用されている四エチル鉛, 四メチル鉛は別の規則（四アルキル鉛中毒予防規則）の適用を受ける。

3　作業環境での鉛の発散

　鉛作業場所では鉛または鉛化合物が粉じんまたはヒュームの形で空気中に発散する。粉じんは, 研磨, 切削, 穿孔などの作業工程で固体の物質が破砕されて生じた微小な粒子で, 通常粒子径が 150 μm 以下の大きさのものである。粉じん粒子は機械的な力による破砕により生成するので, 形状は不規則で, 粒子の大きさも大きいものと小さいものが混在している。粉じんは鉛または鉛化合物を取り扱うほとんどあらゆる作業場所で問題となるが, 作業環境管理上特に問題となるものだけを取り上げても鉛鋳造, 研削, 鉛ガラス製造, 精錬, 原料の粉砕, 混合, ふるい分け, 粉体の仕込みおよび袋詰めなど湿式を除くほとんどすべての工程にわたっている。

　高温で溶融した鉛の表面から発生した蒸気が凝固して微細な固体粒子になったものをヒュームと呼ぶ。溶接, 精錬, 鋳造などの工程では, 高温で溶融した鉛の表面からその温度での蒸気圧に相当する濃度の鉛蒸気が発散しているが, 蒸気はいったん溶融鉛の表面を離れると直ちに冷えて凝固し, 液体を経て固体の微粒子となる。また凝固の過程で空気中の酸素と化学反応して酸化物となることが多い。

　ヒュームは, 生成の途中で液体の状態を通るので表面張力のために球形のものが多いが, 時には化学反応の結果生成した物質固有の結晶形となるものもある。また, 粉じんと比べると粒子径は 1 μm 以下と小さいものが多い。

表3-1　鉛中毒予防規則の適用される鉛化合物

物質名（別名）	化学式	色・形状	比重	水溶性等	融点等
① 酸化鉛					
酸化鉛（酸化鉛（I），亜酸化鉛）	Pb_2O	暗灰色の無定形粉末	8.3	水に不溶　/酸，アルカリに可溶	赤熱すると分解
一酸化鉛（酸化鉛（II），みつだそう，リサージ）	PbO	黄色の斜方晶系または正方晶系結晶粉末	8.0～9.5	水に不溶　/アルカリ，酢酸鉛水に可溶	888～900℃
二酸化鉛（酸化鉛（IV），みつだそう，リサージ）	PbO_2	黒褐色の正方晶系結晶粉末	9.4	水に不溶　/希塩酸に可溶/酢酸に微溶	290℃ で分解
四酸化三鉛（酸化鉛（IV）鉛（II），鉛丹，光明丹）	Pb_3O_4	赤色の正方晶系結晶または無定形粉末	9.1	水に不溶　/熱塩酸，酢酸に可溶	500℃ で分解
三酸化二鉛（酸化鉛（II）鉛（IV））	PB_2O_3	赤黄色の単晶系結晶粉末			
② 水酸化鉛（水酸化鉛（II））	$PbO \cdot xH_2O$	無色の無定形粉末	7.6	水に難溶　/酸，アルカリに可溶	145℃ で分解
③ 塩化鉛					
塩化鉛（塩化鉛（II））	$PbCl_2$	無色の斜方晶系結晶粉末	5.9	冷水に難溶　/熱水に可溶/希塩酸に難溶　/濃塩酸に可溶　/エタノールに難溶	501℃
塩化鉛（塩化鉛（IV））	$PbCl_4$	黄色の油状液体	3.2	水で分解しCl_2発生／濃塩酸，クロロホルムに可溶	−15℃105℃ で爆発
④ 炭酸鉛（炭酸鉛（II），鉛白）	$PbCO_3$	無色の斜方晶系結晶粉末	6.6	水，エタノールに不溶　/酸，アルカリ，クエン酸水に可溶	315℃ で分解
⑤ ケイ酸鉛（メタケイ酸鉛（II））	$PbSiO_3$	無色の単晶系結晶粉末		水に不溶　/酸に微溶	766℃
⑥ 硫酸鉛					
硫酸鉛（II）	$PbSO_4$	無色の単斜晶系／斜方晶系結晶粉末	6.2	冷水に難溶　/強酸に可溶/NH_4塩水に可溶	1000℃ で分解
硫酸鉛（IV）	$Pb(SO_4)_2$	黄色の不定形粉末		水と反応して分解／濃塩酸，アルカリに可溶	
⑦ クロム酸鉛（クロム酸鉛（II），黄鉛，クロムエロー）	$PbCrO_4$	黄色の単斜晶系結晶の粉末	6.1	水に不溶　/酸に可溶	844℃
⑧ チタン酸鉛	$PbTiO_3$	淡黄色	7.3	水に不溶	
⑨ ホウ酸鉛	$Pb(BO_2)_2$		5.6		
⑩ ヒ酸鉛（ヒ酸水素鉛（II））	$PbHAsO_4$	無色の単斜晶系板状結晶	5.9	水に不溶　/熱水中で加水分解　/アルカリにより水に可溶	1042℃ で分解
⑪ 硝酸鉛（硝酸鉛（II））	$Pb(NO_3)_2$	無色の立法晶系または単斜晶系結晶	4.5	54.4 g/100 mL (20℃ の水)135 g/100 mL (100℃ の水)液体NH_3およびアルカリに可溶	470℃ で分解
⑫ 酢酸鉛					
酢酸鉛（II）	$Pb(CH_3CO_2)_2$	無色の結晶	3.2	水に可溶　/エタノールに微溶　/エチレングリコールに可溶	280℃
酢酸鉛（II）（鉛糖）	$Pb(CH_3CO_2)_2 \cdot 3H_2O$	無色の斜方晶系結晶粉末	2.6	45.6 g/100 ml (15℃ の水)グリセリンに可溶	75℃ で$3H_2O$ を失う
酢酸鉛（IV）	$Pb(CH_3CO_2)_4$	無色の単斜晶系結晶	2.2	水より分解して酸化鉛（IV）となる	175℃
⑬ ステアリン酸鉛（ステアリン酸鉛（II））	$(C_{17}H_{35}CO_2)_2Pb$	白色の無定形粉末	1.4	水に不溶エーテルに難溶	116～125℃

4　空気中における粉じん・ヒュームの挙動

　作業場の空気中に発散した鉛または鉛化合物の大きさはきわめて微小なものであり，自身の持つ運動のエネルギーによって発散源から周囲に広がることはまれで，ほとんどは空気と混合し，希釈されながら空気の動きによって運ばれる。これは有害物質の拡散と呼ばれる。

　有機溶剤蒸気のような気体はいったん空気と混合して希釈されてしまえば再び濃縮されることはなく，発散源から離れるに従って空気中の濃度が低くなる。粉じん，ヒュームの場合には，空気の動きによって運ばれる間に重力の作用で沈降する。沈降速度は粒子の密度と粒子径の2乗に比例するといわれ，発散した後大きい粒子ほど速やかに沈降して，床や機械設備などの上に堆積するが，小さい粒子はなかなか沈降せずいつまでも空気中に浮遊し続ける。浮遊中に粒子同士が衝突して付着し大きい粒子に成長することがある。これを粒子の凝集といい，凝集して大きくなった粒子は沈降する。

　沈降して床などに堆積した粉じん，ヒュームは，風や人，物の動きによって再び空気中に舞い上がることがある。これを「二次発じん」と呼ぶ。粉じん・ヒュームの発散する作業場所では，作業そのものの発じんとともに二次発じんも作業環境管理上無視できない。また，粉じん・ヒュームを発散する作業場所では二次発じんのために，発じん作業の行われている地点よりも他の場所の方が空気中の有害物質濃度が高くなることがある。

　鉛または鉛化合物を一定量含有する物の容器には，労働安全衛生法（以下「安衛法」という。）の規定（第57条，第57条の2等，第5編5(4)イ・ウ，151頁参照）に従って，危険有害性情報，危険有害性を表す絵表示，貯蔵または取扱上の注意事項などを表示することになっている。また，メーカーはこれらの情報を文書（安全データシート：SDS）等でユーザーに通知することになっており，事業者はその内容を労働者に周知させなければならないことが安衛法第101条で定められている。また，それ以外の危険・有害とされる化学物質（危険有害化学物質等）についても，同様の表示・通知を行うよう努めなければならない。

　作業主任者は，自分の作業場でどんな種類の鉛化合物が使用されているか，それらがどんな形で環境中に発散し拡散するかを，常に把握し，作業者にそれらの危険有害性と取り扱う際の留意事項を教えるべきであろう。

第2章　作業環境管理の工学的対策

　第2編で述べたように，作業環境空気中の鉛または鉛化合物の粉じん，ヒューム
は主に呼吸を通して作業者の体内に侵入する。したがって，鉛による健康障害を防
ぐためには，工学的な作業環境改善対策を行って，空気中の粉じん・ヒュームの濃
度を作業者の健康に悪影響が出ない程度まで抑えなければならない。

1　工学的作業環境対策

工学的な作業環境対策として次のような方法が広く使われている。
① 　有害な物質そのものの使用を止めるか，より有害性の少ないほかの物質に転
　　換する（原材料の転換）。
② 　生産工程，作業方法を改良して発散を防ぐ。
③ 　有害物質の消費量をできるだけ少なくする。
④ 　発散源となる設備を密閉構造にする。
⑤ 　自動化，遠隔操作で有害物質と作業者を隔離する。
⑥ 　局所排気・プッシュプル換気で有害物質の拡散を防ぐ。
⑦ 　全体換気で希釈して有害物質の濃度を低くする。
　これらの方法のうち①は最も根本的な対策でそれだけでも大きな効果が期待でき
るが、一般に例えば，②の生産工程の改良によって発散を減らすとともに⑥の局所
排気を行って周囲への拡散を防ぐ，④の密閉設備または⑥の局所排気と⑦の全体換
気を併用して密閉設備から漏れた蒸気または局所排気で捕捉しきれなかった蒸気を
全体換気で希釈して濃度を下げ作業者のばく露を減らすというように，複数の方法
を組み合わせて実施する方が少ないコストで高い効果を得られることが多い。

　これらの中から具体的に対策を選ぶ際には，有害物質の種類，発散時の性状，発
散量，作業の形態などによって対策の適，不適があり，同じ対策がいつでも同じ効
果を生むとは限らないこと，第9章の作業環境測定結果とは別に鉛則第5条〜第
22条に基づき必要な設備を設けなければならないことに留意する必要がある。ま
た，手作業を必要とする工程では，作業性を損なわないよう，例えば発散源のそば

に設けた局所排気フードに手や道具がぶつかることのないように配慮しないと作業環境対策が作業者に受け入れられないことがある。

　これらの対策の効果は，局所排気フードの開口部から離れたところで作業する，鉛化合物の入っている容器のふたを開け放しにする，鉛化合物を作業場の床にこぼす，などの不適切な作業により失われてしまうので，作業者が不適切な作業をしないよう作業主任者が常に指導する必要がある。

　また，空気中の粉じん・ヒュームの濃度を低く抑えることにより，呼吸を通しての体内侵入だけでなく，皮膚に付着することによる体内摂取を減らす効果も期待できる。

　臨時の作業等で環境改善対策を常時作業と同等に十分に行えない場合には，保護具の使用が有効な対策であるが，保護具の効果には限界があるので，環境改善の努力を怠ったまま保護具の使用に頼るべきではない。

2　有害物質の使用の中止・有害性の低い物質への転換

　鉛，鉛化合物に限らず健康に有害な物質の使用をやめて，より有害でない物質に転換することができれば，これが最良の対策である。

　石綿，黄りんマッチ，ベンジジン，ベンゼンゴムのり等は有害性がきわめて大きく，現在では製造，使用が禁止されており（安衛法第 55 条）有害性の低い代替品がある。

　また，たとえ法律で禁止されていなくても，有害性の高い物質はより有害性の低い物質に転換を図る。この仕事は主として生産技術者が担当するが，作業の実態をよく知る作業主任者が衛生管理スタッフと協力してリスクアセスメント（危険有害性の特定等，第 1 編第 2 章，20 頁参照）を行うことが望ましい。なお，特別規則の対象となっていないからといって，必ずしも，有害性が低いというわけではないことに留意し，物質の有害性については SDS で確認することが重要である。

　鉛則等の規制対象物質だけでなく SDS 交付義務対象である通知対象物すべてについて，新規に採用する際や作業手順を変更する際にリスクアセスメントを実施することが義務付けられている。

　原材料の転換が見かけ上コスト高になることもあるが，職業性疾病発生に伴う人的，経済的損失，企業の信用失墜を考えれば他に優先して実施すべきこととも言えよう。また，原材料の転換によって多少作業がしにくくなったり能率が落ちること

があるかもしれないが，作業主任者は，作業者自身に自分の健康を守るために必要
であることを理解させ，協力させなければならない。

転換の例を次にあげる。

① 電子回路用プリント基板のはんだ付けに鉛はんだを使用していたものを無鉛
（鉛フリー）はんだに転換した。

② 家庭配水用水道管に鉛管を使用していたものをポリプロピレン管に代えた。

③ 硫酸タンクの内面の鉛ライニングを合成樹脂ライニングに代えた。

④ 自動車車体の電着塗装に使用していた鉛含有カチオン型電着塗料を錫系のカ
チオン型電着塗料に転換した。

⑤ 防錆塗料の顔料に四酸化三鉛，クロム酸鉛を使用していたものを有機アゾ顔
料に転換した。

⑥ ステアリン酸鉛を含有するポリ塩化ビニル樹脂の安定剤をカルシウム－亜鉛
系安定剤に転換した。

⑦ 陶磁器の加飾に使う酸化鉛を含有する上絵具を，無鉛絵具に転換した。

3　生産工程，作業方法の改良による発散防止

生産工程や作業方法を変えたり，工程の順序を入れ換えることによって鉛化合物
を使わずにすませたり，発散を止めたり，減らすことができる。この仕事も主とし
て生産技術者が担当するが，作業の実態をよく知る作業主任者の協力が必要である。

主要な例を次にあげる。

① 湿式工法の採用は，作業方法の変更の代表的なもので，発じんを伴う作業工
程のうち，濡らすかまたは湿らせることがその工程の本質上支障がないときに
はきわめて有効な発じん防止対策である。鉛則は，含鉛塗料のかき落としの業
務について著しく困難な場合を除き，湿式によることと定めている（鉛則第
40条）。湿潤に保つには水など適当な液体を使用すればよい。時には，界面活
性剤，乾燥防止剤を併用して効果を上げている。

② 鉛化合物の粉末の出荷にクラフト紙袋（15 kg 入り）を使用していたのを500
kg 入りのフレキシブルコンテナ（フレコン）に代えて，袋詰めと開袋投入の
際の発じんを少なくした（**写真 3-1**）。

写真 3-1　粉体原料輸送用フレキシブルコンテナの例

4　有害物質消費量の抑制

　発散源対策として次に考えられるのは有害物質の消費量を減らすことである。例えば快削用銅合金に含まれる鉛の量を 4 ％ から 2 ％ に減らすことによって，鉛の使用量を半減させることが可能である。

5　発散源となる設備の密閉・包囲

(1)　密閉構造

　密閉構造というのは，多少内部が加圧状態になっても有害物質が外に漏れ出さない構造をいう。したがって接合部はできるだけフランジ構造とし，パッキング（ガスケット）を挟んでボルト締めにする。単に容器にふたをしただけでは密閉構造とはいえない。

　密閉構造の設備への原料，製品の出し入れは密閉式のコンベヤー（**写真 3-2**）を使う。

　密閉構造の設備は，接合部，貫通部の漏れが起きないようにパッキング（ガスケット）とねじ締めの状態を作業主任者が定期的に点検しなければならない。また，清掃等のために密閉設備のマンホール等を開く場合には，後述する局所排気装置を併用し，必要な場合には作業者に有効な呼吸用保護具を使用させなければならない。

写真 3-2　密閉式スクリューコンベヤーの例

（2）　包囲構造

　包囲構造というのは，発散源をカバー等の構造物で囲い，内部の空気を吸引してカバーの隙間等に吸引気流をつくって有害物質の漏れ出しを防ぐ構造である。完全な密閉構造にできない設備も，稼働中常に手を入れる必要がないものは包囲構造にできる。包囲構造は後述する局所排気装置の囲い式フードの一種と考えることもできる。**写真 3-3** は，鉛蓄電池部品の製造設備を包囲構造にした例である。この設備は連続的な製品の取出用コンベヤーに接続されている部分を密閉できないので，カバーにダクトを接続して内部を排気し，鉛ヒュームの漏出しを防いでいる。包囲構造の設備は，隙間（開口）からの漏れ出しが起きないように吸引気流の状態を定期的に点検する必要がある。

写真 3-3　包囲構造にした鉛蓄電池部品の製造設備の例

6　自動化，遠隔操作による有害物質と作業者の隔離

　作業者を有害物質から隔離する方法には，隔壁のような設備による物理的隔離，気流を利用した空間的隔離，工程の組み方による時間的隔離がある。

（1）　物理的隔離

　有害物質の発散源になる機械装置が自動化され，正常な稼働状態では作業者が近づく必要がない場合には隔壁，パーティション等で囲んで作業者と隔離することが可能である。前節「（2）包囲構造」の例も物理的隔離の一つである。

　稼働中は区画内の鉛ヒュームの濃度をばく露限界以下に保つためにゆるやかな全体換気が行われ，パーティションのドアには濃度が下がるまで換気を続けなければ解錠されないようにインターロックを施す。

　機械の調整等の非定常作業のために区画内に入る場合には，まず機械の運転を停止し，全体換気の能力を上げて運転を続け，鉛ヒュームの濃度が十分下がってからインターロックを解錠して立ち入る。必要があれば有効な呼吸用保護具を使用させる。運転開始の場合は，作業者が区画外に出てドアを閉じて施錠しインターロックをリセットしなければ機械の運転が開始できないようになっている。

　この例のように，物理的隔離を有効に行うためには設備だけでなく，立入りの際の適切な作業手順を定めて守らせる作業主任者の指導が重要である。

　また，パーティションの隙間からの有害物質の漏出しを防ぐために，全体換気の給・排気能力を区画内がわずかに負圧（減圧）になるように調整しているので，作業主任者は第6章で勉強する発煙法を使って，隙間からの漏出しがないことを定期的に点検しなければならない。

　鉛業務を行う作業場では，作業場以外の場所に休憩室を設けなければならない（鉛則第45条）が，作業場と休憩室を別の建屋にできない場合には，隔壁を設けて隔離し，休憩室にきれいな空気を給気してわずかに加圧状態にするか，または作業場を排気してわずかに負圧状態にして圧力差を保ち，鉛粉じん，ヒュームが休憩室に流れ込まないようにする（**写真3-4**）。

　休憩室の入口には，水を流すか十分湿らせたマットを置き（**写真3-5**），衣服用ブラシを備えて，作業者は作業場から休憩室に入る前に靴，衣服に付着した鉛等を除去しなければならない。さらに，休憩室の床は，真空掃除機を使うか，または水洗によって掃除できる構造にしなければならないことが定められている。

写真 3-4　作業場内に設けた休憩室の例

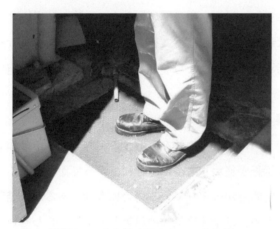

写真 3-5　水を流す足ふきマットの例

（2）　空間的隔離

　写真 3-6 は，塗装用ロボットを使って，作業者をクロム酸鉛を含有する防錆塗料の吹付け塗装の箇所から空間的に隔離した例である。作業者はロボットから約5 m離れた場所にいて，被塗装物を送給用コンベヤーに載せながらロボットの状態を監視している。ロボットの前方には塗装ブースが設置され，0.2 m/s くらいのゆるやかな気流が作業者の方からロボットを通って流れるよう排気が行われている。作業者と発散源の間にこの程度の距離を確保できれば，0.2 m/s くらいの気流でも有害物質が作業者のところまで拡散することはなく，空間的隔離の目的は十分達せられる。

　この例のように，空間的隔離を有効に行うためには，ただ距離を離すだけでなく，ゆるやかな給気または排気を行って作業者のいる方から発散源に向かう気流をつくり，有害物質が作業者の方に流れないようにすることが重要である。

写真 3-6　塗装用ロボットを使った空間的隔離の例

　作業主任者は作業者に対し，作業開始に先立って換気装置をスタートさせ作業終了後もしばらくは稼働を続けさせることと，作業中に発散源より風下側に立ち入ることのないよう指導しなければならない。また，気流の状態を定期的に点検しなければならない。

（3）　時間的隔離

　時間的隔離というのは，有害物質を発散する工程の進行中は作業者が発散源に近づかず，発散する工程が終わり濃度が十分に下がってから近づくという方法で，有害物質を発散する時間帯が限られている場合に有効であるが，発散工程終了後安全な濃度まで下げるためには全体換気等の対策と，工程に合わせた適切な作業手順を定めて守らせることが重要である。

第3章　局所排気

　局所排気またはプッシュプル換気（第4章参照）は，有害物質が発散する工程で，作業者の手作業が必要などの理由で発散源を完全に密閉できない場合に有効な対策である。

1　局所排気装置

　局所排気の定義は，「発散源に近いところに空気の吸込口（フード）を設けて，局部的かつ定常的な吸込み気流をつくり，有害物質が周囲に拡散する前になるべく発散したときのままの高濃度の状態で吸い込み，作業者が汚染された空気にばく露されないようにする。また，吸い込んだ空気中の有害物質をできるだけ除去してから排出する」ことである。

　局所排気は，**図3-1**に示すような構造の局所排気装置を使って行われる。この装置は，ファンを運転して吸込み気流を起こし，発散した有害物質を周囲の空気と一緒にフードに吸い込む。フードは，発散源を囲む（囲い式）か，囲いにできない場合はできるだけ近い位置に設ける（外付け式）。フードで吸い込んだ空気はダクトで運び，空気清浄装置（除じん装置）で有害物質を取り除き，きれいになった空気を排気ダクトを通して屋外に設けた排気口から大気中に放出するしくみになっている。

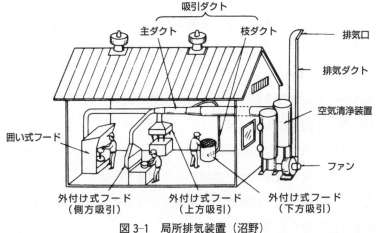

図3-1　局所排気装置（沼野）

2　フードの型式

　局所排気を効果的に行うためには，発散源の形，大きさ，作業の状況に適合した形と大きさのフードを使うことが重要である。

　局所排気装置のフードには，気流の力で有害物質をフードに吸引する捕捉フードと，有害物質の方からフードに飛び込んでくるレシーバ式フードがある。捕捉フードには囲い式，外付け式がある（**図3-2**）。

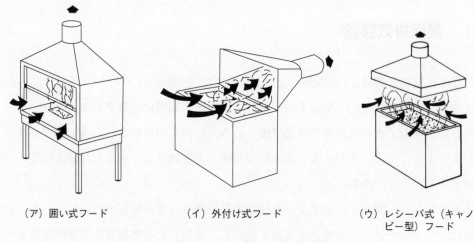

（ア）囲い式フード　　　　　（イ）外付け式フード　　　　（ウ）レシーバ式（キャノ
　　　　　　　　　　　　　　　　　　　　　　　　　　　　　　　　ピー型）フード

図3-2　フードの3つの型式

　発散源がフードの構造で包囲されているものを囲い式フードという。

　囲い式フードは，開口部に吸込み気流をつくって，囲いの内側で発散した有害物質が開口面の外に漏れ出さないようにコントロールするもので，外の乱れ気流の影響を受けにくく，小さい排風量で大きな効果が得られる，最も効果的なフードである。

　鉛則では，次のような危険の大きい業務の行われる屋内作業場所に局所排気装置を設ける場合には，フードは効果の大きい囲い式を使用しなければならないと定めている（鉛則第24条第4号）。

① 湿式以外の方法で行う鉛等または焼結鉱等の破砕，粉砕，混合またはふるい
　分ける作業（鉛則第5条第2号）

② 湿式以外の方法で行う粉状の鉛等または焼結鉱等をホッパー，粉砕機，容器
　等に入れまたは取り出す業務（鉛則第5条第3号）

③ 湿式以外の方法で行う煙灰または電解スライムの粉砕，混合またはふるい分
　ける作業（鉛則第6条第2号）

④　湿式以外の方法で行う煙灰または電解スライムをホッパー，粉砕機，容器等に入れまたは取り出す作業（鉛則第6条第3号）

⑤　湿式以外の方法で行う鉛等の粉砕，混合もしくはふるい分けまたは練粉を行う作業（鉛則第7条第2号）

⑥　湿式以外の方法で行う粉状の鉛等をホッパー，容器等に入れまたは取り出す業務（鉛則第7条第3号）

⑦　鉛等の空冷のための攪拌（かくはん）を行う作業（鉛則第10条第2号）

　囲い式フードの開口部の小さなものはカバー型，大きいものはブース型と呼ばれる。ただし，開口の大きさの厳密な区別はない。放射性物質の取扱い作業などに使われるグローブボックスは囲い式フードの，化学分析作業や化学実験に使われるドラフトチャンバーは囲い式フード（ブース型）の代表的なものである。

　囲い式フードの内側には高濃度の有害物質があるので，作業主任者は作業者が作業中にフードの中に立ち入ったり，顔を入れないように指導しなければならない。

　外付け式フードは，開口面の外にある発散源の周囲に吸込み気流をつくって，まわりの空気と一緒に有害物質を吸引するもので，まわりの空気を一緒に吸引するために排風量を大きくしないと十分な能力が得られない。また，まわりの乱れ気流の影響を受けやすく，囲い式に比べ作業性はよいが効率がよくない。外付け式フードは吸込み気流の向きによって，下方吸引型，側方吸引型，上方吸引型に分類される。

　下方吸引型の換気作業台はグリッド型とも呼ばれ，化学薬品の秤量，混合，洗浄，払しょくなどの手作業に適する。

　側方吸引型にはスロット形，円形，長方形などいろいろな形があり，あらゆる作業に使われる。

　キャノピーと呼ばれる外付け式上方吸引型は，一見作業の邪魔にならないように見えるため乱用される傾向があるが，本来は熱による上昇気流や煙を発散源の上方で捉えるレシーバ式フードとして使われるべきものであり，空気より比重が大きい有害物質や粉じん等に対しては効果が期待できない。また手作業では顔が発散源の上にくるので上方吸引型のフードでは高濃度の有害物質にばく露される危険がある。

　上方吸引型でなくても，作業者が発散源とフードの間に立ち入ると，フードに吸引される高濃度の有害物質にばく露される危険があるので，作業主任者は作業者が作業中に発散源とフードの間に立ち入ったり顔を入れないように指導しなければならない。

（ア）グローブボックス（囲い式）

（イ）ドラフトチャンバー（囲い式（ブース型））

（ウ）換気作業台（外付け式下方吸引型）

（エ）スロット形（外付け式側方吸引型）

（オ）円形（外付け式側方吸引型）

（カ）キャノピー（外付け式上方吸引型）

写真 3-7　いろいろな型式のフードの例

3　制御風速

　空気の動きがなければ有害物質は発散源から四方八方に拡散する（**図3-3（ア）**）が，発散源の片側にフードを設けて吸引気流をつくると有害物質はフードの方に吸い寄せられ，開口面から X 離れた捕捉点（法令では最も離れた作業位置）より左側には拡散しなくなる（**図3-3（イ）**）。

　有害物質を捕捉点で捉えて，完全にフードに吸い込むために必要な気流の速度を制御風速（**表3-2**）という。局所排気装置を計画する際にはこの制御風速が得られるように排風量を計画する。

　制御風速を与える捕捉点は，外付け式フードとレシーバ式フードの場合には，フードの開口面から最も離れた作業位置，ブース型を含む囲い式フードの場合には開口面上で風速が最小となる位置とする。

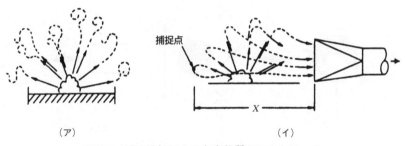

（ア）　　　　　　　　　　　　　　　　（イ）

図3-3　局所排気による有害物質のコントロール

表3-2　一般的に使われる制御風速

有害物質の発散状況	例	制御風速 （m/s）
静かな大気中に，実際上ほとんど速度がない状態で発散する場合	溶融金属等の液面から発生するヒューム	0.25〜0.5
比較的静かな大気中に，低速度で飛散する場合	囲い式フード（ブース型）内での吹付塗装，断続的容器詰，低速コンベヤー，溶接	0.5〜1.5
速い気流のある作業場所に活発に飛散する場合	奥行きの浅い囲い式フード（ブース型）内での吹付塗装，樽詰，コンベヤーの落し口，破砕機	1.0〜2.5
非常に速い気流のある作業場所または高初速度で飛散する場合	研磨作業，ブラスト作業，タンブリング作業	2.5〜10.0

4　抑制濃度

　鉛則は，局所排気装置の性能を表す値として抑制濃度を定めている。抑制濃度というのは，発散源の周囲の有害物質をある濃度以下に抑えることによって，作業者の呼吸する呼吸域空気中の濃度を安全な範囲に留めようという考え（**図3-4**）で許容濃度等を参考にして決められた値で，鉛の場合にはフードの外側における濃度を0.05 mg/m³と定めている（鉛則第30条）。

　抑制濃度の測定は，定常的な作業を行っている状態（作業を1時間以上継続した後）で，フードの型式ごとに通達（昭和58年7月18日付基発第383号別記1）に例示されている測定点で，第9章の作業環境測定と同じ方法で，1日に1回以上行い，得られた値の幾何平均値がいずれも抑制濃度以下であれば局所排気装置の性能は満たされていると判断する。

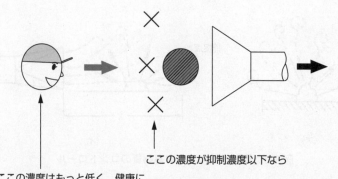

ここの濃度が抑制濃度以下なら

ここの濃度はもっと低く，健康に
有害な濃度になることはない

図 3-4　抑制濃度の考え方

　なお，抑制濃度の測定には高度の技術と時間，労力を要するので，通達では前記の方法での性能が規定を満たしていると判定された際に制御風速を測定している局所排気装置にあっては，その後の点検，検査では制御風速だけを測定して過去に測定した制御風速以上であれば局所排気装置の性能は満たされていると判断して差し支えないこととしている（昭和58年7月18日付基発第383号2(2)鉛中毒予防規則関係ロ）。

5　排風量

　フードから吸い込む空気の量を排風量という。フードに吸い込まれる気流の速度は排風量に比例する。制御風速を満足する気流をつくるために必要な排風量は，**表3–3**の式で計算する。

　表3–3の①の右欄の式で分かるように，囲い式フード（ブース型を含む）の排風量は開口面積に比例するので，囲い式フードを有効に使うためには開口面を小さくした方がよい。また，開口面が大きいと開口面上の吸込み風速にムラが生じ，補正

表3–3　フードの排風量計算式（沼野）

フードの型式	例　　　　図	排風量　Q（m³/min）
①　囲い式 　　囲い式（ブース型）	 開口面積：A（m²）＝L（m）×W（m）　　$A=\dfrac{\pi}{4}\cdot d^2$	$Q=60\cdot A\cdot V_0$ 　$=60\cdot A\cdot V_c\cdot k$ V_0：開口面の平均的風速 　　　　　　（m/s） V_c：抑制風速（m/s） k：風速の不均一に対する 　　補正係数
②　外付け式 　　自由空間に設けた円形または長方形フード	 $A=\dfrac{\pi}{4}\cdot d^2$　　　$A=L\cdot W$ 距離：X（m）　　縦横比：$W/L>0.2$	$Q=60\cdot V_c\cdot(10X^2+A)$
③　外付け式 　　自由空間に設けたフランジ付き円形または長方形フード	 $A=\dfrac{\pi}{4}\cdot d^2$　　$A=L\cdot W$ 　　　　　　　$W/L>0.2$	$Q=60\cdot0.75\cdot V_c\cdot(10X^2+A)$
④　外付け式 　　床，テーブル，壁等に接して設けたフランジ付き長方形フード	 $A=L\cdot W$ $W/L>0.2$	$Q=60\cdot0.75\cdot V_c\cdot(5X^2+A)$

係数 k も大きくなるので，この点からも開口面積は小さい方がよい。

　囲い式フード（ブース型）の開口面にビニールカーテン等を取り付けて使うのはこのためであって，作業の邪魔だからといってむやみに巻き上げたり切り取ったりすると，十分な速度の吸込み気流が得られなくなる。作業主任者は作業者がこのようなことをしないように指導しなければならない。なお，カーテンを取り付けた場合には，作業者の手や器具の動きで揺らぐことがあるので，内部の汚染空気を外部に漏らすことがないようにしなければならない。

　また，囲い式フード（ブース型を含む）の制御風速は囲いの中の有害物質を外に出さないための気流の速度であって，開口面の外にある有害物質を吸引するには不十分である。作業主任者は囲い式フード（ブース型を含む）を使う作業で作業者が開口面の外で有害物質を発散する作業をしないように指導しなければならない。

　表3-3 の②の右欄の式で分かるように，外付け式フードの排風量は開口面から捕捉点までの距離 X の2乗に比例するので，発散源となる作業位置が開口面から離れると吸込み風速は急激に小さくなってしまう。外付け式フードを使う作業では，作業主任者は作業者に対してできるだけフードの開口面の近くで作業するよう指導しなければならない。

　表3-3 の③の右欄の式は，外付け式フードの開口面のまわりにフランジを取り付けると，フードの後方から回り込んでくる気流を止めて，制御風速を得るために必要な排風量を25%少なくできることを表している。したがって外付け式フードにはできるだけフランジを取り付けて使わせることが望ましい。

　表3-3 の④の右欄の式はフランジ付きの外付け式フードが床，テーブル，壁等に接していると，片側から流れ込む気流を止めて排風量を少なくできることを表している。床，テーブル，壁だけでなく，フードの横につい立て，カーテン，バッフル板等を置いても同じ効果が得られる。つい立て，カーテンには横からくる乱れ気流の影響を小さくする効果もあるので，乱れ気流のある場所で外付け式フードを使う場合にはつい立て，カーテン，バッフル板等を設けるとよい。

　また，給気が不足して室内が減圧状態になると，局所排気装置の排風量が確保できない。窓等の開口が少ない建物には排風量に見合う給気を確保できる給気口を設ける必要がある。

　溶融槽,溶解炉等高温の発散源にレシーバ式キャノピー型フードを設置する場合,熱上昇気流は昇るに従って周囲からの気流を巻き込んで流量が増える（図3-5（ア））。レシーバ式キャノピー型フードは設置する高さに従って広がる熱上昇気流

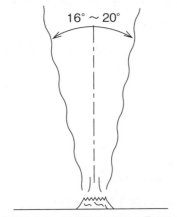

（ア）風のない日の焚火の煙は上昇するに
　　従って 16°～20° の角度で広がる

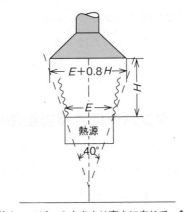

（イ）キャノピーの大きさは高さに応じて，熱
　　源の外周に 40° の広がりを持たせる

図 3–5　キャノピー型フードの大きさ

をすっぽりカバーできるよう**図 3–5（イ）**に示すように熱源の周囲に 40° の広がり
をもたせた（熱源の周囲に高さ×0.8 倍のかぶりを加えた）大きさが必要である。

　また，排風量が熱によって発生する上昇気流の量より少ないと発散するヒューム
がフードに捕捉されずにあふれてしまう。このため高温の発散源の上に設けるレシ
ーバ式キャノピー型フードの排風量は「流量比法」と呼ばれる方法で計算する。流
量比法の詳細は編末の参考文献[1]を参照していただきたい。

6　ダクト

　ダクトの中を空気が流れるときには，壁と空気の摩擦や気流の向きの変化などに
よる通気抵抗（圧力損失）を生じる。摩擦による圧力損失はダクトの長さが長いほ
ど大きい。また，ダクトの曲がりの部分（ベンド）では気流の向きの変化のために
大きな圧力損失が生じる。局所排気装置の稼働に要するエネルギーは圧力損失が大
きいほど大きくなり，ランニングコストが高くなる。したがって，ダクトは長さが
できるだけ短く，ベンドの数ができるだけ少なくなるように配置するべきである。

　また，ダクトの断面積が大きいほど圧力損失は小さくて済むが，気流速度が小さ
くなるために立上がりベンドの部分に粉じん・ヒュームが堆積しやすくなる。排気
の対象が乾いた鉛ヒュームの場合には 10 m/s，乾いた鉛粉じんの場合には 10～25
m/s，湿った鉛粉じんの場合には 25 m/s 以上が推奨されている。

　最近では施工やレイアウト変更のしやすさからフレキシブルダクトがよく使われ

るが，フレキシブルダクトは破損しやすいので無理な力が掛からないような配置と，頻繁な点検補修が必要である。

　また，鉛ヒュームはダクト内面に特に付着しやすいので，頻繁な掃除が必要である。

7　ダンパーによる排風量の調整

　複数のフードを1本のダクトに接続して排気する場合には，フードごとに調整ダンパー（ボリュームダンパー）を取り付け，ダンパーの開き角度を調整して各フードの排風量のバランスをとることが行われる。調整ダンパーは調整を完了した時点でペイントロック等の方法で固定してあるが，不用意に動かすと排風量のバランスがくずれるので動かしてはならない（**写真3-8**）。

　また，ダンパーの羽根には鉛ヒュームが付着しやすいので，頻繁な掃除が必要である。

写真3-8　調整ダンパーの例

8　除じん装置

　局所排気装置，プッシュプル型換気装置の排気に有害物質が含まれる場合には，そのまま排出することは大気を汚染し地球環境破壊の原因となるので，空気清浄装置を設けてできるだけきれいにして排出することが望ましい。鉛則では，鉛粉じんまたはヒュームを排出する局所排気装置またはプッシュプル型換気装置には，ろ過

除じん方式またはこれと同等以上の性能を有する除じん装置を設けることを定めている（鉛則第 26 条）。これらの装置については第 10 章で述べる。

9　ファン（排風機）と排気口

　ファンには，大きく分けて遠心式と軸流式があり（**写真 3-9，3-10**），遠心式には中の羽根車の形により多翼ファン，ラジアルファン，ターボファンなどの型式がある。

　ファンは圧力損失に打ち勝つ静圧が出せるもので，かつ必要排風量を出せるものを選ばなければならない。局所排気装置には一般に遠心式が使われ，軸流式は主として全体換気用に使われる。

　また，羽根車の損傷，腐食の危険を避けるために，除じん装置を設ける局所排気装置のファンは，除じん装置を通過した後の，粉じん・ヒュームを含まない空気の通る位置に設置することとされている（鉛則第 28 条）。

　排気口は，排気が作業室内に舞い戻ることを防ぐために，直接屋外に排気できる位置に設けなければならない（鉛則第 29 条）。

写真 3-9　遠心式ファンの例

写真 3-10　軸流式ファンの例

10　局所排気装置を有効に使うための条件

　局所排気装置を有効に使うための条件をまとめると以下のとおりである。

① 発散源の形，大きさ，作業の状況に適合した形と大きさのフードを使うことが重要である。

② フードは乱れ気流の影響を受けにくい囲い式（ブース型を含む）がよい。

③ 囲い式フード（ブース型を含む）を使う作業では，開口面の外で有害物質を

発散させないよう作業者を指導しなければならない。

④ 囲い式フード（ブース型を含む）の内側には高濃度の有害物質があるので，中に立ち入ったり顔を入れないように作業者を指導しなければならない。

⑤ 囲い式フード（ブース型）の開口面に取り付けたビニールカーテン等を，作業の邪魔だからといってむやみに巻き上げたり切り取ったりしないよう，作業者を指導しなければならない。

⑥ 外付け式フードを使う作業では，作業者に対してできるだけフードの開口面の近くで作業するよう指導しなければならない。

⑦ 乱れ気流のある場所で外付け式フードを使う場合にはつい立て，カーテン，バッフル板等を設けるとよい。

⑧ 溶解炉のような高温の熱源にはキャノピー型と呼ばれる上方吸引型のレシーバ式フードが適当である。

⑨ 作業者が発散源とフードの間に立ち入ると，フードに吸引される高濃度の有害物質にばく露される危険があるので，そのような作業の仕方をしないよう作業者を指導しなければならない。

⑩ 鉛ヒュームはダクト内面に特に付着しやすいので，頻繁な掃除が必要である。

⑪ 調整ダンパーを不用意に動かしてはならない。

⑫ 排風量に見合う給気を確保する。

第4章　プッシュプル換気

1　プッシュプル型換気装置

　局所排気装置は発散源に近いところにフードを設けるために作業性が悪くなることがある。また，外付け式フードの場合には乱れ気流の影響を受けて効果が失われることがある。

　作業性を損なわずに乱れ気流の影響を避ける1つの方法として，フードの吸込み気流のまわりを同じ向きのゆるやかな吹出し気流で包んで乱れ気流を吸収し，同時に有害物質を吹出し気流の力で発散源からフードの近くまで運んで吸込みやすくする方法がある。これが「プッシュプル換気」である（**図3-6**）。

　プッシュプル換気は，有害物質の発散源を挟んで向き合うように2つのフードを設け，片方を吹出し用（プッシュフード），もう片方を吸込み用（プルフード）として使い，2つのフードの間につくられた一様な気流によって発散した有害物質をかきまぜることなく流して吸引する理想的な換気の方法で，平均0.2 m/s以上というゆるやかな気流で汚染をコントロールでき，また，フードを発散源から離れた位置に設置できるので，強い気流による品質低下を嫌う作業，発散源が大きい作業，発散源が移動する作業などに使われる。

　プッシュプル型換気装置には，自動車塗装用ブースのように，周囲を壁で囲んで外との空気の出入りをなくし，作業室（ブース）内全体に一様なプッシュプル気流をつくる密閉式と，ブースなしで室内空間の一部に一様なプッシュプル気流をつく

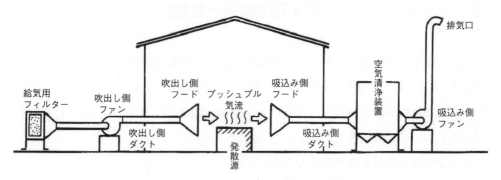

図3-6　プッシュプル型換気装置（沼野）

（ア）密閉式（下降流型）

（イ）開放式（下降流型）

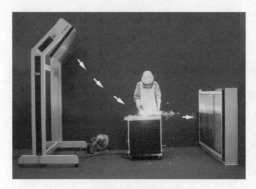
（ウ）開放式（斜降流型）

（エ）開放式（水平流型）

写真3-11　いろいろな型式のプッシュプル型換気装置

る開放式があり，さらに気流の向きによって下降流型（天井→床），斜降流型（天井→側壁または側壁上部→反対側の側壁下部），水平流型（側壁→反対側の側壁）がある（**写真3-11**）。また，密閉式にはプッシュファン，プッシュフードのない「送風機無し」というものがあるが，これは性能の決め方が異なるだけで構造的には囲い式フードの局所排気装置と同じである。ただし，この場合はプッシュプル換気の要件である気流の一様性を確保する必要がある。

2　プッシュプル型換気装置の構造と性能

吹出し側フードと吸込み側フードの間のプッシュプル気流の通る区域を「換気区域」，吸込み側フードの開口面から最も離れた発散源を通りプッシュプル気流の方向と直角な換気区域の断面を「捕捉面」と呼ぶ（**図3-7**）。ダクト，空気清浄装置，ファンについては局所排気装置と同じである。

プッシュプル換気を効果的に行うためには，

①　有害物質の発散源を平均 0.2 m/s 以上のゆるやかで，かつ一様に流れる気流

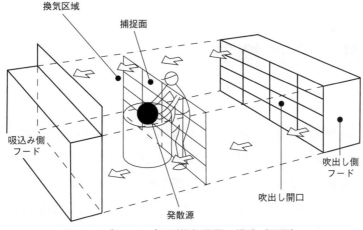

換気区域

捕捉面

吸込み側
フード

吹出し側
フード

吹出し開口

発散源

図 3-7　プッシュプル型換気装置の構造（沼野）

　で包み込むこと

② 　密閉式の場合は，吸込み側フード（送風機無しの場合はブースの開口部）を
除き天井，壁，床が密閉されていること

③ 　開放式の場合には，発散源が換気区域の中にあること

④ 　発散源から吸込み側フードに流れる空気を作業者が吸入するおそれがないこ
と。そのために下降流型とするか，吸込み側フードをできるだけ発散源に近い
位置に設置すること

⑤ 　作業主任者は，作業者が発散源と吸込み側フードの間に立ち入らないように
指導すること

が重要である。

　また，プッシュプル型換気装置の性能は，

① 　捕捉面を 16 等分してその中心で測った平均風速が 0.2 m/s 以上であること

② 　16 等分した中心の速度が平均風速の 2 分の 1 以上 1.5 倍以下であること

③ 　換気区域と換気区域の外の境界における気流が全部吸込み側フードに向かっ
て流れること

と定められている。

　なお，開放式プッシュプル型換気装置で上記③の条件を満足するためには吸込み
風量が吹出し風量より大きくなるよう，吹出し側と吸込み側の気流量のバランス
（流量比）を保つことが重要である。

第5章　全体換気

　全体換気は希釈換気とも呼ばれ，給気口から入ったきれいな空気は，有害物質で汚染された空気と混合希釈を繰り返しながら，換気扇に吸引排気され，その結果有害物質の平均濃度を下げる方法である（**図 3-8**）。

　全体換気では発散源より風下側の濃度が平均濃度より高くなる危険があるので，有害性の大きい物質を取り扱う屋内作業場所では，臨時の作業，短時間の作業等の例外を除き，もっぱら密閉設備または局所排気で漏れ出した有害物質を希釈する目的で使われる。また，作業者に対し発散源の風下側に立ち入って作業しないように指導が必要である。

　鉛則は自然換気が不十分な屋内作業場におけるはんだ付けの業務について，労働者1人につき1時間当たり 100 m³ の換気能力のある全体換気装置の使用を定めている（鉛則第31条）。

　全体換気には一般に壁付き換気扇が使用される。天井扇（電動ベンチレータ）は空気より比重の大きい有害物質の排気には不適当であり，天井扇を設ける場合は給気用に使用するべきである。

　また，しばしば見かけることであるが，開放された窓のすぐ上の壁に換気扇を取り付けたために，窓から入った空気がそのまま換気扇に短絡してしまい，作業場内がまったく換気されないことがある。換気扇のそばの窓は閉め，反対側の窓を開け

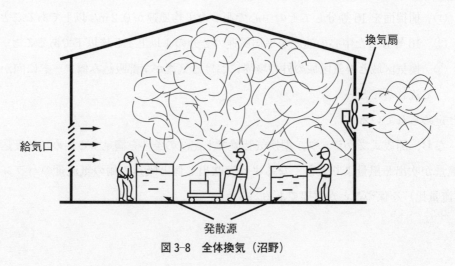

図 3-8　全体換気（沼野）

て給気口とするべきである。

全体換気では排気は一般に，有害物質を処理せずにそのまま屋外に放出される。全体換気を効果的に行うためには，

① 希釈に必要な換気量を確保する

② 給気口と換気扇は，給気が作業場全体を通って排気されるように配置する。そのために大容量の換気扇を１台設置するより，小容量の換気扇を複数分散して設置する方がよい

③ 比重の大きい有害物質に対しては，換気扇はできるだけ床に近い低い位置に設置する

④ 発散源をできるだけ換気扇の近くに集める

⑤ 作業主任者は，作業者が発散源より風下側に行かないように指導する

⑥ 必要な場合には有効な呼吸用保護具を使用させる

などが重要である。

全体換気に一般的に使われる換気扇は，発生できる圧力が低いために，壁に取り付けた場合，壁の外側に風が吹き付けると十分な排気ができない。外の風の影響を避けるために短い排気ダクトを設けて屋根より高い位置に排気したり，より積極的には建物の両側に回転の向きを反転できるタイプの換気扇を取り付けて，その日の風向きに合わせて風上側を給気用，風下側を排気用にすることも行われる。

自然換気が不十分なタンク内や狭い室内ではんだ付けや修理，鉛化合物を含有する塗料（含鉛塗料）を用いる塗装，含鉛塗料や鉛ライニングの剥離やかき落とし等の作業を行う場合には，**写真 3–12** のようなポータブルファンとスパイラル風管と呼ばれる可搬式のダクトを使う方法により，全体換気を行うことができる。

写真 3–12　ポータブルファンとスパイラル風管を使う全体換気

第6章　局所排気装置等の点検

1　点検と定期自主検査

　局所排気装置等の性能を維持するためには，常に点検を行い点検・検査の結果に基づいて適切なメンテナンスを行うことが重要である。点検・検査と呼ばれるものには，「はじめて使用するとき，分解・改造・修理を行ったときの点検」，「定期自主検査」，「作業主任者が行う点検」の3つがある。

　「はじめて使用するとき，分解・改造・修理を行ったときの点検」は，設備が当初の計画どおりにできているか，性能は確保されているかを確認することを目的としている。また，「定期自主検査」は，その後1年以内ごとに1回，設備が損傷していないか，性能は維持されているかを調べることを目的としている。

　これらの点検・検査は，項目と，異常が見つかった場合の補修の義務と，定期自主検査結果の3年間の記録保存が鉛則に定められている。具体的な方法については性能の確認（吸気および排気の能力の検査）は抑制濃度を測定するか，フードの吸込み風速を測定して規定の制御風速と比較する方法で行うが，鉛則では制御風速は決められていない。その他の項目についても「局所排気装置の定期自主検査指針」（平成20年自主検査指針公示第1号）に具体的な方法が定められている。

　これらの点検・検査には，局所排気装置等に関する高度の知識と，熱線微風速計など高価な測定器具を必要とするので，専門の設備担当部署のある事業場でなければ，自事業場で実施することは難しい。

　このうち「はじめて使用するときの点検」については，信用のおける業者に施工を依頼した場合には，当然完成検査が行われ検査成績書が発行されるので，これを保存すればよい。

　定期自主検査と作業環境測定の実施時期について鉛則（第35条，第52条）は，それぞれ1年以内ごとに1回，定期に実施することと定めている。定期自主検査を自事業場で実施できない場合には，施工した業者に依頼するか，作業環境測定機関に依頼して作業環境測定に先立って検査をしてもらい，日常点検や検査において異常が見つかったときは，直ちに補修を行った上で作業環境測定を実施するのがよ

い。なお，定期自主検査は「局所排気装置等の定期自主検査者等の養成講習」を修了した者に行わせることが望ましい。

2　作業主任者が行う点検

（1）　点検項目

　「作業主任者が行う点検」は，鉛則第34条第3号に「局所排気装置，プッシュプル型換気装置，全体換気装置，排気筒及び除じん装置を毎週1回以上点検すること」と定められており，次の定期自主検査までの間，性能を維持することを目的として行う日常点検である。点検項目，記録の保存については特に規定されていない。なお，点検の内容は，通達（昭和53年8月31日付け基発第479号）で，装置の主要部分の損傷，脱落，腐食，異常音等の有無，効果の確認などを行うことが示されている。点検チェックリストの例を**表3-4**に示す（91頁参照）。

（2）　発煙法による局所排気装置等の吸引効果の確認

　効果の確認は，定期自主検査の吸気および排気の能力の検査に対応するもので，煙の流れを観察する発煙法を使い，煙が完全にフードに吸い込まれるなら吸気および排気の能力があるものと判定する。

　発煙法にはスモークテスターと呼ばれる気流検査器を使う。タバコや線香の煙を使用することは火災防止上好ましくない。

　スモークテスターの発煙管は，ガラス管に発煙剤（無水塩化第二スズ等）をしみ込ませた軽石の粒を詰めて両端を溶封したもので，使うときに両端を切り取って付属のゴム球をつなぎ，ゴム球をゆっくりとつぶして空気を通すと，発煙剤と空気中の水分が化学反応をおこして酸化第二スズ等の非常に細かい結晶と塩化水素が生成し，これが煙のように見える（**写真3-13**）。火気を使わないので火災の危険がない。

　（ア）　0.4m/sの場合　　　　　　　　（イ）　0.2m/sの場合

写真3-13　スモークテスターによる気流のチェック

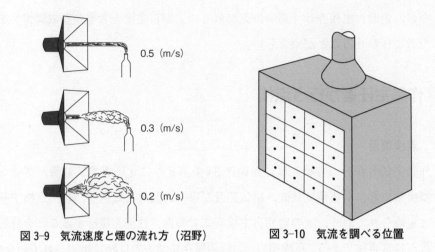

図 3-9　気流速度と煙の流れ方（沼野）　　　**図 3-10　気流を調べる位置**

　気流の速度によって煙の流れ方が変化するので，慣れるとおおよその気流速度を判断することもできる（**図 3-9**）。

　スモークテスターの煙には塩化水素が含まれていて刺激性があるので，吸わないように注意しなければならない。煙を出して気流を観察する位置は，局所排気装置の囲い式フード（ブース型を含む）の場合は，開口面を縦横 4 つずつ 16 等分し，それぞれの中心で煙の流れ方を観察する（**図 3-10**）。開口面が小さい場合には中心と 4 隅の 5 カ所でもよい。

　発煙管は気流の向きと直角に持ち，ゴム球をゆっくりつぶして，発生した煙が全部フードに吸い込まれるなら吸気および排気の能力があるものと判定する。

　吸気能力が不十分な場合には，理由として第 3 章で勉強したように，開口面の大きさに対して排風量が不足していることが考えられる。開口面をできるだけ小さくする工夫が必要である。

　外付け式フードの場合には，煙を出す位置は制御風速の測定と同じ，フードの開口面から最も離れた作業位置である。まず，作業者に普段どおりの作業をさせてどこが最も離れた作業位置であるかを確認し，その位置で煙を出して煙の流れ方を観察する。煙が全部フードに吸い込まれるなら吸気および排気の能力があるものと判定する。

　煙がフードに吸い込まれずに拡散して消えてしまう場合には，フードの開口面に少し近い点で再度煙を出して，煙が全部吸い込まれる位置を探す。作業者には「煙が吸い込まれないということは，有害物質も吸い込まれずに拡散しており，作業中にばく露される危険がある」ことを説明して，煙が吸い込まれる位置までフードに近づいて作業するように指導する。

写真 3–14　排風量不足のレシーバ式キャノピー型フード

　レシーバ式キャノピー型フードの場合は，フード開口面の周囲に沿って 4 カ所以上で煙を出し，すべてフードに吸い込まれるなら吸気および排気の能力があるものと判定する。煙がフードに吸い込まれずにあふれてしまう場合には，熱上昇気流の量に対して排風量が不足しているものと判定する（**写真 3–14**）。

　乱れ気流の影響で煙がフードに吸い込まれずに横流れする場合は，窓から風が流れ込んでいるなら窓を閉めるか，つい立てやカーテンを利用して発散源とフードの間に風が当たらないようにする。

　密閉式プッシュプル型換気装置の場合は捕捉面を縦横 4 つずつ 16 等分し，それぞれの中心で煙を出し，全部の位置で煙が同じような速さで吸込み側フードに向かって流れることを確認する。

　開放式プッシュプル型換気装置の場合には，捕捉面上の煙の流れのほか，換気区域の外辺の数カ所で煙を出して，全部の煙が吸込み側フードに吸い込まれることを確認する。煙が吸い込まれない場合は，吸込み側の排風量の不足か，吹出し側の給気量と吸込み側の排風量のアンバランスが原因である。

（3）　目視による損傷等の点検

　主要部分の損傷，脱落，腐食の有無，異常音等の有無は，まず，フード，ダクト，除じん装置，ファン，排気口を順に外から観察して，へこみ，変形，破損，摩耗腐食による穴あき，接続箇所のゆるみなどの目視点検を行う。ダクト内の粉じん・ヒュームの堆積は立上がりのベンド部分で起こりやすい。ダクトの外側を細い木か竹の棒で軽く叩いて，にぶい音がするなら粉じんの堆積が疑われる。

　ダクトの継ぎ目の漏れ込みは，静かな場所では吸込み音で見つけることができるが，一般にはスモークテスターを使って，煙が継ぎ目に吸い込まれないことを確認

する。

　排風機の異常音は，機械的な故障が起きていることを示すもので，速やかに専門
家に依頼してくわしい検査を行うことが必要である。

　密閉構造の設備からの有害物質の漏えいの有無は，ふた板，フランジ等の接合部
からの漏れ出しのないことをスモークテスターを使って確認する。異常を発見した
場合には速やかに設備担当部署に連絡して処置を行うことが必要である。

　除じん装置についてはハウジング，集じんホッパーの外観点検のほか，スモーク
テスターによるハウジング扉のパッキングの損傷等による外気の漏れ込みの有無の
点検を行う。ろ過式除じん方式の場合にはろ材の機能を低下させるような目詰まり，
破損，劣化，粉じん堆積等がないこと。またマノメータ，微差圧計等を用いて，ろ
材の前後の圧力差が規定範囲内にあることの確認を行う。

（4）　全体換気装置の点検

　① 　排気ファンの状態

　　　排気ファンの回転方向は正しいか，電源スイッチを ON/OFF して目視観察
　　する。工事の際の誤配線等によって排気ファンの回転の向きが逆になっている
　　と外気が室内に逆流する。外気の逆流は無風の状態で発煙法を使って観察す
　　る。排気ファンの羽根に損傷はないか。汚れ等が付着していないか。回転によ
　　って異常音が発生していないか，点検する。

　② 　排気能力

　　　自然換気が不十分な屋内作業場ではんだ付け作業に従事する作業者1人当た
　　り 100 m³/時以上の排気能力が必要である。全体換気の排気には一般に壁付き
　　換気扇が使用される。局所排気装置等の吸引効果の確認と同様，換気扇の直前
　　で発煙法を使って気流を観察し，煙が完全に換気扇に吸い込まれるなら排気能
　　力があるものと判定する。

　　　排気能力不十分の原因の多くは給気不足である。窓等を給気に利用している
　　場合には窓を閉め切らず給気に必要な面積を開放する。

　③ 　給気フィルター

　　　吸気口に埃除けのフィルターを付けている場合にはフィルターの点検を行
　　い，必要に応じて掃除する。フィルターを清掃しても排気能力が不足の場合に
　　は給気用の換気扇を設置して強制的に給気することもある。

　④ 　排気の逆流

　　　壁付換気扇は発生できる圧力が低いため，取り付けた壁の外側から風が吹き

付けると十分な排気ができず外気が室内に逆流することがある。逆流は換気ファンの運転状態で発煙法を使って観察する。

　逆流に対する対策は換気口の外側に短い排気ダクトを設けて屋根より高い位置に排気する。

⑤　局所排気の妨害

　全体換気の気流が局所排気装置のフードの吸込みを妨害している場合には，つい立てやカーテンを設けて発散源とフードの間に風が当たらないようにする。

（5）　密閉設備等の点検

①　接合部等の目視点検

　密閉構造の製造設備等のフランジ等の接合部，撹拌機軸^{かくはん}のグランドパッキン（ガスケット）について，変形してはみ出していないか，損傷していないかを目視点検する。

②　発煙法による漏れ出しの点検

　内部が加圧されている状態でスモークテスターの煙をフランジ接合部等に吹き付け，漏出しがないかを目視で点検する。

③　圧力保持の点検

　内部が加圧されている状態で配管等のバルブをすべて締め切り，一定時間経過後に内部の圧力が下がっていないことを確認する。

④　増し締め

　フランジ接合部のガスケットの変形，ボルトの片締めによる漏出しが発見された場合には，対面するフランジ面間の距離が全周で等しくなるように増し締めを行う。片締めを防ぐには対面するフランジ面間の距離を測りながら対角線上の位置にあるボルトを交互に均等な力で徐々に締め付ける。できればトルクレンチを使用して締付けトルクが等しくなるようにするとよい。

⑤　包囲構造設備の点検

　密閉式の構造（包囲構造）の設備の点検は囲い式フードの局所排気装置の点検に準じる。

（6）　点検の際の安全措置

　高所に設置されたダクト，排気筒，排気口等の点検に際しては墜落転落防止措置を講じる。機械設備等の稼働中に点検を行うことが危険な場合には機械設備等を停止した状態で点検する等，安全の確保に十分配慮すること。

3　点検の事後措置

　局所排気装置の吸込み不足の主な原因としては，設計ミスによるファンの能力不足のほか，次のようなことが考えられる。

①　発散源から外付け式フードの開口面までの距離が離れすぎている。

②　囲い式フード（ブース型フードを含む）の開口面を広げた。

③　フードの開口面の近くに置かれた物が気流を妨害している。

④　乱れ気流の影響が大きい。

⑤　ダクト内に粉じんが堆積して通気抵抗が増えている。

⑥　ダンパー調整が不適当である。

⑦　吸込みダクトの途中に漏れがあり，大量の空気が途中から漏れ込んでいる。

⑧　フードの形，大きさがその作業に向いていない。

⑨　給気が不足して室内が減圧状態になっている。

⑩　三相交流電動機の配線が入れ替わったために，ファンが逆回転している。

　点検で，例えばダクトの漏れが発見された場合には，ダクトにあいた小さな穴を粘着テープでふさぐ，ダクトのつなぎ目のフランジを増し締めする，隙間をコーキング材でふさぐなど，作業主任者が自分で補修できるものは補修し，できないものは速やかに上司に報告して会社の責任で補修を行う。

　ファンの風量が足りない場合，ファンの電源に周波数調節用のインバーターが組み込まれていれば周波数を調整して回転を上げ，風量を増やすことが容易にできる。また，囲い式フード（ブース型を含む）の外で有害物質を発散させる，囲い式フード（ブース型を含む）のカーテンを巻き上げたり取り外す，外付け式フードの開口面から離れたところで作業するなど，作業者の作業の仕方に問題がある場合には，局所排気装置等を有効に稼働させた上で作業方法や作業手順の見直しを行うとともに，どうすれば作業者自身が有害物質にばく露されないで作業できるか，正しい作業方法を教えて守らせることが作業主任者の仕事である。

表3-4　局所排気装置点検チェックリストの例

局排装置週次点検記録（　年　月～　年　月）	
設置作業場所	
局排系統 No.	

系統略図

（ダクト③　合流　ダクト④　ダクト⑤　ベンド⑤　排気口／ベンド②　ダンパー①　ダクト①　ベンド①　フード①　ダンパー②　ダクト②　フード②　除じん装置　ダクト⑥　ベンド④　ダクト⑦　ベンド③　ダクト⑧　排風機）

点検月日	/	/	/	/	/	/	/	/	/	/	/	/
点検者氏名												

フード①

破損・変形・腐食・摩耗												
吸込気流の状況												
ダンパー①の開度												

フード②

破損・変形・腐食・摩耗												
吸込気流の状況												
ダンパー②の開度												

ベンド①

破損・変形・腐食・摩耗												
接続部のゆるみ・もれ込み												
粉じんの堆積												

ダクト①

破損・変形・腐食・摩耗												
接続部のゆるみ・もれ込み												
粉じんの堆積												

ベンド②

破損・変形・腐食・摩耗												
接続部のゆるみ・もれ込み												
粉じんの堆積												

ダクト②

破損・変形・腐食・摩耗												
接続部のゆるみ・もれ込み												
粉じんの堆積												

ダクト③												
破損・変形・腐食・摩耗												
接続部のゆるみ・もれ込み												
粉じんの堆積												
合　流												
破損・変形・腐食・摩耗												
接続部のゆるみ・もれ込み												
粉じんの堆積												
ダクト④												
破損・変形・腐食・摩耗												
接続部のゆるみ・もれ込み												
粉じんの堆積												
除じん装置												
破損・変形・腐食・摩耗												
パッキングの損傷・もれ込み												
ろ過材前後の静圧差												
ダクト⑤												
〜〜〜〜〜（中略）〜〜〜〜〜												
接続部のゆるみ・もれ込み												
粉じんの堆積												
排風機												
破損・変形・腐食・摩耗												
接続部のゆるみ・もれ込み												
異音・振動・過熱												
ダクト⑧												
破損・変形・腐食・摩耗												
接続部のゆるみ・もれ込み												
粉じんの堆積												
ベンド⑤												
破損・変形・腐食・摩耗												
接続部のゆるみ・もれ込み												
粉じんの堆積												
排気口												
破損・変形・腐食・摩耗												
ガラリへの粉じんの付着												
粉じんの堆積												

報告月日	／	／	／	／	／	／	／	／	／	／	／	／
確認印												

第 7 章　特別規則の規定による多様な発散防止抑制措置

　平成 24 年 7 月に施行された鉛則の改正により，それまで発散源を密閉する設備，局所排気装置またはプッシュプル型換気装置の設置が義務付けられていた鉛作業場所に，労働基準監督署長の許可を受ければ作業環境測定結果の評価を第 1 管理区分に維持できるものであればどんな対策（多様な発散防止抑制措置）でも許されることになった（鉛則第 23 条の 3）。

　多様な発散防止抑制措置の例として，鉛等または焼結鉱等の粉じんを吸着等の方法で濃度を低減するもの，包囲構造の設備の開口部にエアカーテンを設ける等気流を工夫することにより粉じんの発散を防止するものなどが考えられるが，作業方法，作業者の立ち位置，作業姿勢等が不適切であると発散防止抑制の効果が失われることがあるので，作業主任者は発散防止抑制措置の内容，作用等をよく理解し，作業者が正しい作業方法を守って作業するよう指導しなければならない。

第8章　化学物質の自律的な管理による多様な発散防止抑制措置

　令和5年4月1日施行の特別規則（鉛則等）の改正により，化学物質管理の水準が一定以上であると所轄都道府県労働局長が認定した事業場は，その認定に関する特別規則について個別規制の適用を除外し，特別規則の適用物質の管理を多様な発散防止抑制措置の選択による自律的な管理（リスクアセスメントに基づく管理）に委ねることができることとなった（鉛則第3条の2）。

　認定の主な要件としては，次の措置が必要とされる。

①　専属の化学物質管理専門家（第1編第3章4参照）が配置されていること。

②　過去3年間に，特別規則が適用される化学物質等による死亡休業災害がないこと。

③　過去3年間に，特別規則に基づき行われた作業環境測定の結果がすべて第1管理区分であったこと。

④　過去3年間に，特別規則に基づき行われた特殊健康診断の結果，新たに異常所見が認められる者がいなかったこと。

第9章　作業環境測定と評価

1　作業環境測定

　局所排気装置等の設備が十分に機能を発揮しており，作業者が正しい作業の仕方を守っているならば，作業環境は十分安全な状態に保たれるはずである。安衛法は，作業環境管理の歯止めとして，鉛装置の内部，印刷作業場以外の鉛業務を行う屋内作業場について，1年以内ごとに1回定期的に作業環境測定を行い，その結果を評価し，問題があると判断された場合には直ちに原因を調べ，施設・設備の整備や作業工程・方法の改善などの必要な措置を講じることを事業者の義務と定めている（鉛則第52条，第52条の3）。

　作業環境測定には，測定の計画を立てる「デザイン」，分析用の空気試料を捕集する「サンプリング」，捕集した空気中の鉛濃度を測定する「分析」の3つの仕事があり，作業環境測定士が作業環境測定基準に定められた方法で行うことが定められている。自社に作業環境測定士がいない場合は各都道府県労働局に登録されている作業環境測定機関に委託して測定してもらうことになる。

　作業環境測定は作業環境測定士の仕事であるが，作業場所の環境状態を正しく評価するためには，測定のデザインが適切に行われることが重要で，そのために作業主任者が作業現場のくわしい状況や作業内容等の情報を作業環境測定士に提供することが必要である。

2　測定のデザインと作業主任者

（1）　単位作業場所

　作業環境測定基準（参考資料5，251頁参照）によると，測定は「単位作業場所」ごとに行うことと定められている。単位作業場所とは，鉛業務が行われる作業場の区域のうちで，①作業中の作業者の行動範囲と，②鉛等の粉じん，ヒュームの濃度の分布状況を考慮して，作業環境管理が必要と考えられる区域のことである。

　その理由は，作業環境管理の目的が環境を良くすることによって作業者の作業中

の鉛ばく露を抑えて，健康への悪影響をなくすことであるので，作業中に作業者が行く可能性がある場所で，かつ測定すれば鉛等の粉じん，ヒュームが検出される可能性のある範囲を作業環境管理の対象にする必要があるからである。

　作業環境測定士，特に社外の作業環境測定機関から派遣されてきた測定士は，その場所で行われる作業について十分な知識があるとは限らない。その場所で行われる作業をよく知る作業主任者が，①作業中に作業者が行動する区域はどこで，作業者が行くことのない区域はどこなのか，②どこで，どんな作業をするか，③鉛等の粉じん，ヒュームを発散する可能性のある設備はどれか，④どこで，どういうときに刺激，ほこりっぽさ等を感じることがあるか，などの情報を提供することによって，作業環境測定士は適切な単位作業場所の範囲を決めることができる。

（2）　A測定の意味と測定点，測定時刻

　単位作業場所内の鉛等の粉じん，ヒュームの濃度の平均的な分布を調べるための測定を「A測定」という。A測定は，濃度が高そうな点を避けて濃度が低そうな点を測定しようというような作為が入るのを防ぐために，単位作業場所の中に無作為に選んだ5点以上の測定点で行うことが，作業環境測定基準に定められている。測定点を無作為に選ぶ方法として等間隔系統抽出という方法があり，よく使われる測定点の決め方として，6m以下の等間隔で引いた縦，横の平行線の交点のうち設備等があって測定が著しく困難な位置を除いたすべての交点を測定点とする方法（**図3-11（ア）**），また狭い単位作業場所では対角線を引いて中心の1点と対角線上の4点を測定点とする方法（**図3-11（イ）**）が使われる。

　1測定点のサンプリング時間は連続した10分間以上と定められ，また平均的な濃度分布を求めるために，1単位作業場所の測定は1時間以上かけて行うこととさ

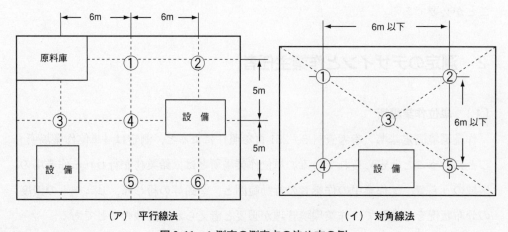

（ア）　平行線法　　　　　　　　　　　　　　（イ）　対角線法

図3-11　A測定の測定点の決め方の例

れているので，測定点の決め方によっては，サンプリングが作業の邪魔になること
もある。A測定は定常的な作業が行われている状態で行わなければならないので，
サンプリングが邪魔になって普段と違う作業をしたのでは意味がない。作業主任者
は，作業環境測定士と事前に十分打ち合わせて，サンプリングの位置が定常的な作
業の邪魔にならないように，測定点を決めてもらうとともに，作業者に対しては測
定中普段どおりの作業を続けるように指導しなければならない。

（3）　B測定の意味と測定点，測定時刻

　発散源の近くで作業する作業者が高い濃度にばく露される危険があるかないかを
調べるための測定を「B測定」という。後で勉強する評価の結果「A測定」では問
題がなくても，発散源に近い場所では高濃度である場合があり，作業者が高い濃度
にばく露される危険性が見逃されることがある。

　単位作業場所の中で次のような作業が行われる場合には，A測定のほかにB測
定を行わなければならない。

①　作業者が発散源と一緒に移動しながら行う作業（**移動作業**），例えば移動し
　　ながら大きい物の表面に施された鉛ライニングを破砕する作業

②　作業者が発散源の近くにいて，鉛等を発散する作業を間欠的に行う作業（**間
　　欠作業**），例えば作業開始時に，設備の蓋を開いて粉状の鉛化合物を投入する
　　作業，鉛化合物が入っている設備の内部を点検する作業

③　作業者が，一定の場所で行う鉛等を発散する作業（**固定作業**），例えば台秤
　　上で粉状の鉛化合物を秤量し容器に入れる作業

　B測定の対象となる作業は常時行われているとは限らないために，時には作業環
境測定士が見落とすこともある。作業主任者は，測定のデザインに際して，くわし
い作業内容等の情報を作業環境測定士に提供し，B測定の必要性を判断してもらう
ことが重要である。

　B測定は，作業方法，作業姿勢，発散状況等から判断して，鉛濃度が最大になる
と考えられる作業位置で，濃度が最大になると考えられるときを含む10分間，A
測定と同じ方法で測定する。

　B測定の対象となる作業は，A測定の実施時間中に行われるとは限らない。A測
定の実施時間とは別に，そのような作業が行われるときに実施すればよい。場合に
よっては，B測定のために特別にそのような作業を再現させて測定しても構わない。

（4）　C測定，D測定

　作業環境測定基準の改正（令和3年4月1日施行）により，鉛作業が行われる単

写真 3–15　個人サンプラー（パーソナルサンプラー）を装着した作業者

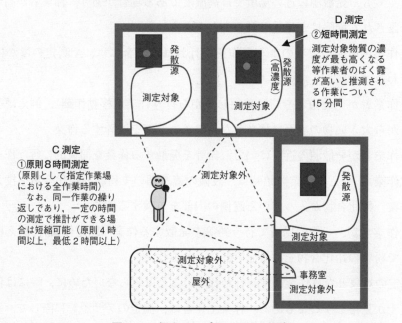

D 測定
②短時間測定
測定対象物質の濃
度が最も高くなる
等作業者のばく露
が高いと推測され
る作業について
15 分間

C 測定
①原則 8 時間測定
（原則として指定作業場
における全作業時間）
　なお，同一作業の繰り
返しであり，一定の時間
の測定で推計ができる場
合は短縮可能（原則 4 時
間以上，最低 2 時間以上）

発散源
測定対象

発散源
（高濃度）
測定対象

発散源
測定対象

測定対象外

測定対象外
屋外

事務室
測定対象外

図 3–12　個人サンプラーによる測定
（出典：厚生労働省「令和 4 年度化学物質管理に係る専門家検討会中間取りまとめ」）

位作業場所については，A 測定に代えて 5 人以上の作業者の身体に個人サンプラー
（パーソナルサンプラー）を装着して全作業時間（最低 2 時間以上）試料空気を採
取する C 測定，発散源に近接する場所で作業が行われる単位作業場所については，
B 測定に代えて作業者の身体に個人サンプラーを装着し濃度が最も高くなると思わ
れる時間に 15 分間試料空気を採取する D 測定を行うことができることになった
（**写真 3–15**，**図 3–12**）。作業者の身体に個人サンプラーを装着して作業してもらう
場合には，作業主任者が，測定の意味と必要性を作業者によく説明し，理解を得た
うえで測定を実施することが重要である。

3 作業環境測定結果の評価と作業主任者

　作業環境測定の結果の評価は，作業環境評価基準（参考資料 6，253 頁参照）に定められた方法で，単位作業場所ごとに，A 測定の結果を統計的に処理して得られる 2 つの評価値および B 測定の結果を管理濃度（鉛として 0.05 mg/m³）と比較して行う。評価を行う者は作業環境測定士でなくてもよいこととされているが，評価のために必要な数値の処理には相当な知識を必要とするので，作業環境測定士が評価まで行って報告書に記載することが一般的である。

（1）　評価の結果，管理区分の意味

　評価の結果は，**表 3–5**，**表 3–6** のとおり 3 つの管理区分で表される。

　簡単にいうと，第 1 管理区分は環境が良好で現在の管理を続ければよい状態，第 2 管理区分は直ちに健康に影響はないと判断されるが，なお改善の余地がある状態，第 3 管理区分は健康に対する影響も考えられるので，直ちに原因を調べて改善する必要がある状態を表している。

表 3–5　作業環境管理区分の意味

管理区分	平均的な環境状態（A 測定・C 測定）	高濃度ばく露の危険（B 測定・D 測定）
第 1 管理区分	管理濃度を超える危険率が 100 分の 5 より小さい	発散源に近い作業位置の最高濃度が管理濃度より低い
第 2 管理区分	平均濃度が管理濃度以下	発散源に近い作業位置の最高濃度が管理濃度の 1.5 倍以下
第 3 管理区分	平均濃度が管理濃度を超える	発散源に近い作業位置の最高濃度が管理濃度の 1.5 倍を超える

表 3–6　作業環境管理区分と講ずべき措置

管理区分	講ずべき措置
第 1 管理区分	現在の管理状態の継続的維持に努める
第 2 管理区分	施設，設備，作業工程または作業方法の点検を行い，その結果に基づき，作業環境を改善するために必要な措置を講ずるように努める
第 3 管理区分	①　施設，設備，作業工程または作業方法の点検を行い，その結果に基づき，作業環境を改善するために必要な措置を講ずる ②　作業者に有効な呼吸用保護具を使用させる ③　産業医が必要と認めた場合には，健康診断の実施その他労働者の健康の保持を図るために必要な措置を講ずる ④　環境改善の措置を講じた後再度作業環境測定を行い，第 1 または第 2 管理区分になったことを確認する

　作業環境測定と評価の結果は，「作業環境測定結果報告書」に記載され，衛生委員会に報告審議されることとされているが，作業主任者は，管理区分など「作業環境測定結果報告書」に記載されている内容を理解し，作業者に評価結果を伝え，自分達が働いている作業場所の環境がどのような状態にあるのか，そのままの状態で作業を続けてよいのか，改善を要する問題があるのか，問題がある場合にはどのような改善措置を必要とするのかなどを，報告書に書かれている作業環境測定士のコメントを参考にしながら，作業者に対し十分に説明して理解させ，改善が必要な場合には積極的な協力が得られるよう指導することが重要である。

　なお，測定の結果が第2管理区分または第3管理区分と評価された作業場所については，評価の結果と改善のために講じた措置を掲示等の方法で作業者に周知しなければならない。

　また，生殖毒性等女性に対して有害な鉛およびその化合物について，第3管理区分と評価された屋内作業場では女性の就労が禁止されている（女性労働基準規則第2条）。

4　作業環境測定結果の第3管理区分に対する措置

　令和4年5月に公布され，令和6年4月に施行される鉛則等の改正により，事業者は，作業環境測定の評価の結果，第3管理区分に区分された場所については，作業環境改善等，次の措置を講じなければならないこととなる（鉛則第52条の3の2）。

（1）　作業環境測定の評価結果が第3管理区分に区分された場合の措置

① 　作業場所の作業環境の改善の可否と，改善できる場合の改善方策について，外部の作業環境管理専門家（第1編，29頁参照）の意見を聴くこと。

② 　作業場所の作業環境改善が可能な場合，必要な改善措置を講じ，その効果を確認するための濃度測定を行い，結果を評価する。

（2）　上記①の結果，作業環境管理専門家が改善困難と判断した場合および上記②の測定評価の結果が第3管理区分に区分された場合の措置

① 　個人サンプリング測定等による化学物質の濃度測定を行い，その結果に応じて作業者に有効な呼吸用保護具を使用させること。

② 　呼吸用保護具が適切に装着されていることを確認すること。

③ 　保護具着用管理責任者（第1編，28頁参照）を選任し，呼吸用保護具の管理，鉛作業主任者の職務に対する指導等を担当させること。

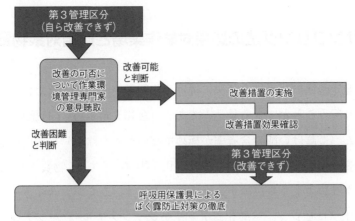

図3-13　作業環境測定の評価結果が第3管理区分に区分された場合の措置
(出典：厚生労働省)

④　作業環境管理専門家の意見の概要および改善措置と濃度測定の評価の結果を作業者に周知すること。

⑤　上記措置を講じたときは，遅滞なくこの措置の内容を所轄労働基準監督署に届け出ること。

(3)　(2)の場所の評価結果が改善するまでの間の措置

①　6カ月以内ごとに1回，定期に，個人サンプリング測定等による化学物質の濃度測定を行い，その結果に応じて労働者に有効な呼吸用保護具を使用させること。

②　1年以内ごとに1回，定期に，呼吸用保護具が適切に装着されていることを確認すること。

(4)　その他

①　作業環境測定の結果，第3管理区分に区分され，改善措置を講ずるまでの間の応急的な呼吸用保護具についても，有効な呼吸用保護具を使用させること。

②　個人サンプリング測定等による測定結果，測定結果の評価結果，呼吸用保護具の装着確認結果を保存すること。

③　個人サンプリング測定による測定結果に応じて有効な呼吸用保護具等の措置を講じた場合は，作業環境測定基準（安衛法第65条第1項，第2項）に基づく作業環境測定を行うことは要しないとされる見込みである（令和5年4月公布，令和6年1月施行予定）。

5　個人サンプリング法の適用対象作業場と適用対象物質の改正

　作業環境測定基準の改正により次に掲げる作業環境測定は，新たに個人サンプリング法により行うことができる見込みである（令和5年10月1日施行予定）。

①　粉じん（遊離けい酸の含有率が極めて高いものを除く）の濃度の測定

②　労働安全衛生法施行令に掲げる特定化学物質のうち15物質※の濃度の測定

　※：アクリロニトリル，エチレンオキシド，オーラミン，オルト-トルイジン，酸化プロピレン，三酸化二アンチモン，ジメチル-2,2-ジクロロビニルホスフェイト，臭化メチル，ナフタレン，パラ-ジメチルアミノアゾベンゼン，ベンゼン，ホルムアルデヒド，マゼンタ，リフラクトリーセラミックファイバー，硫酸ジメチル

③　労働安全衛生法施行令に掲げる第1種および第2種有機溶剤（特別有機溶剤を含む）の濃度の測定

第 10 章　除じん装置

　鉛則は，鉛の粉じんまたはヒュームを排出する局所排気装置またはプッシュプル型換気装置には，ろ過除じん方式またはこれと同等以上の性能を有する除じん装置を設けることを定めている。また除じん装置には，必要に応じて粒径の大きい粉じんを除去するための前置き除じん装置を設けることを定めている（鉛則第 26 条）。

　除じん装置には，粒子を分離する原理によってろ過除じん装置，電気除じん装置，湿式除じん装置，遠心力除じん装置，慣性除じん装置などがある。

　局所排気装置，プッシュプル型換気装置の排気に含まれる粉じんは，一般に粒径が 5 μm 未満のものを多く含み，ヒュームはさらに粒径が小さいので，微粒子を捕集できるろ過除じん装置が使用される。ろ過除じん装置と同等以上の性能を有するものには電気除じん装置，湿式除じん装置がある。湿式除じん装置は高温の排気の処理に使われる。また，遠心力除じん装置，慣性除じん装置は主としてろ過除じん装置，湿式除じん装置の前置き除じん装置として使われる。

（1）　ろ過除じん装置

　ろ過除じん装置（**写真 3-16**）は，布等のろ過材（フィルター）で粒子をろ過捕集する方式で，フェルト等のろ布製の筒（バッグ）をろ過材として使うものはバグ

写真 3-16　ろ過除じん装置の例

写真 3-17　バグフィルター

フィルター（**写真 3–17**）と呼ばれ，局所排気装置，プッシュプル型換気装置用に広く使用されている。

　ろ過除じん装置は粒径の小さい粒子を捕集できるが圧力損失が大きいので，十分な静圧の出せるファンを使用することと，目詰まりによる過負荷を防ぐために遠心式除じん装置，慣性除じん装置等の前置き除じん装置を併用してあらかじめ粒径の大きい粒子を除去することが望ましい。

　なお，ろ過材が可燃性の材料でできたものは火災の危険があるので溶解炉などの高温の排気の処理には使えない。

（2）　電気除じん装置

　電気除じん装置は，高電圧のコロナ放電を利用して粒子を帯電させ静電引力を利用して電極板（捕集板）に付着捕集するものである。圧力損失が小さく微細な粒子を高い捕集率で捕集することができるが，一般に大容量の設備に適し小容量のものは設備費が割高になるため火力発電所の煙道ガスに含まれる微粒子（フライアッシュ）の捕集などが主な用途で，局所排気装置，プッシュプル型換気装置に使われることはまれである。

（3）　湿式除じん装置

　湿式除じん装置は，排気を水中にくぐらせたり，水を気流中に噴霧したりして粒子を水に接触させて捕集するもので，洗浄除じん装置（スクラバ）とも呼ばれる（**写真 3–18，図 3–14**）。

　湿式除じん装置は，排水処理が必要でそのための設備とメンテナンスに費用と手間がかかるが，防火上ろ過除じん装置が使えない溶解炉や鋳造工程の高温の排気の

写真 3–18　湿式除じん装置の例

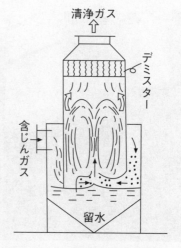

図 3–14　湿式除じん装置の構造

処理用に使われる。

（4）　遠心力除じん装置

　遠心力除じん装置は，円錐形の室内で気流を高速度で回転させ遠心力で粒子を分離する。サイクロンとも呼ばれる。直径 1 m 以上の大型サイクロンは粒径 10 μm 以下の粒子は捕集できないが，圧力損失が小さいので，主としてろ過除じん装置など高性能の除じん装置の手前で粗い粉じんを取り除き，高性能除じん装置の負荷を小さくするための前置き除じん装置として使用される（**写真 3–19，図 3–15**）。

写真 3–19　遠心力除じん装置（サイクロン）

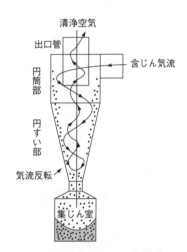

図 3–15　サイクロンの構造

参考文献
　1）沼野雄志「新やさしい局排設計教室」（第 7 版）中央労働災害防止協会，2019 年
　2）写真は沼野撮影によるもの。ただし，写真 3–11「いろいろな型式のプッシュプル型換気装置（イ）～（エ）」は興研(株)の提供による。

第4編

保護具に関する知識

各章のポイント

【第1章】概　説

☐　鉛に係る業務で使用する労働衛生保護具について知る。

【第2章】呼吸用保護具の種類と防護係数

☐　呼吸用保護具の種類・選択方法，防護係数について学ぶ。

【第3章】防じんマスク

☐　防じんマスクの種類・構造や選択・使用・保守管理に当たっての留意点について学ぶ。

【第4章】電動ファン付き呼吸用保護具（PAPR）

☐　電動ファン付き呼吸用保護具（PAPR）の種類・性能や選択・保守管理に当たっての留意点について学ぶ。

【第5章】送気マスク，空気呼吸器

☐　送気マスクの種類・構造や使用の際の注意事項について学ぶ。

☐　自給式呼吸器の一種であり，災害時の救出作業等の緊急時に使用される空気呼吸器について学ぶ。

【第6章】化学防護衣類等

☐　化学防護衣類や保護めがね等の種類や使用の際の注意事項について学ぶ。

第1章　概　説

　鉛による健康障害を防ぐには，作業環境の改善を第一に行うことが必要であり，作業環境の改善を進めた上で作業者の鉛等のばく露をさらに低減させるために，また臨時の作業等で十分な作業環境改善ができない場合には労働衛生保護具（以下，保護具と略す）を使用する必要がある。不良な環境をそのままにして，初めから保護具だけに頼るのは誤りである。

　鉛業務で使用する保護具には，吸入によるばく露を防止するための呼吸用保護具や，皮膚接触による吸収，皮膚障害を防ぐための化学防護服，化学防護手袋，化学防護長靴，および眼を保護する保護めがねなどがある。

　これらの保護具のうち，防じんマスクについては「防じんマスクの規格」（昭和63年労働省告示第19号，最終改正：平成30年厚生労働省告示第214号），また電動ファン付き呼吸用保護具（PAPR）については「電動ファン付き呼吸用保護具の規格」（平成26年厚生労働省告示第455号）に基づく国家検定が義務付けられており，検定合格標章のついた国家検定品を選定しなければならない（**図4-1**）。その他の保護具は日本産業規格（JIS）適合品を選定，使用する。**表4-1**の日本産業規格によって性能等が規定されている。

　さらに，防じんマスクについては，平成17年2月7日に厚生労働省から「防じんマスクの選択，使用等について」という通達が出されている（最終改正：令和

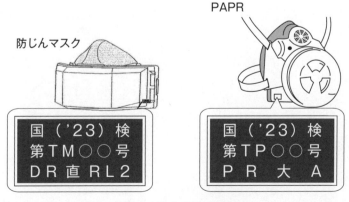

図4-1　検定合格標章の例

表 4-1　鉛等による健康障害防止用の労働衛生保護具の日本産業規格

JIS T 8151	防じんマスク
JIS T 8153	送気マスク
JIS T 8157	電動ファン付き呼吸用保護具
JIS T 8115	化学防護服
JIS T 8116	化学防護手袋
JIS T 8117	化学防護長靴
JIS T 8147	保護めがね

3 年 1 月 26 日）ので，参照する必要がある（参考資料 7 参照）。

　保護具は作業者を鉛ばく露から守る「最後の砦（とりで）」として大切なものである。災害事例をみても，保護具の不使用や，不適切な使用が発生原因の 1 つとしてあげられることが多い。保護具の有効な使用のためには，規格に適合する保護具を選ぶこと，常に点検と手入れを励行して十分性能を発揮できる状態に保つこと，平素から訓練を繰り返して正しい使用法に習熟しておくことが重要である。

　鉛作業主任者は呼吸用保護具，化学防護服，化学防護手袋などの保護具全般の使用状況を監視する職務を確実に遂行しなければならない。具体的には，以下の事項が重要になる。

①　防じんマスクは検定合格標章のついたものを選定すること。

②　着用者の顔面に密着する面体の呼吸用保護具を選定すること。

③　取扱説明書，ガイドブック，パンフレット等に基づき，防じんマスクの適正な装着方法，使用方法，および顔面と面体の密着性の確認方法について十分な教育や訓練を行うこと。

第2章　呼吸用保護具の種類と防護係数

1　呼吸用保護具の種類

　呼吸用保護具は種類によって，使用できる環境条件や対象とする物質，あるいは使用可能時間等が異なり，通常の作業用か，火災・爆発・その他の事故時の救出用かなどの用途によっても着用する保護具の種類は異なるので，使用に際しては用途に適した正しい選択をしなければならない。

　呼吸用保護具は大きく分けて，ろ過式（作業者周囲の有害物質をマスクのろ過材や吸収缶により除去し，有害物質の含まれない空気を呼吸に使用する形式）と，給気式（離れた位置からホースを通して新鮮な空気を呼吸に使用する。または，空気または酸素ボンベを作業者が背負ってボンベ内の空気または酸素を呼吸に使用する形式）がある（**図4-2**）。

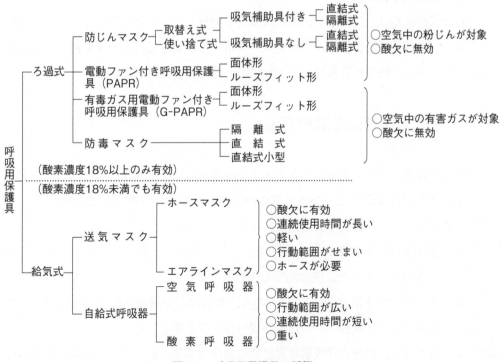

図4-2　呼吸用保護具の種類

（1）　防じんマスク

防じんマスクは，作業環境中に浮遊する粉じん，ミスト，ヒューム等の粒子状物質を吸入することにより発生するじん肺，鉛中毒などの健康障害を防止するため，粒子状物質をろ過材で除去する呼吸用保護具である。また，平成30年5月1日より，吸気補助具付き防じんマスクも防じんマスクとして分類された。厚生労働大臣または登録型式検定機関の行う型式検定に合格したものを使用しなければならない。

（2）　電動ファン付き呼吸用保護具（PAPR）

電動ファン付き呼吸用保護具は，作業環境中に浮遊する粉じん，ミスト，ヒューム等の粒子状物質をろ過材で清浄化した空気を，電動ファンにより作業者に供給する呼吸用保護具である。厚生労働大臣または登録型式検定機関の行う型式検定に合格したものを使用しなければならない。

（3）　送気マスク

送気マスクは，清浄な空気を有害な環境以外からパイプ，ホース等により作業者に給気する呼吸用保護具である。送気マスクには，自然の大気を空気源とするホースマスクと圧縮空気を空気源とするエアラインマスクおよび複合式エアラインマスクがある。

（4）　自給式呼吸器

自給式呼吸器は，清浄な空気または酸素を携行し，それを給気する呼吸用保護具である。自給式呼吸器には，圧縮空気を使用する空気呼吸器と酸素を使用する酸素呼吸器があり，酸素呼吸器には圧縮酸素形と酸素発生形がある。

2　呼吸用保護具の選択方法

呼吸用保護具の作業現場の状況をふまえた選択方法を**図4-3**に示す。

①　空気中の酸素濃度が18％未満の酸欠空気，あるいは酸素濃度がわからない作業場では，ろ過式呼吸用保護具は使用できない。

②　空気中の酸素濃度が18％以上あり，有害物質の種類がよくわからない場合は，送気マスクまたは自給式呼吸器を使用する。

③　空気中の酸素濃度が18％以上あり，有害物質の種類が粒子状物質のときは防じんマスク，電動ファン付き呼吸用保護具を選定する。

これらのうち，自給式呼吸器は災害時の救出作業等の緊急時に用いるものであって，通常の鉛を取り扱う作業に使用することは適当ではない。

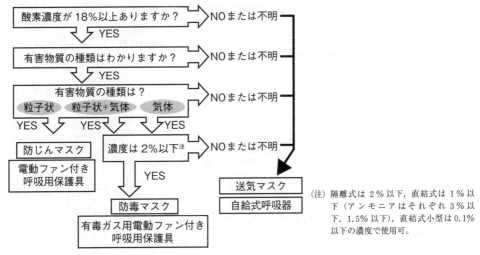

図4-3　呼吸用保護具の選択方法

3　防護係数，指定防護係数

　呼吸用保護具を装着したときにどのくらい有害物質から防護できるか，を示す防護係数をふまえて，保護具を選定する必要がある。防護係数とは，呼吸用保護具の防護性能を表す数値であり，次の式で表すことができる。

$$PF = \frac{C_o}{C_i}$$

PF：防護係数　　　C_o：面体等の外側の有害物質濃度

C_i：面体等の内側の有害物質濃度

　すなわち，防護係数が高いほど，呼吸用保護具内への有害物質の漏れ込みが少ないことを示し，作業者のばく露が少ない呼吸用保護具といえる。また，C_iを鉛等の管理濃度やばく露限界（日本産業衛生学会の許容濃度や，米国産業衛生専門家会議（ACGIH）のTLVsなど）とし，防護係数を乗じることにより，C_o，すなわち，呼吸用保護具がどの程度作業環境濃度あるいはばく露濃度まで使用できるかが予想できる。作業強度が高いと呼吸量が増えるので，防護係数の高い呼吸用保護具を使用する。

　作業現場において防護係数が算定できない場合は，各機関が公表している指定防護係数を参照する。指定防護係数は，実験結果から算定された多数の防護係数値の代表値で，訓練された着用者が，正常に機能する呼吸用保護具を正しく着用した場合に，少なくとも得られると期待される防護係数を示している。JIS T 8150（呼吸用保護具の選択，使用及び保守管理方法）にある指定防護係数を**表4-2**に示す。

表4-2　指定防護係数一覧

呼吸用保護具の種類			指定防護係数	備考
防じんマスク 取替え式	全面形面体	RS3又はRL3	50	RS1, RS2, RS3, RL1, RL2, RL3, DS1, DS2, DS3, DL1, DL2及びDL3は, 防じんマスクの規格 (昭和63年労働省告示第19号) 第1条第3項の規定による区分であること。
		RS2又はRL2	14	
		RS1又はRL1	4	
	半面形面体	RS3又はRL3	10	
		RS2又はRL2	10	
		RS1又はRL1	4	
使い捨て式		DS3又はDL3	10	
		DS2又はDL2	10	
		DS1又はDL1	4	
電動ファン付き呼吸用保護具	全面形面体 S級	PS3又はPL3	1,000	S級, A級及びB級は, 電動ファン付き呼吸用保護具の規格 (平成26年厚生労働省告示第455号) 第1条第4項の規定による区分であること。PS1, PS2, PS3, PL1, PL2及びPL3は, 同条第5項の規定による区分であること。
	A級	PS2又はPL2	90	
	A級又はB級	PS1又はPL1	19	
	半面形面体 S級	PS3又はPL3	50	
	A級	PS2又はPL2	33	
	A級又はB級	PS1又はPL1	14	
	フード形又はフェイスシールド形 S級	PS3又はPL3	25	
	A級		20	
	S級又はA級	PS2又はPL2	20	
	S級, A級又はB級	PS1又はPL1	11	
その他の呼吸用保護具 循環式呼吸器	全面形面体	圧縮酸素形かつ陽圧形	10,000	
		圧縮酸素形かつ陰圧形	50	
		酸素発生形	50	
	半面形面体	圧縮酸素形かつ陽圧形	50	
		圧縮酸素形かつ陰圧形	10	
		酸素発生形	10	
空気呼吸器	全面形面体	プレッシャデマンド形	10,000	
		デマンド形	50	
	半面形面体	プレッシャデマンド形	50	
		デマンド形	10	
エアラインマスク	全面形面体	プレッシャデマンド形	1,000	
		デマンド形	50	
		一定流量形	1,000	
	半面形面体	プレッシャデマンド形	50	
		デマンド形	10	
		一定流量形	50	
	フード形又はフェイスシールド形	一定流量形	25	
ホースマスク	全面形面体	電動送風機形	1,000	
		手動送風機形又は肺力吸引形	50	
	半面形面体	電動送風機形	50	
		手動送風機形又は肺力吸引形	10	
	フード形又はフェイスシールド形	電動送風機形	25	
半面形面体を有する電動ファン付き呼吸用保護具	S級かつPS3又はPL3		300	S級は, 電動ファン付き呼吸用保護具の規格 (平成26年厚生労働省告示第455号) 第1条第4項, PS3及びPL3は, 同条第5項の規定による区分であること。
フード形の電動ファン付き呼吸用保護具			1,000	
フェイスシールド形の電動ファン付き呼吸用保護具			300	
フード形のエアラインマスク	一定流量形		1,000	

(令和2年厚生労働省告示第286号別表1〜4より)

第3章　防じんマスク

　防じんマスクは，必ず「防じんマスクの規格」（昭和63年労働省告示第19号，最終改正：平成30年厚生労働省告示第214号）に基づいて行われる国家検定に合格したものを使用する。

1　防じんマスクの構造

　防じんマスクには，**表4-3**，**表4-4**のような種類がある。

表4-3　防じんマスクの種類

取替え式防じんマスク	吸気補助具付き防じんマスク	隔離式防じんマスク	吸気補助具，ろ過材，連結管，吸気弁，面体，排気弁およびしめひもからなり，かつ，ろ過材によって粉じんをろ過した清浄空気を吸気補助具の補助により連結管を通して吸気弁から吸入し，呼気は排気弁から外気中に排出するもの
		直結式防じんマスク	吸気補助具，ろ過材，吸気弁，面体，排気弁およびしめひもからなり，かつ，ろ過材によって粉じんをろ過した清浄空気を吸気補助具の補助により吸気弁から吸入し，呼気は排気弁から外気中に排出するもの
	吸気補助具付き防じんマスク以外のもの	隔離式防じんマスク	ろ過材，連結管，吸気弁，面体，排気弁およびしめひもからなり，かつ，ろ過材によって粉じんをろ過した清浄空気を連結管を通して吸気弁から吸入し，呼気は排気弁から外気中に排出するもの
		直結式防じんマスク	ろ過材，吸気弁，面体，排気弁およびしめひもからなり，かつ，ろ過材によって粉じんをろ過した清浄空気を吸気弁から吸入し，呼気は排気弁から外気中に排出するもの
使い捨て式防じんマスク			一体となったろ過材および面体ならびにしめひもからなり，かつ，ろ過材によって粉じんをろ過した清浄空気を吸入し，呼気はろ過材（排気弁を有するものにあっては排気弁を含む。）から外気中に排出するもの

表4-4　防じんマスクの面体の種類

取替え式防じんマスク	全面形
	半面形
使い捨て式防じんマスク	排気弁付き
	排気弁なし

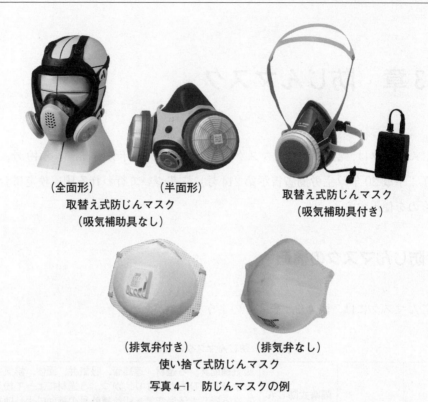

（全面形）　　　（半面形）
取替え式防じんマスク
（吸気補助具なし）

取替え式防じんマスク
（吸気補助具付き）

（排気弁付き）　　　（排気弁なし）
使い捨て式防じんマスク

写真 4-1　防じんマスクの例

（1）　取替え式防じんマスク

　取替え式防じんマスクは，吸気補助具の付いていないものと，吸気補助具付きのものとに分類される。基本的にはろ過材，吸気弁，排気弁，しめひもが取り替え部分となっており，容易に取り替えできる構造である。なお，吸気補助具付きのものは，吸気補助具の補助により，吸気弁から吸入し，呼気は排気弁から排出される。

【特徴】

①　ろ過材，吸・排気弁等の部品交換をすることで，常に新品時の性能を保持することができる。

②　作業環境に合わせて面体の種類を選択することができる。

③　面体に耐久性のある素材を使用しているため，適正なメンテナンスにより繰り返し使うことができる。

④　マスクを清潔に保つためには作業後，常に掃除する必要がある。

⑤　着用者自身が顔面と面体との密着性の良否の確認（シールチェック）を随時容易に行える。

　取替え式防じんマスクの中で，多く使用されているのは，直結式の半面形の面体のものである。眼も防護したい場合や，高い防護性能を期待したい場合には，顔面との密着性のよい全面形を選択する（第2章「3 防護係数，指定防護係数」参照）。

（2）　使い捨て式防じんマスク

使い捨て式防じんマスクは面体自体がろ過材である。

【特徴】

① 使用限度時間になったら新しいものに交換する必要がある。

② 面体自体がろ過材なので軽量である。

③ 使った後のマスクの清掃や部品交換が不要である。

④ 着用者自身が，顔面と面体との密着性の良否を確認（シールチェック）することは難しい。

使用中に次に示すような状態になったら，マスク全体を廃棄し，新品と交換する。

・機能が減じたとき。

・粉じんが堆積して息苦しくなったり，汚れがひどくなったとき（清浄化による再使用をしてはならない）。

・変形したとき（顔面との密着性に不具合を感じたとき）。

・表示してある使用限度時間を超えたとき。

2　防じんマスクの等級別記号

防じんマスクの等級別記号は，**表 4-5** に示すとおり粒子捕集効率および試験粒子の種類によって等級が分けられ，さらに，取替え式と使い捨て式の種類も含めて定められている。

等級別記号の意味は，次のとおりである。

R：取替え式（Replaceable の頭文字）

表 4-5　防じんマスクの等級別記号

種　　類	粒子捕集効率 (%)	等級別記号	
		DOP [a]粒子による試験	NaCl [b]粒子による試験
取替え式防じんマスク	99.9 以上	RL 3	RS 3
	95.0 以上	RL 2	RS 2
	80.0 以上	RL 1	RS 1
使い捨て式防じんマスク	99.9 以上	DL 3	DS 3
	95.0 以上	DL 2	DS 2
	80.0 以上	DL 1	DS 1

注　a)　DOP：dioctyl phthalate（フタル酸ジオクチル）
　　b)　NaCl：sodium chloride（塩化ナトリウム）

　　D：使い捨て式（Disposable の頭文字）

　　L：液体粒子による試験（Liquid の頭文字）

　　S：固体粒子による試験（Solid の頭文字）

　　1，2，3：粒子捕集効率によるランク

3　防じんマスクのろ過材の選択

　粒子状物質の種類および作業内容ごとの使用すべき防じんマスクの区分を，**図4 -4** に示す。防じんマスクを選択する際は，この図を参照すること。

　S級のろ過材は，固体粒子に対しては有効であるが，オイルミスト等の粒子を捕集した場合，粒子捕集効率が低下する。一方，L級のろ過材は，固体粒子とともにオイルミスト等に対しても粒子捕集効率が低下することがなく，有効なろ過材である。

　鉛の管理濃度は $0.05\,\mathrm{mg/m^3}$ であることより，95.0% 以上の捕集効率を有するろ過材（ランク2あるいは3）を選定することが必要である（平成17年2月7日基発第0207006号（最終改正：令和3年1月26日）「防じんマスクの選択，使用等について」別紙（参考資料7）参照）。

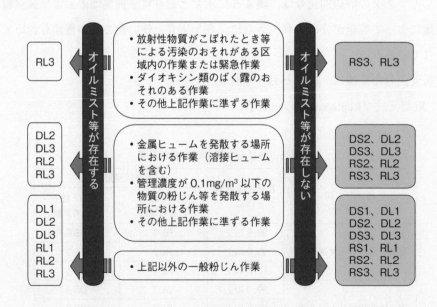

図4-4　粒子状物質および作業の種類から考えた防じんマスクの区分

（平成17年基発第0207006号「防じんマスクの選択，使用等について」別紙より。一部改変）

4　防じんマスクの顔面への密着性の確認

　粒子捕集効率の高い防じんマスクであっても，着用者の顔面と防じんマスクの面体との密着性が十分でなく漏れがあると，防護性能が低下するため，防じんマスクの面体は，着用者の顔面に合った形状の接顔体を有するものを選択する必要がある。特にろ過材の粒子捕集効率が高くなるほど，粉じんの吸入を防ぐ効果を上げるためには，密着性を確保する必要がある。その方法は作業時に着用する場合と同じように，防じんマスクを着用し，また保護帽，保護めがね等の着用が必要な作業にあっては，それらも同時に着用させ，次のいずれかの方法によって密着性を確認させる。

（1）　陰圧法（取替え式防じんマスク）

　防じんマスクの面体を顔面に押しつけないように，フィットチェッカー等を用いて吸気口をふさぐ。息をゆっくり吸って，防じんマスクの面体と顔面の隙間から空気が面体内に漏れ込まず，苦しくなり，面体が顔面に吸いつけられるかどうかを確認する（図4-5）。

　防じんマスクを装着したときに，作業者の手で吸気口を遮断して，吸気したとき苦しくなり，面体が吸いつく（密着する）ことを確認する（図4-6）。吸気口を手でふさいで吸ったとき漏れ込みを感じたら，もう一度正しく装着して再度漏れチェックする。面体を顔面に強く押しつけないように注意する。

　吸気口にフィットチェッカーを取り付けて2～3秒の時間をかけてゆっくりと息を吸い，面体が顔面に吸いつけば密着していると判断できる。

図4-5　フィットチェッカーを用いたシールチェック

　吸気口を手でふさぎ，息を吸い，面体が顔面に吸いつけば密着していると判断できる。

図4-6　手を用いたシールチェック

（2）　陽圧法

① 　取替え式防じんマスク

　　防じんマスクの面体を顔に押しつけないように，フィットチェッカー等を用いて排気口をふさぐ。息を吐いて，空気が面体内から流出せず，面体内に呼気が滞留することによって面体が膨張するかどうかを確認する。

② 　使い捨て式防じんマスク

　　使い捨て式防じんマスク全体を両手で覆い，息を吐く。使い捨て式防じんマスクと顔の接触部分から息が漏れていないか確認する。

5　防じんマスクの選定基準

　防じんマスクの選定基準を表4-6に示す。

　有害性の高い粉じんを取り扱う作業や高濃度ばく露のおそれがある作業では，できるだけ粒子捕集効率が高いものを選ぶなど作業内容，作業強度等を考慮し，重量，吸気抵抗，排気抵抗等が作業に適したものを選ぶこと。具体的には，吸気抵抗および排気抵抗が低いほど呼吸が楽にできることから，作業強度が強い場合にあっては，吸気抵抗および排気抵抗ができるだけ低いものを選ぶこと。

表4-6　防じんマスクの選定基準

項　目	必要条件
粒子捕集効率	高いものほどよい
吸気・排気抵抗	低いものほどよい
吸気抵抗上昇値	低いものほどよい
重量	軽いものほどよい
視野	広いものほどよい

6　防じんマスクの使用上の留意事項

防じんマスクを使用する際は，次の事項について留意する。

① 酸素濃度が 18% 未満の場所では使用しない。

② 着用する前に，その都度，防じんマスクの各部品等を点検する。

③ 着用したとき，接顔部の位置，しめひもの位置・締め方などが適切であることを確認する。

④ 着用したら，顔面との密着性が良好であることを確認する。取替え式防じんマスクはフィットチェッカーなどを使用する。

⑤ タオルなどを当てた上から防じんマスクを装着しない。

⑥ 「接顔メリヤス」などを接顔部に付けない。ただし，皮膚障害を起こすおそれがある場合で，密着性が良好な場合は使用してもよい。

⑦ 着用者のひげ，もみあげ，前髪などが，密着性を低下させたり，排気弁の作動を妨げる状態で防じんマスクを使用しない。

7　防じんマスクの保守管理

防じんマスクの保守管理については，以下に示す事項について留意する。

① 予備の防じんマスク，ろ過材，その他の部品を備え付けておくこと。

② 使用後，次の点検を行うこと。

　・接顔体，吸気弁，排気弁，しめひもなどの破損，き裂，変形など。

　・ろ過材の固定不良，破損など。

③ 使用後，各部を次の方法で手入れすること。ただし，取扱説明書などに特別な手入れ方法が記載されている場合は，その方法に従うこと。

　・接顔体，吸気弁，排気弁，しめひもなどに付着した粉じん，汗などは，乾燥した布片または軽く水で湿らせた布片で，除くこと。

　・ろ過材は，よく乾燥させ，軽く叩いて粉じんなどを払い落とすこと。強く叩いたり，圧縮空気での吹き飛ばしは行わないこと。

④ 使用済みのろ過材および使い捨て式防じんマスクは，付着した粉じん等が再飛散しないように容器または袋に詰めた状態で廃棄すること。

第4章　電動ファン付き呼吸用保護具（PAPR）

　電動ファン付き呼吸用保護具（Powered Air Purifying Respirator　以下「PAPR」と記す）は，電動ファンによりろ過材で有害粉じんを除去し，清浄な空気を面体内に供給する機能をもつ呼吸用保護具である（**図4-7**参照）。

　PAPRの長所は電動ファンにより清浄空気が供給されるため，防じんマスクより吸気抵抗が低く，呼吸が楽にできることである。また，面体等の内部が電動ファンにより陽圧になるため，面体と顔面との隙間から粉じんが入りにくく，高い防護性能が期待できる。さらに，ルーズフィット形（フードおよびフェイスシールド）のものであれば，保護めがねに準じた機能を備え，フェイスシールドには，保護帽の機能を備えるものもある。短所としては，電動ファン，型式によっては呼吸用チューブが必要なため，防じんマスクと比較して重くなったり，かさばってしまう点があげられる。

　PAPRは，「電動ファン付き呼吸用保護具の規格」（平成26年厚生労働省告示第455号）に基づいた国家検定が行われており，この国家検定に合格したものを使用する必要がある。

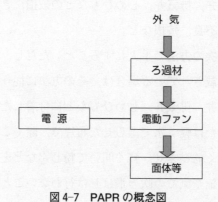

図4-7　PAPRの概念図

1　PAPR の構造

　PAPR の概念図は**図 4–7** のとおり。PAPR は，ろ過材，電動ファン，電源および面体等から構成されている。

2　PAPR の種類と性能

　PAPR は，形状により次のように区分される（**図 4–8**，**図 4–9**）。

① 　面体形隔離式

　　電動ファンおよびろ過材により清浄化された空気を，連結管を通して面体内に送り，着用者の呼気および余剰な空気を排気弁から排出する。

　　面体には，眼，鼻および口辺を覆う全面形，ならびに鼻および口辺を覆う半面形がある。

隔離式（全面形）　　　　　　隔離式（半面形）　　　　　　直結式（半面形）

（ア）面体形の例

隔離式（フェイスシールド）　　　　　　隔離式（フード）

（イ）ルーズフィット形の例

図 4–8　PAPR の例

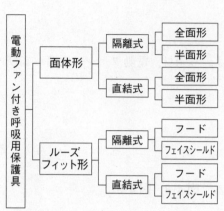

図 4-9 PAPR の形状による種類

表 4-7 PAPR の性能による区分

(1) 電動ファンの性能による区分

区分	呼吸模擬装置の作動条件
通常風量形	1.5±0.075 L/回 20 回/分
大風量形	1.6±0.08 L/回 25 回/分

（呼吸波形：正弦波，面体内圧（Pa）：$0<P_F<400$）

(2) 漏れ率に係る性能による区分

区分	漏れ率
S 級	0.1% 以下
A 級	1.0% 以下
B 級	5.0% 以下

② 面体形直結式

　電動ファンおよびろ過材により清浄化された空気を面体内に送り，着用者の呼気および余剰な空気を排気弁から排出する。

　面体には，眼，鼻および口辺を覆う全面形，ならびに鼻および口辺を覆う半面形がある。

③ ルーズフィット形隔離式

　電動ファンおよびろ過材により清浄化された空気を，連結管を通してフードまたはフェイスシールド内に送り，着用者の呼気および余剰な空気をフードの裾部またはフェイスシールドと顔面の隙間から排出する。

④ ルーズフィット形直結式

　電動ファンおよびろ過材により清浄化された空気を，フードまたはフェイスシールド内に送り，着用者の呼気および余剰な空気をフードの裾部またはフェイスシールドと顔面の隙間から排出する。

　上記①と②は，面体と顔面に密着させて使用するため，外気の漏れ込みが少なく高い防護性能が期待できる。

　上記③と④はフェイスシールド等と顔面が密着していないため，防護性能を確保するためには，フェイスシールド等と顔面の隙間から絶え間なく送気が排出される十分な送風量が必要となる。

　このほか，電動ファンの性能により，「通常風量形」と「大風量形」に区分され，また漏れ率に係る性能により，「S 級」「A 級」「B 級」に区分される（**表 4-7**）。

表 4-8　ろ過材の性能による区分

区分		粒子捕集効率
試験粒子 DOP （フタル酸ジオクチル）	PL 3	99.97% 以上
	PL 2	99.0% 以上
	PL 1	95.0% 以上
試験粒子 NaCl （塩化ナトリウム）	PS 3	99.97% 以上
	PS 2	99.0% 以上
	PS 1	95.0% 以上

表 4-9　ルーズフィット形 PAPR の最低必要風量

電動ファンの性能区分	最低必要風量
通常風量形	104 L/分
大風量形	138 L/分

粒子状物質用 PAPR の性能は，次の 3 要素によって決まる。

①　ろ過材の捕集効率

②　面体と顔面との隙間，フェイスシールドやフードと人体との隙間からの漏れ率

③　連結管の接続部，フィルタの押さえ部などからの漏れ率

　これらの要素のうち，①は，防じんマスクのろ過材の性能と同様に固体粒子（NaCl 粒子での試験，種類別記号 S），液体粒子（DOP 粒子での試験，種類別記号 L）で試験し，それぞれ，PS 3 または PL 3，PS 2 または PL 2，PS 1 または PL 1 の 3 段階に区分されている（**表 4-8**）。②および③は，送風量に依存する性能要素である。面体形 PAPR は，一定の呼吸条件において電動ファンからの送風によって面体内を陽圧に保つことができる性能および面体内部への外気の漏れ率によって性能が規定される。ルーズフィット形 PAPR は，内部が陽圧に保持されていることを確認するのは困難であるため，電動ファンの最低必要風量が規定される（**表 4-9**）。

　近年，着用者の呼吸のパターンに合わせて送気量が変化する面体形 PAPR（呼吸レスポンス形）が多くの事業場で使用されている。これは，自然な呼吸ができるとともに，バッテリーの消耗や，ろ過材の寿命等のランニングコスト面の向上についても寄与している。

3　PAPR の選択

送風量が低下する原因は，次のとおりである。

①　粉じんなどの目づまりによるろ過材の通気抵抗の増大

②　電池の消耗による電圧低下

これらについて警報を発する装置が付属していれば，性能低下を知ることができ

る。ルーズフィット形を使う場合には，送風量低下警報装置の付いたものを使用すべきである。送風量低下警報装置が付属していない場合は，使用中に電池交換または充電の必要が生じたとき，着用者に電池の消耗を知らせる警報装置が必要となる。面体形は，万一送風が停止した場合でも，防じんマスクと同様に機能するので，必ずしも警報装置を必要としない。送風量低下警報装置を備えていない PAPR を使用する場合は，使用開始前に，メーカーが供給している風量計測器を用いて，作業時間中十分な送風量が得られることを確認する必要がある。

4　保守管理

① 定期的に点検および整備を行う。面体，連結管，ハーネスなどが劣化した場合は，新しいものと交換させる。

② 使用後には次の点に留意する必要がある。

・ろ過材はよく乾燥させ，ろ過材上に付着した粉じん等が飛散しない程度に軽くたたいて粉じん等を払い落とす。

・圧縮空気等を用いて付着した粉じんを吹き飛ばさない。

・ろ過材を傷つけたり，穴を開けたりしない。

③ 充電式のバッテリーを使用したときは，充電を行って次の使用に備えさせる。

・寒いところで使用した場合，使用時間が短くなる。充電は必ず専用充電器を使用する。

・ショートさせない。

・火の中に投げ込まない。

第5章　送気マスク，空気呼吸器

1　送気マスク

　送気マスクは，行動範囲は限られるが，酸素欠乏環境およびそのおそれがある場所でも使用することができ，軽くて連続使用時間が長く，一定の場所での長時間の作業に適している。

　送気マスクには，自然の大気を空気源とするホースマスクと，圧縮空気を空気源とするエアラインマスクおよび複合式エアラインマスク（総称して「AL マスク」という）がある（**写真 4-2，表 4-10，図 4-10**）。

肺力吸引形ホースマスク

一定流量形エアラインマスク

複合式エアラインマスク
（プレッシャデマンド型）

写真 4-2　送気マスクの例

表 4-10　送気マスクの種類（JIS T 8153：2002）

種　　類		形　　式		使用する面体等の種類
ホースマスク		肺力吸引形		面体
		送風機形	電動	面体，フェイスシールド，フード
			手動	面体
AL マスク	エアライン マスク	一定流量形		面体，フェイスシールド，フード
		デマンド形		面体
		プレッシャデマンド形		面体
	複合式エア ラインマスク	デマンド形		面体
		プレッシャデマンド形		面体

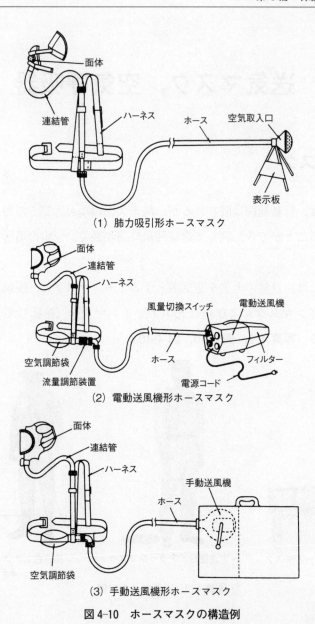

（1）肺力吸引形ホースマスク

（2）電動送風機形ホースマスク

（3）手動送風機形ホースマスク

図4-10　ホースマスクの構造例

（1）　ホースマスク

① 　肺力吸引形ホースマスクは，ホースの末端の空気取入口を新鮮な空気のところに固定し，ホース，面体を通じ，着用者の自己肺力によって吸気させる構造のもので，面体，連結管，ハーネス，ホース（原則として内径19 mm以上，長さ10 m以下のもの），空気取入口等から構成されている（**図4-10(1)**）。

② 　肺力吸引形ホースマスクは呼吸に伴ってホース，面体内が減圧されるため，顔面と面体との接顔部，接手，排気弁等に漏れがあると有害物質が侵入するの

で，あまり危険度の高いところでは使わないほうがよい。

③　肺力吸引形ホースマスクの空気取入口には目の粗い金網のフィルタしか入っていないので，酸素欠乏空気，有害ガス，悪臭，ほこり等が侵入するおそれのない作業環境から離れた場所に，ホースを引っ張っても簡単に倒れたり，外れたりしないようしっかりと固定して使用する。

④　送風機形ホースマスクは，手動または電動の送風機を新鮮な空気のあるところに固定し，ホース，面体等を通じて送気する構造で，中間に流量調節装置（手動送風機を用いる場合は空気調節袋で差し支えない）を備えている。

⑤　送風機は酸素欠乏空気，有害ガス，悪臭，ほこり等がなく，新鮮な空気が得られる場所を選んで設置し，運転する。

⑥　電動送風機は長時間運転すると，フィルタにほこりが付着して通気抵抗が増え，送気量が減ったり，モーターが過熱することがあるから，フィルタは定期的に点検し，汚れていたら水でゆすぎ洗いし，乾燥させる。

⑦　電動送風機の使用中は，電源の接続を抜かれないように，コードのプラグには，「送気マスク運転中」の表示をする。

⑧　2つ以上のホースを同時に接続して使える電動送風機の場合，使用していない接続口には，付属のキャップをすること。

　また風量を変えられる型式の場合にはホースの数と長さに応じて適当な風量を調節して使用する。

⑨　電動送風機の回転数を調節できない構造のもので，送気量が多過ぎる場合は，ホースと連結管の中間の流量調節装置を回して送気量を調節し，呼吸しやすい圧力にして使用する。

⑩　電動送風機（**写真4-3**）は一般に防爆構造ではないので，メタンガス，LPガス，その他の可燃性ガスの濃度が爆発下限界を超えるおそれのある危険区域

写真4-3　電動送風機

に持ち込んで使用してはならない。

⑪　手動送風機を回す仕事は相当疲れるので，長時間連続使用する場合には2名以上で交替して行う。

（2）　エアラインマスクおよび複合式エアラインマスク

①　一定流量形エアラインマスク（**図4-11(1)**）は，圧縮空気管，高圧空気容器，空気圧縮機等からの圧縮空気を，中圧ホース，面体等を通じて着用者に送気する構造のもので，中間に流量調節装置とろ過装置が設けられている。

②　一定流量形エアラインマスクで，連結管がよじれたりして詰まるとエアラインからの圧力が連結管にかかる欠点がある。使用中に連結管がよじれたため中圧ホースに圧力がかかって破裂した事故例がある。

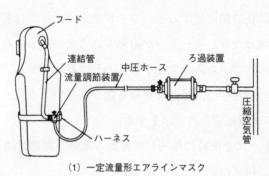

（1）一定流量形エアラインマスク

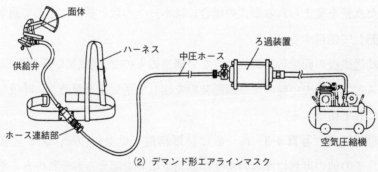

（2）デマンド形エアラインマスク

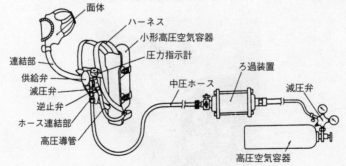

（3）複合形エアラインマスク

図4-11　エアラインマスクの構造例

③　デマンド形およびプレッシャデマンド形エアラインマスク（**図 4-11(2)**）は，圧縮空気を送気する方式のもので，供給弁を設け，着用者の呼吸の需要量に応じて面体内に送気するものである。

④　複合式エアラインマスク（**図 4-11(3)**）は，デマンド形エアラインマスクまたはプレッシャデマンド形エアラインマスクに，高圧空気容器を取り付けたもので，通常の状態では，デマンド形エアラインマスクまたはプレッシャデマンド形エアラインマスクとして使い，給気が途絶したような緊急時に携行した高圧空気容器からの給気を受け，空気呼吸器として使いながら脱出するもので，きわめて危険度の高い場所ではこの方式がよい。

⑤　エアラインマスクの空気源としては，圧縮空気管，高圧空気容器，空気圧縮機等を使用する。空気は清浄な空気を使用する。空気の品質については，JIS T 8150 で示されている。

⑥　送気マスクに使用する面体等には**写真 4-4** に示すような種々の形のものがある。一般には作業環境濃度あるいはばく露濃度が高い場合には，指定防護係数（第 2 章 114 頁，**表 4-2** 参照）をふまえて全面形面体が使用され，半面形面体，フェイスシールド形面体あるいはフード形面体が使用されるのは環境濃度が低い場合である。

（全面形面体）　　　（半面形面体）　　（フェイスシールド形面体）　　（フード形面体）

写真 4-4　送気マスク用面体等の例

（3）　送気マスク使用の際の注意事項

送気マスクを使用するに当たっては，次の点に留意する必要がある。

①　使用前は面体から空気源に至るまで入念に点検する。

②　監視者を選任する。監視者は専任とし，作業者と電源からホースまで十分に監視できる人員とする。原則として 2 名以上とし，監視分担を明記しておく。

③　送風機の電源スイッチまたは電源コンセント等必要箇所には，「送気マスク使用中」の明瞭な標識を掲げておく。

④　作業中の必要な合図を定め，作業者と監視者は熟知しておく。

⑤　タンク内または類似の作業をする場合には，墜落制止用器具の使用，あるいは救出の準備をしておく。

⑥　空気源は常に清浄な空気が得られる安全な場所を選定する。

⑦　ホースは所定の長さ以上にせず，屈曲，切断，押しつぶれ等が起きない場所を選定して設置する。

⑧　マスクを装着したら面体の気密テストを行うとともに作業強度も加味して，送風量その他の再チェックをする。

⑨　マスクまたはフード内は陽圧になるように送気する（空気調節袋が常にふくらんでいること等を目安にする）。

⑩　徐々に有害環境に入っていく。

⑪　作業中に送気量の減少，ガス臭または油臭，水分の流入，送気の温度上昇等異常を感じたら，直ちに退避して点検する（故障時の脱出方法やその所要時間をあらかじめ考えておく）。

⑫　空気圧縮機は故障その他による加熱で一酸化炭素が発生することがあるので，一酸化炭素検知警報装置を設置することが望ましい。

　なお，送気マスクが使用されていたが，顔面と面体との間に隙間が生じていたことや空気供給量が少なかったことなどが原因と思われる労働災害が発生したため，厚生労働省は通達を通じて送気マスクの使用について指導する要請を行った。以下その概要を示す（平成 25 年 10 月 29 日付け基安化発 1029 第 1 号「送気マスクの適正な使用等について」）。

1)　送気マスクの防護性能（防護係数）に応じた適切な選択

　　使用する送気マスクの防護係数が作業場の濃度倍率（有害物質の濃度と許容濃度等のばく露限界値との比）と比べ，十分大きなものであることを確認する。

2)　面体等に供給する空気量の確保

　　作業に応じて呼吸しやすい空気供給量に調節することに加え，十分な防護性能を得るために，空気供給量を多めに調節する。

3)　ホースの閉塞などへの対処

　　十分な強度を持つホースを選択すること，ホースの監視者（流量の確認，ホースの折れ曲がりを監視するとともに，ホースの引き回しの介助を行う者）を配置する。給気が停止した際の警報装置の設置，面体を持つ送気マスクでは，個人用

　　警報装置付きのエアラインマスク，空気源に異常が生じた際，自動的に切り替わ
る緊急時給気切替警報装置に接続したエアラインマスクの使用が望ましい。

4)　作業時間の管理および巡視

　　長時間の連続作業を行わないよう連続作業時間に上限を定め，適宜休憩時間を
設ける。

5)　緊急時の連絡方法の確保

　　長時間の連続作業を単独で行う場合には，異常が発生した時に救助を求めるブ
ザーや連絡用のトランシーバー等の連絡方法を備える。

6)　送気マスクの使用方法に関する教育の実施

　　雇入れ時または配置転換時に，送気マスクの正しい装着方法および顔面への密
着性の確認方法について，作業者に教育を行う。

（4）　送気マスクの点検等

　　送気マスクは，使用前に必ず作業主任者が点検を行って，異常のないことを確認
してから使用すること。また1カ月に1回定期点検，整備を行って常に正しく使用
できる状態に保つ必要がある。

2　空気呼吸器

　　空気呼吸器は自給式呼吸器の一種であり，主に災害時の救出作業等の緊急時に用
いられる。清浄な空気を充塡したボンベを携行し，その空気を呼吸する。空気呼吸
器の規格については JIS T 8155 がある。

第6章　化学防護衣類等

　化学防護衣類等は，化学物質が皮膚，眼に付着することによる障害，および皮膚から吸収されて起こす中毒等を防ぐ目的で使用される（労働安全衛生規則第594条）。

　化学防護衣類等には，化学防護服，化学防護手袋および化学防護長靴があり（**写真4-5**），また，作業者の眼や顔への鉛ばく露防止のための保護めがね等がある。

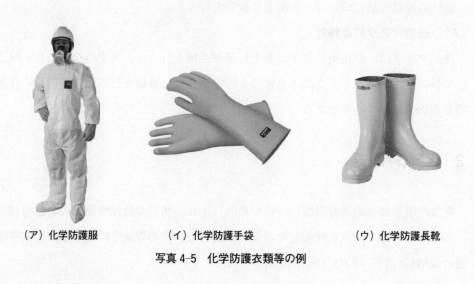

（ア）化学防護服　　　　　　（イ）化学防護手袋　　　　　　（ウ）化学防護長靴
写真4-5　化学防護衣類等の例

1　化学防護服

　JIS T 8115 による化学防護服の分類を**図4-12**に示す。

　鉛は粒子状で浮遊することにより，JIS T 8115 に適合する化学防護服のうち，浮遊固体粉じん防護用密閉服（タイプ5）を使用するのが望ましい。

　一般に，化学防護服は鉛に対して皮膚を保護する材料であるため，体温の放熱がしにくく，夏季高温高湿の環境下では内部が蒸れて熱中症の危険があるので，長時間使用の際には注意が必要である。

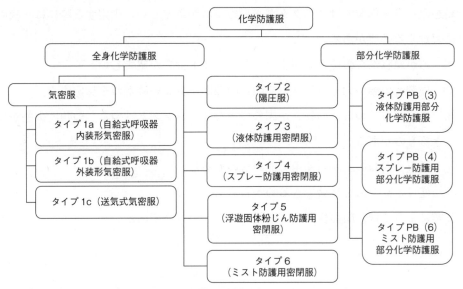

図 4-12　化学防護服の分類（JIS T 8115：2015）

2　化学防護手袋

　鉛を取り扱う作業では，化学防護手袋の日本産業規格適合品のうち，作業のしやすさと，破れにくいことを考慮して選定することが望ましい。

3　保護めがね等

　鉛が作業者の眼や顔に飛散することによるばく露を防止するために，保護めがね等を使用する。保護めがねの種類と顔面保護具を**写真 4-6** に示す。

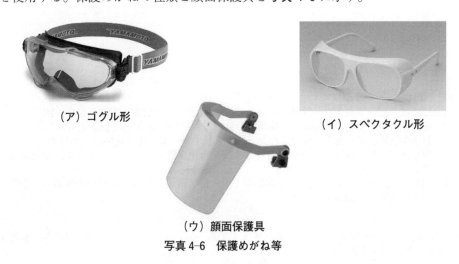

（ア）ゴグル形

（イ）スペクタクル形

（ウ）顔面保護具

写真 4-6　保護めがね等

鉛を取り扱う作業ではスペクタクル形めがねが望ましい。選定する際には，次の点に留意する必要がある。

① めがね脇からの侵入を防ぐサイドシールド付きが望ましい。

② 作業者の顔の大きさに合い，顔との隙間が少ないめがねを選定する。

③ めがねの「つる」の長さが調整できたり，レンズと「つる」の角度調整ができるものがある。

④ 矯正めがねの上から使用可能のものもある。

⑤ 度付きレンズを装着できるめがねもある。

作業によっては，顔面保護具（防災面）も使用可能である。

参考文献
1) 田中茂『知っておきたい保護具のはなし』（第1版）中央労働災害防止協会，2017年
2) 田中茂『正しく着用 労働衛生保護具の使い方』中央労働災害防止協会，2011年
3) 日本保安用品協会編著『保護具ハンドブック』中央労働災害防止協会，2011年
4) 田中茂『2016-17年版 そのまま使える安全衛生保護具チェックリスト集』中央労働災害防止協会，2016年
5) 田中茂『皮膚からの吸収・ばく露を防ぐ！－化学防護手袋の適正使用を学ぶ－』中央労働災害防止協会，2018年

写真提供
興研㈱，㈱重松製作所，スリーエムヘルスケア㈱，㈱トーアボージン，山本光学㈱，㈱理研オプテック（五十音順）

第5編

関係法令

各章のポイント

【第1章】法令の意義

□　法律，政令，省令とは何かなど，関係法令を学ぶ上での基本事項についてまとめている。

【第2章】労働安全衛生法のあらまし

□　鉛作業に関連する労働安全衛生法の概略を説明している。

【第3章】鉛中毒予防規則のあらまし

□　鉛中毒予防規則の概略を説明している。

【第4章】鉛中毒予防規則

□　鉛中毒予防規則の条文に必要な解説を加えている。

第1章　法令の意義

1　法律，政令，省令

　国民を代表する立法機関である国会が制定した「法律」と，法律の委任を受けて内閣が制定した「政令」および専門の行政機関が制定した「省令」などの「命令」を合わせて一般に「法令」と呼ぶ。

　例えば，工場や建設工事の現場などの事業場には，放置すれば労働災害の発生につながるような危険有害因子（リスク）が常に存在する。一例として，ある事業場で労働者に有害な化学物質を製造し，または取り扱う作業を行わせようとする場合に，もし労働者にそれらの化学物質の有害性や健康障害を防ぐ方法を教育しなかったり，正しい作業方法を守らせる指導監督を怠ったり，作業に使う設備に欠陥があったりするとそれらの化学物質による中毒や，物質によってはがん等の重篤な障害が発生する危険がある。そこで，このような危険を取り除いて労働者に安全で健康的な作業を行わせるために，事業場の最高責任者である事業者（法律上の事業者は会社そのものであるが，一般的には会社の代表者である社長が事業者の義務を負っているものと解釈される。）には，法令に定められたいろいろな対策を講じて労働災害を防止する義務がある。

　事業者も国民であり，民主主義のもとで国民に義務を負わせるには，国民を代表する立法機関である国会が制定した「法律」によるべきであり，労働安全衛生に関する法律として「労働安全衛生法」がある。

　しかし，例えば技術的なことなどについては，日々変化する社会情勢，進歩する技術に関する事項等をいちいち法律で定めていたのでは社会情勢の変化に対応することはできない。むしろそうした専門的，技術的な事項については，それぞれ専門の行政機関に任せることが適当であろう。

　そこで，法律を実施するための規定や，法律を補充したり，法律の規定を具体化したり，より詳細に解釈する権限が行政機関に与えられている。これを「法律」による「命令」への「委任」といい，政府の定める命令を「政令」，行政機関の長である大臣が定める命令を「省令」（厚生労働大臣が定める命令は「厚生労働省令」）

と呼ぶ。

2 労働安全衛生法と政令，省令

労働安全衛生法における政令とは，具体的には「労働安全衛生法施行令」で，労働安全衛生法の各条における規定の適用範囲，用語の定義などを定めている。また，省令には，すべての事業場に適用される事項の詳細等を定める「労働安全衛生規則」と，特定の設備や，特定の業務等を行う事業場だけに適用される「特別規則」がある。鉛等を製造し，または取り扱う業務を行う事業場だけに適用される設備や管理に関する詳細な事項を定める「特別規則」が「鉛中毒予防規則」である。

3 告示，公示と通達

法律，政令，省令とともにさらに詳細な事項について具体的に定めて国民に知らせることを「告示」あるいは「公示」という。技術基準などは一般に告示として公表される。「指針」などは一般に公示として公表される。告示や公示は厳密には法令とは異なるが法令の一部を構成するものといえる。また，法令，告示／公示に関して，上級の行政機関が下級の機関に対し（例えば厚生労働省労働基準局長が都道府県労働局長に対し）て，法令の内容を解説するとか，指示を与えるために発する通知を「通達」という。通達は法令ではないが，法令を正しく理解するためには通達も知る必要がある。法令，告示／公示の内容を解説する通達は「解釈例規」として公表されている。

4 鉛作業主任者と法令

第1編で学んだように鉛作業主任者が職務を行うためには，「鉛中毒予防規則」と関係する法令，告示，通達についての理解が必要である。

ただし，法令は，社会情勢の変化や技術の進歩に応じて新しい内容が加えられるなどの改正が行われるものであるから，すべての条文を丸暗記することは意味がない。鉛作業主任者は「鉛中毒予防規則」と関係法令の目的と必要な条文の意味をよく理解するとともに，今後の改正にも対応できるように「法」，「令（政令，省令）」，「告示」，「通達」の関係を理解し，作業者の指導に応用することが重要である。

　以下に例として，作業主任者の資格と選任に関係する「法（＝法律)」，「令（＝政令，省令)」，「告示」，「通達」について解説する。

（1）　法（労働安全衛生法）

　労働安全衛生法（以下「安衛法」という。）第 14 条は「作業主任者」に関して次のように定めている。

> ──── 労働安全衛生法 ────
> （作業主任者）
> **第 14 条**　事業者は，高圧室内作業その他の労働災害を防止するための管理を必要とする作業で，政令で定めるものについては，都道府県労働局長の免許を受けた者又は都道府県労働局長の登録を受けた者が行う技能講習を修了した者のうちから，厚生労働省令で定めるところにより，当該作業の区分に応じて，作業主任者を選任し，その者に当該作業に従事する労働者の指揮その他の厚生労働省令で定める事項を行わせなければならない。

　このように安衛法第 14 条は「作業主任者」に関して，事業者に対して最も基本となる「労働災害を防止するための管理を必要とする作業のうちあるものに『作業主任者』を選任しなければならない」ことと「その者に当該作業に従事する労働者の指揮その他の事項を行わせなければならない」ことを定め，具体的に作業主任者の選任を要する作業は「政令」に委任している。また，政令で定められた作業主任者を選任しなければならない作業ごとに「作業主任者」となるべき者の資格は「都道府県労働局長の免許を受けた者」か「都道府県労働局長の登録を受けた者が行う技能講習を修了した者」のどちらかであるが，作業主任者の選任を要する作業の中でも，その危険・有害性の程度が異なるため，そのどちらかにするかは「厚生労働省令」（この場合は労働安全衛生規則）で定めることとしている。

　さらに，「作業主任者」の職務も作業ごとにまちまちであるため，安衛法では作業主任者としては，どの作業にも共通な「当該作業に従事する労働者の指揮」をすることを例示した上で，その他のそれぞれの作業に特有な必要とされる事項もあわせて「厚生労働省令」（鉛作業については鉛中毒予防規則）に委任して定めることとしている。

（2）　政令（労働安全衛生法施行令）

　作業主任者の選任を要する作業の範囲を定めた「政令」であるが，この場合の「政令」は，「労働安全衛生法施行令」（以下「安衛令」という。）で，具体的には同施行令第 6 条に作業主任者を選任しなければならない作業を列挙している。鉛関係については第 19 号に次のように定められている。

> ------ 労働安全衛生法施行令 ----------------------------
>
> （作業主任者を選任すべき作業）
> **第6条**　法第14条の政令で定める作業は，次のとおりとする。
> 　1～18　略
> 　19　別表第4第1号から第10号までに掲げる鉛業務（遠隔操作によつて行う隔離室にお
> 　けるものを除く。）に係る作業
> 　以下　略

　なお，安衛令別表第4は法規制の対象となる「鉛業務」を定めたものである。別表第4については，参考資料2（244頁）を参照されたい。

（3）　省令（厚生労働省令）

　上記（1）に述べた安衛法第14条には2カ所の「厚生労働省令」がある。最初の「厚生労働省令」は，労働安全衛生規則（以下「安衛則」という。）第16条第1項（同規則別表第1）や第17条，第18条と鉛中毒予防規則（以下「鉛則」という。）第33条を指し，2つ目の「厚生労働省令」は鉛則第34条を指している。

ア　作業主任者の選任

　まず，安衛則第16条では，政令により指定された作業主任者を選任しなければならない作業ごとに当該作業主任者となりうる者の資格および当該作業主任者の名称を定めている。鉛関係については，作業主任者となるべき者の資格として「鉛作業主任者技能講習を修了した者」と定め，その名称を「鉛作業主任者」としている。

> ······ 労働安全衛生規則 ·······················
>
> （作業主任者の選任）
> **第16条**　法第14条の規定による作業主任者の選任は，別表第1の上欄（編注：左欄）に掲
> 　げる作業の区分に応じて，同表の中欄に掲げる資格を有する者のうちから行なうものとし，
> 　その作業主任者の名称は，同表の下欄（編注：右欄）に掲げるとおりとする。
> ②　略
> **別表第1**（第16条，第17条関係）
>
> | 作業の区分 | 資格を有する者 | 名称 |
> |---|---|---|
> | 略 | 略 | 略 |
> | 令第6条第19号の作業 | 鉛作業主任者技能講習を修了した者 | 鉛作業主任者 |
> | 略 | 略 | 略 |

　このように安衛則第16条では，政令に定められた作業主任者を選任しなければならない作業ごとに作業主任者となるべき人の資格要件およびその作業主任者の名称を定めたのに対し，鉛則第33条では，事業者に「鉛作業主任者」選任の義務を定めている。

> 鉛中毒予防規則
>
> （鉛作業主任者の選任）
> **第33条**　事業者は，令第6条第19号の作業については，鉛作業主任者技能講習を修了した者のうちから鉛作業主任者を選任しなければならない。

　　さらに，安衛則では作業主任者に関して上記の第16条のほか，次の2条を置いている。

> 労働安全衛生規則
>
> （作業主任者の職務の分担）
> **第17条**　事業者は，別表第1の上欄に掲げる一の作業を同一の場所で行なう場合において，当該作業に係る作業主任者を2人以上選任したときは，それぞれの作業主任者の職務の分担を定めなければならない。
> （作業主任者の氏名等の周知）
> **第18条**　事業者は，作業主任者を選任したときは，当該作業主任者の氏名及びその者に行なわせる事項を作業場の見やすい箇所に掲示する等により関係労働者に周知させなければならない。

イ　作業主任者の職務

　　上記(1)に述べた安衛法第14条の2カ所の「厚生労働省令」のうち後の「厚生労働省令」は，法に定められている「当該作業に従事する労働者の指揮」をはじめ，それぞれの作業の作業主任者に必要な職務を「厚生労働省令」に委任しているものである。鉛関係においては，鉛則第34条に「作業主任者の職務」が定められている。

> 鉛中毒予防規則
>
> （作業主任者の職務）
> **第34条**　事業者は，鉛作業主任者に次の事項を行わせなければならない。
> 　1　鉛業務に従事する労働者の身体ができるだけ鉛等又は焼結鉱等により汚染されないように労働者を指揮すること。
> 　2　鉛業務に従事する労働者の身体が鉛等又は焼結鉱等によつて著しく汚染されたことを発見したときは，速やかに，汚染を除去させること。
> 　3　局所排気装置，プッシュプル型換気装置，全体換気装置，排気筒及び除じん装置を毎週1回以上点検すること。
> 　4　労働衛生保護具等の使用状況を監視すること。
> 　5　令別表第4第9号に掲げる鉛業務に労働者が従事するときは，第42条第1項各号に定める措置が講じられていることを確認すること。

　　このように法律では，国民の権利・義務に関する最も基本的なこと（「事業者は，……しなければならない。」など）を定め，細部は政令と省令に委任している。法律が，政令・省令に委任する場合に，一般に，国民の権利・義務に関するより基本的なこと（法律により義務の課せられた事業者の範囲など）を「政令」

に，さらに細部を「省令」に委任することとしている。

（4）　告示／公示

告示／公示は，法令の規定に基づき主に技術的な事項について各省大臣が発するもので，具体的には，例えば安衛法第65条第2項に「作業環境測定は，厚生労働大臣の定める作業環境測定基準に従つて行わなければならない。」と定められている。この「厚生労働大臣の定める作業環境測定基準」は，昭和51年労働省告示第46号（最終改正：令和2年厚生労働省告示第397号）として「作業環境測定基準」という告示が公布されている。

（5）　通達

通達は，本来，上級官庁から下級官庁に対して行政運営方針や法令の解釈・運用等を示す文書をいう。鉛則関係においても多くの解釈通達が出されている。鉛則を正しく理解するためには，法律・政令・省令とともに通達にも留意する必要がある。

第 2 章　労働安全衛生法のあらまし

　安衛法は，労働条件の最低基準を定めている労働基準法(以下「労基法」という。)
と相まって，
① 　事業場内における安全衛生管理の責任体制の明確化
② 　危害防止基準の確立
③ 　事業者の自主的安全衛生活動の促進
等の措置を講ずる等の総合的，計画的な対策を推進することにより，労働者の安全
と健康を確保し，さらに快適な職場環境の形成を促進することを目的として昭和
47 年に制定された。

　その後何回も改正が行われて現在に至っている。

　安衛法は，安衛令，安衛則等で適用の細部を定め，鉛業務について事業者の講ず
べき措置の基準を鉛則で細かく定めている。安衛法と関係法令のうち，労働衛生に
係わる法令の関係を示すと**図 5-1** のようになる。

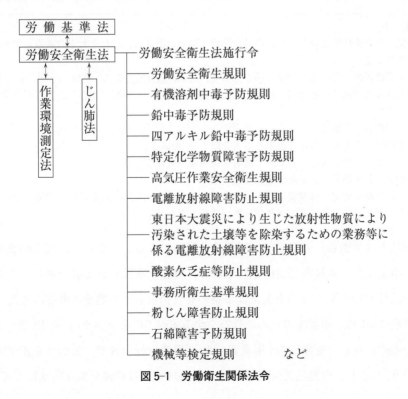

図 5-1　労働衛生関係法令

1　総則（第1条〜第5条）

　この法律の目的，法律に出てくる用語の定義，事業者の責務，労働者の協力，事業者に関する規定の適用について定めている。

> （目　的）
> **第1条**　この法律は，労働基準法（昭和22年法律第49号）と相まつて，労働災害の防止のための危害防止基準の確立，責任体制の明確化及び自主的活動の促進の措置を講ずる等その防止に関する総合的計画的な対策を推進することにより職場における労働者の安全と健康を確保するとともに，快適な職場環境の形成を促進することを目的とする。

　労働安全衛生法（安衛法）は，昭和47年に従来の労働基準法（労基法）第5章，すなわち労働条件の1つである「安全及び衛生」を分離独立させて制定されたものである。第1条は，労基法の賃金，労働時間，休日などの一般労働条件が労働災害と密接な関係があるため，安衛法と労基法は一体的な運用が図られる必要があることを明確にしながら，労働災害防止の目的を宣言したものである。

【労働基準法】
第5章　安全及び衛生
第42条　労働者の安全及び健康に関しては，労働安全衛生法（昭和47年法律第57号）の定めるところによる。

> （定　義）
> **第2条**　この法律において，次の各号に掲げる用語の意義は，それぞれ当該各号に定めるところによる。
> 　1　労働災害　労働者の就業に係る建設物，設備，原材料，ガス，蒸気，粉じん等により，又は作業行動その他業務に起因して，労働者が負傷し，疾病にかかり，又は死亡することをいう。
> 　2　労働者　労働基準法第9条に規定する労働者（同居の親族のみを使用する事業又は事務所に使用される者及び家事使用人を除く。）をいう。
> 　3　事業者　事業を行う者で，労働者を使用するものをいう。
> 　3の2　化学物質　元素及び化合物をいう。
> 　4　作業環境測定　作業環境の実態をは握するため空気環境その他の作業環境について行うデザイン，サンプリング及び分析（解析を含む。）をいう。

　安衛法の「労働者」の定義は，労基法と同じである。すなわち，職業の種類を問わず，事業または事務所に使用される者で，賃金を支払われる者である。

　労基法は「使用者」を「事業主又は事業の経営担当者その他その事業の労働者に関する事項について，事業主のために行為をするすべての者をいう。」（第10条）と定義しているのに対し，安衛法の「事業者」は，「事業を行う者で，労働者を使用するものをいう。」とし，労働災害防止に関する企業経営者の責務をより明確にしている。

（事業者等の責務）

第3条　事業者は，単にこの法律で定める労働災害の防止のための最低基準を守るだけでなく，快適な職場環境の実現と労働条件の改善を通じて職場における労働者の安全と健康を確保するようにしなければならない。また，事業者は，国が実施する労働災害の防止に関する施策に協力するようにしなければならない。

② 　機械，器具その他の設備を設計し，製造し，若しくは輸入する者，原材料を製造し，若しくは輸入する者又は建設物を建設し，若しくは設計する者は，これらの物の設計，製造，輸入又は建設に際して，これらの物が使用されることによる労働災害の発生の防止に資するように努めなければならない。

③ 　建設工事の注文者等仕事を他人に請け負わせる者は，施工方法，工期等について，安全で衛生的な作業の遂行をそこなうおそれのある条件を附さないように配慮しなければならない。

　第3条第1項は，第2条で定義された「事業者」，すなわち「事業を行う者で，労働者を使用するもの」の責務として，自社の労働者について法定の最低基準を遵守するだけでなく，積極的に労働者の安全と健康を確保する施策を講ずべきことを規定し，第2項は，製造した機械，輸入した機械，建設物などについて，それぞれの者に，それらを使用することによる労働災害防止の努力義務を課している。さらに第3項は，建設工事の注文者などに施工方法や工期等で安全や衛生に配慮した条件で発注することを求めたものである。

第4条　労働者は，労働災害を防止するため必要な事項を守るほか，事業者その他の関係者が実施する労働災害の防止に関する措置に協力するように努めなければならない。

　第4条では，当然のことであるが，労働者もそれぞれの立場で，労働災害の発生の防止のために必要な事項，作業主任者の指揮に従うこと，保護具の使用を命じられた場合には使用することなどを守らなければならないことを定めたものである。

2　労働災害防止計画（第6条〜第9条）

　労働災害の防止に関する総合的計画的な対策を図るために，厚生労働大臣が策定する「労働災害防止計画」の策定等について定めている。

3　安全衛生管理体制（第10条〜第19条の3）

　労働災害防止のための責任体制の明確化および自主的活動の促進のための管理体制として，①総括安全衛生管理者，②安全管理者，③衛生管理者（衛生工学衛生管

理者を含む），④安全衛生推進者，⑤産業医，⑥作業主任者，調査審議機関として，①安全委員会，②衛生委員会，③安全衛生委員会，建設業などの下請け混在作業関係の管理体制として，①特定元方事業者，②統括安全衛生責任者，③安全衛生責任者について定めている。

　これらのうち，作業主任者の選任を定めた第14条については，すでに第1章で説明したとおりである。

4　労働者の危険又は健康障害を防止するための措置（第20条〜第36条）

　労働災害防止の基礎となる，いわゆる危害防止基準を定めたもので，①事業者の講ずべき措置，②厚生労働大臣による技術上の指針の公表，③事業者の行うべき調査等，④元方事業者の講ずべき措置，⑤注文者の講ずべき措置，⑥機械等貸与者等の講ずべき措置，⑦建築物貸与者の講ずべき措置，⑧重量物の重量表示などが定められている。

　これらのうち鉛作業主任者に関係が深いのは，健康障害を防止するために必要な措置を定めた第22条である。

第22条　事業者は，次の健康障害を防止するため必要な措置を講じなければならない。
　1　原材料，ガス，蒸気，粉じん，酸素欠乏空気，病原体等による健康障害
　2〜3　略
　4　排気，排液又は残さい物による健康障害

　鉛中毒予防規則（鉛則）第2章〜第4章中の主な条文は，この安衛法第22条の規定を根拠として次の第27条第1項に基づいて定められている。また，第27条第2項には，鉛則等の省令においては公害防止にも配慮しなければならないことが定められており，鉛則第26条（除じん装置）等の規定は，この条文にも配慮したものといえる。

　なお，この規定による保護対象は，自社以外の労働者にも及ぶことから，作業を請け負わせる一人親方および同じ場所で作業を行う労働者以外の人も対象となる。

第27条　第20条から第25条まで及び第25条の2第1項の規定により事業者が講ずべき措置及び前条の規定により労働者が守らなければならない事項は，厚生労働省令で定める。
　②　前項の厚生労働省令を定めるに当たつては，公害（環境基本法（平成5年法律第91号）第2条第3項に規定する公害をいう。）その他一般公衆の災害で，労働災害と密接に関連するものの防止に関する法令の趣旨に反しないように配慮しなければならない。

　また，危険性または有害性等の調査（リスクアセスメント）を実施し，その結果にもとづいて労働者への危険または健康障害を防止するための必要な措置を講ずることについては，安全衛生管理を進める上で今日的な重要事項となっている。

　このリスクアセスメントの適切かつ有効な実施が図られるよう，厚生労働省から「危険性又は有害性等の調査に関する指針」（平成18年3月10日危険性又は有害性等の調査に関する指針公示第1号）が示されており，後述の化学物質のリスクアセスメントについては「化学物質等による危険性又は有害性等の調査に関する指針」（平成27年9月18日危険性又は有害性等の調査に関する指針公示第3号）（参考資料8）に詳しく示されている。

　なお，一定の化学物質についてのリスクアセスメントについては，5の(4)のエ（151頁）によること。

（事業者の行うべき調査等）
第28条の2　事業者は，厚生労働省令で定めるところにより，建設物，設備，原材料，ガス，蒸気，粉じん等による，又は作業行動その他業務に起因する危険性又は有害性等（第57条第1項の政令で定める物及び第57条の2第1項に規定する通知対象物による危険性又は有害性等を除く。）を調査し，その結果に基づいて，この法律又はこれに基づく命令の規定による措置を講ずるほか，労働者の危険又は健康障害を防止するため必要な措置を講ずるように努めなければならない。ただし，当該調査のうち，化学物質，化学物質を含有する製剤その他の物で労働者の危険又は健康障害を生ずるおそれのあるものに係るもの以外のものについては，製造業その他厚生労働省令で定める業種に属する事業者に限る。
②　厚生労働大臣は，前条第1項及び第3項に定めるもののほか，前項の措置に関して，その適切かつ有効な実施を図るため必要な指針を公表するものとする。
③　厚生労働大臣は，前項の指針に従い，事業者又はその団体に対し，必要な指導，援助等を行うことができる。

5　機械等並びに危険物及び有害物に関する規制（第37条～第58条）

　機械等に関する安全を確保するためには，製造，流通段階において一定の基準を設けることが必要であり，①特に危険な作業を必要とする機械等（特定機械）の製造の許可，検査についての規制，②特定機械以外の機械等で危険な作業を必要とするものの規制，③機械等の検定，④定期自主検査の規定が設けられている。

　また，危険有害物に関する規制では，①製造等の禁止，②製造の許可，③表示，④文書の交付，⑤化学物質のリスクアセスメント，⑥化学物質の有害性の調査の規定が置かれている。

(1) 譲渡等の制限

　機械, 器具その他の設備による危険から労働災害を防止するためには, 製造, 流通段階において一定の基準により規制することが重要である。そこで安衛法では, 危険もしくは有害な作業を必要とするもの, 危険な場所において使用するものまたは危険または健康障害を防止するため使用するもののうち, 一定のものは, 厚生労働大臣の定める規格または安全装置を具備しなければ譲渡し, 貸与し, または設置してはならないこととしている。

（譲渡等の制限等）

第42条　特定機械等以外の機械等で, 別表第2に掲げるものその他危険若しくは有害な作業を必要とするもの, 危険な場所において使用するもの又は危険若しくは健康障害を防止するため使用するもののうち, 政令で定めるものは, 厚生労働大臣が定める規格又は安全装置を具備しなければ, 譲渡し, 貸与し, 又は設置してはならない。

別表第2（第42条関係）
　　1〜7　　略
　　8　　防じんマスク
　　9〜15　略
　　16　　電動ファン付き呼吸用保護具

---

(2) 型式検定・個別検定

　(1)の機械等のうち, さらに一定のものについては個別検定または型式検定を受けなければならないこととされている。

（型式検定）

第44条の2　第42条の機械等のうち, 別表第4に掲げる機械等で政令で定めるものを製造し, 又は輸入した者は, 厚生労働省令で定めるところにより, 厚生労働大臣の登録を受けた者（以下「登録型式検定機関」という。）が行う当該機械等の型式についての検定を受けなければならない。ただし, 当該機械等のうち輸入された機械等で, その型式について次項の検定が行われた機械等に該当するものは, この限りでない。

以下　略

別表第4（第44条の2関係）
　　1〜4　　略
　　5　　防じんマスク
　　6〜12　略
　　13　　電動ファン付き呼吸用保護具

---

(3) 定期自主検査

　一定の機械等について使用開始後一定の期間ごとに定期的に所定の機能を維持していることを確認するために検査を行わなければならないこととされている。

　鉛則の規定に基づいて設置した局所排気装置, プッシュプル型換気装置および除じん装置は, その対象となっている。

（4）　危険物および化学物質に関する規制

ア　製造禁止・許可

　　ベンジジン等労働者に重度の健康障害を生ずる物で政令で定められているもの
は，原則として製造し，輸入し，譲渡し，提供し，または使用してはならないこ
ととし，ジクロルベンジジン等，労働者に重度の健康障害を生ずるおそれのある
物で政令で定めるものを製造しようとする者は，あらかじめ厚生労働大臣の許可
を受けなければならないこととされている。

イ　表示（表示対象物質）

　　爆発性の物，発火性の物，引火性の物その他の労働者に危険を生ずるおそれの
ある物もしくは健康障害を生ずるおそれのある物で一定のものを容器に入れ，ま
たは包装して，譲渡し，または提供する者は，その名称，人体への作用，取扱注
意，絵表示等を表示しなければならないこととされている。

ウ　文書の交付等（通知対象物）

　　化学物質による労働災害には，その化学物質の有害性の情報が伝達されていな
いことや化学物質管理の方法が確立していないことが主な原因となって発生した
ものが多い現状にかんがみ，化学物質による労働災害を防止するためには，化学
物質の有害性等の情報を確実に伝達し，この情報を基に労働現場において化学物
質を適切に管理することが重要である。

　　そこで労働者に健康障害を生ずるおそれのある物で政令で定めるもの（対象物
質はイの表示対象物質と同じであるが，含有物の裾切値の異なるものがある。）
を譲渡し，または提供する者は，文書の交付その他の方法により，その名称，成
分およびその含有量，物理的および化学的性質，人体に及ぼす作用等の事項を，
譲渡し，または提供する相手方に通知しなければならないこととされている。

　　なお，上記の表示対象物質，通知対象物以外の危険・有害とされる化学物質に
ついても，同様の表示・文書の交付を行うよう努めなければならないこととされ
ている。

エ　通知対象物についてのリスクアセスメント

　　化学物質のうち表示対象物質（上記イ）および通知対象物（上記ウ）について
は，安衛法第 57 条の 3 に基づきリスクアセスメントの実施が義務付けられてお
り，金属鉛や鉛の化合物もその対象となっているものがある。

　　なお，化学物質のリスクアセスメントの適切かつ有効な実施が図られるよう，
厚生労働省から「化学物質等による危険性又は有害性等の調査に関する指針」（平

成 27 年 9 月 18 日危険性又は有害性等の調査に関する指針公示第 3 号）（参考資料 8）が示されている。

（第 57 条第 1 項の政令で定める物及び通知対象物について事業者が行うべき調査等）
第 57 条の 3　事業者は，厚生労働省令で定めるところにより，第 57 条第 1 項の政令で定める物及び通知対象物による危険性又は有害性等を調査しなければならない。
②　事業者は，前項の調査の結果に基づいて，この法律又はこれに基づく命令の規定による措置を講ずるほか，労働者の危険又は健康障害を防止するため必要な措置を講ずるように努めなければならない。
③　厚生労働大臣は，第 28 条第 1 項及び第 3 項に定めるもののほか，前二項の措置に関して，その適切かつ有効な実施を図るため必要な指針を公表するものとする。
④　厚生労働大臣は，前項の指針に従い，事業者又はその団体に対し，必要な指導，援助等を行うことができる。

　なお，イの表示，ウの文書の交付等およびエの通知対象物についてのリスクアセスメントの実施は，化学物質の自律的な管理（158 頁）の中心をなすものである。
オ　有害性調査
　日本国内に今まで存在しなかった化学物質（新規化学物質）を新たに製造，輸入しようとする事業者は，事前に一定の有害性調査を行い，その結果を厚生労働大臣に届け出なければならないこととされている。
　また，がん等重度の健康障害を労働者に生ずるおそれのある化学物質について，当該化学物質による労働者の健康障害を防止するため必要があるときは，厚生労働大臣は，当該化学物質を製造し，または使用している者等に対して一定の有害性調査を行い，その結果を報告すべきことを指示できると定めている。

6　労働者の就業に当たっての措置（第 59 条～第 63 条）

　労働災害を防止するためには，特に労働衛生関係の場合，労働者が有害原因にばく露されないように施設の整備をはじめ健康管理上のいろいろな措置を講ずることが必要であるが，併せて作業に就く労働者に対する安全衛生教育の徹底等もきわめて重要なことである。このような観点から安衛法では，新規雇入れ時のほか，作業内容変更時においても安全衛生教育を行うべきことを定め，また，危険有害業務に従事する者に対する特別教育，職長その他の現場監督者に対する安全衛生教育についても規定している。

7　健康の保持増進のための措置（第64条〜第71条）

（1）　作業環境測定の実施

　作業環境の実態を絶えず正確に把握しておくことは，職場における健康管理の第一歩として欠くべからざるものである。作業環境測定は，作業環境の現状を認識し，作業環境を改善する端緒となるとともに，作業環境の改善のためにとられた措置の効果を確認する機能を有するものであって作業環境管理の基礎的な要素である。安衛法第65条では有害な業務を行う屋内作業場その他の作業場で特に作業環境管理上重要なものについて事業者に作業環境測定の義務を課し（第1項），当該作業環境測定は作業環境測定基準に従って行わなければならない（第2項）こととされている。

（作業環境測定）

第65条　事業者は，有害な業務を行う屋内作業場その他の作業場で，政令で定めるものについて，厚生労働省令で定めるところにより，必要な作業環境測定を行い，及びその結果を記録しておかなければならない。

②　前項の規定による作業環境測定は，厚生労働大臣の定める作業環境測定基準に従つて行わなければならない。

以下　略

　安衛法第65条第1項により作業環境測定を行わなければならない作業場の範囲は安衛令第21条に定められている。鉛関係については，その第8号に次のように定められている。

労働安全衛生法施行令
（作業環境測定を行うべき作業場）

第21条　法第65条第1項の政令で定める作業場は，次のとおりとする。

1〜7　略

8　別表第4第1号から第8号まで，第10号又は第16号に掲げる鉛業務（遠隔操作によつて行う隔離室におけるものを除く。）を行う屋内作業場

以下　略

　なお，安衛法第65条第1項の「厚生労働省令で定めるところ」は鉛則に定められているし，第2項の「厚生労働大臣の定める作業環境測定基準」は「作業環境測定基準」という告示が出ている。それらは第3章に述べることとする。

（2）　作業環境測定結果の評価とそれに基づく環境管理

　安衛法第65条の2では，作業環境測定を実施した場合に，その結果を評価し，その評価に基づいて，労働者の健康を保持するために必要があると認められるときは，

施設または設備の設置または整備，健康診断の実施等適切な措置をとらなければならないこととしている（第1項）。さらに第2項では，その評価は「厚生労働大臣の定める作業環境評価基準」に従って行うこととされている。

（作業環境測定の結果の評価等）

第65条の2 事業者は，前条第1項又は第5項の規定による作業環境測定の結果の評価に基づいて，労働者の健康を保持するため必要があると認められるときは，厚生労働省令で定めるところにより，施設又は設備の設置又は整備，健康診断の実施その他の適切な措置を講じなければならない。

② 事業者は，前項の評価を行うに当たつては，厚生労働省令で定めるところにより，厚生労働大臣の定める作業環境評価基準に従つて行わなければならない。

③ 事業者は，前項の規定による作業環境測定の結果の評価を行つたときは，厚生労働省令で定めるところにより，その結果を記録しておかなければならない。

安衛法第65条の2第1項，第2項および第3項の「厚生労働省令で定めるところ」は鉛則に定められているし，第2項の「厚生労働大臣の定める作業環境評価基準」は「作業環境評価基準」という告示が出ている。それらは第3章に述べることとする。

（3） 健康診断の実施

労働者の疾病の早期発見と予防を目的として安衛法第66条では，次のように定めて事業者に労働者を対象とする健康診断の実施を義務付けている。

（健康診断）

第66条 事業者は，労働者に対し，厚生労働省令で定めるところにより，医師による健康診断（第66条の10第1項に規定する検査を除く。以下この条及び次条において同じ。）を行わなければならない。

② 事業者は，有害な業務で，政令で定めるものに従事する労働者に対し，厚生労働省令で定めるところにより，医師による特別の項目についての健康診断を行なわなければならない。有害な業務で，政令で定めるものに従事させたことのある労働者で，現に使用しているものについても，同様とする。

③ 事業者は，有害な業務で，政令で定めるものに従事する労働者に対し，厚生労働省令で定めるところにより，歯科医師による健康診断を行なわなければならない。

④ 都道府県労働局長は，労働者の健康を保持するため必要があると認めるときは，労働衛生指導医の意見に基づき，厚生労働省令で定めるところにより，事業者に対し，臨時の健康診断の実施その他必要な事項を指示することができる。

⑤ 労働者は，前各項の規定により事業者が行なう健康診断を受けなければならない。ただし，事業者の指定した医師又は歯科医師が行なう健康診断を受けることを希望しない場合において，他の医師又は歯科医師の行なうこれらの規定による健康診断に相当する健康診断を受け，その結果を証明する書面を事業者に提出したときは，この限りでない。

安衛法第66条に定められている健康診断には次のような種類がある。

① すべての労働者を対象とした「一般健康診断」（第1項）

②　有害業務に従事する労働者に対する「特殊健康診断」（第2項前段）

③　一定の有害業務に従事した後，配置転換した労働者に対する「特殊健康診断」（第2項後段）

④　有害業務に従事する労働者に対する歯科医師による健康診断（第3項）

⑤　都道府県労働局長が指示する臨時の健康診断（第4項）

（4）　健康診断の事後措置

事業者は，健康診断の結果，所見があると診断された労働者について，その労働者の健康を保持するために必要な措置について，3月以内に医師または歯科医師の意見を聴かなければならないこととされ，その意見を勘案して必要があると認めるときは，その労働者の実情を考慮して，就業場所の変更等の措置を講じなければならないこととされている。

また，事業者は，健康診断を実施したときは，遅滞なく，労働者に結果を通知しなければならない。

（5）　面接指導等

脳血管疾患および虚血性心疾患等の発症が長時間労働との関連性が強いとする医学的知見を踏まえ，これらの疾病の発症を予防するため，事業者は，長時間労働を行う労働者に対して医師による面接指導を行わなければならないこととされている。

「働き方改革を推進するための関係法律の整備に関する法律」（平成30年法律第71号）により改正された安衛法関係法令により医師による面接指導等の制度のさらなる充実が図られた。

（6）　健康管理手帳

職業がんやじん肺のように発症までの潜伏期間が長く，また，重篤な結果を起こす疾病にかかるおそれのある者に対しては（3）の③に述べたとおり，有害業務に従事したことのある労働者で現に使用しているものを対象とした特殊健康診断を実施することとしているが，そのうち，法令で定める要件に該当する者に対し健康管理手帳を交付し，離職後も政府が健康診断を実施することとされている。

その他，安衛法第7章には保健指導，心理的な負担の程度を把握するための検査等（ストレスチェック制度），受動喫煙の防止，病者の就業禁止，健康教育，健康の保持増進のための指針の公表等の規定がある。

8　快適な職場環境の形成のための措置（第71条の2～第71条の4）

　労働者がその生活時間の多くを過ごす職場について，疲労やストレスを感じることが少ない快適な職場環境を形成する必要がある。安衛法では，事業者が講ずる措置について規定するとともに，国は，快適な職場環境の形成のための指針を公表することとしている。

9　免許等（第72条～第77条）

　危険・有害業務であり労働災害を防止するために管理を必要とする作業について選任を義務付けられている作業主任者や特殊な業務に就く者に必要とされる資格，技能講習，試験等についての規定がなされている。

10　事業場の安全又は衛生に関する改善措置等（第78条～第87条）

　労働災害の防止を図るため，総合的な改善措置を講ずる必要がある事業場については，都道府県労働局長が安全衛生改善計画の作成を指示し，その自主的活動によって安全衛生状態の改善を進めることが制度化されている。

　この際，企業外の民間有識者の安全および労働衛生についての知識を活用し，企業における安全衛生についての診断や指導に対する需要に応じるため，労働安全・労働衛生コンサルタント制度が設けられている。

　なお，一定期間内に重大な労働災害を同一企業の複数の事業場で繰返し発生させた企業に対し，厚生労働大臣が特別安全衛生改善計画の策定を指示することができることとされ，当該企業が計画の作成指示や変更指示に従わない場合や計画を実施しない場合には厚生労働大臣が当該事業者に勧告を行い，勧告に従わない場合は企業名を公表することができることとされている。

　また，安全衛生改善計画を作成した事業場がそれを実施するため，改築費，代替機械の購入，設置費等の経費が要る場合には，その要する経費について，国は，金融上の措置，技術上の助言等の援助を行うように努めることになっている。

11 監督等，雑則および罰則（第88条〜第123条）

（1） 計画の届出

　一定の機械等を設置し，もしくは移転し，またはこれらの主要構造部分を変更しようとする事業者は，この計画を当該工事の開始の日の30日前までに労働基準監督署長に届け出る義務を課し，事前に法令違反がないかどうかの審査が行われることとなっている。鉛則の規定に基づいて鉛等または焼結鉱等の粉じんの発散源を密閉する設備，局所排気装置または全体換気装置（移動式のものを除く）が適用となる。

　また，事業者の自主的安全衛生活動の取組みを促進するため，労働安全衛生マネジメントシステムを踏まえて事業場における危険性・有害性の調査ならびに安全衛生計画の策定および当該計画の実施・評価・改善等の措置を適切に行っており，その水準が高いと所轄労働基準監督署長が認めた事業者に対しては計画の届出の義務が免除されることとされている。

　なお，建設業に属する仕事のうち，重大な労働災害を生ずるおそれがある，特に大規模な仕事に係わるものについては，その計画の届出を工事開始の日の30日前までに厚生労働大臣に行うこと，その他の一定の仕事については工事開始の日の14日前までに所轄労働基準監督署長に行うこと，およびそれらの工事または仕事のうち一定のものの計画については，その作成時に有資格者を参画させなければならないこととされている。

（2） 罰　則

　安衛法は，その厳正な運用を担保するため，違反に対する罰則についての規定を置いている。また，同法は，事業者責任主義を採用し，その第122条で両罰規定を設けており，各条が定めた措置義務者（事業者等）の違反について，違反の実行行為者（法人の代表者や使用人その他の従事者）と法人等の両方が罰せられることとなる（法人等に対しては罰金刑）。なお，安衛法第20条から第25条に規定される事業者の講じた危害防止措置または救護措置等に関し，第26条により労働者は遵守義務を負い，これに違反した場合も罰金刑が科せられる。

　なお，安衛則，鉛則などの省令にはそれぞれ根拠となる安衛法の条文があり，当然のことながら，省令への違反は根拠法の違反となり，根拠法の条文が罰則対象ならば罰則の対象となる。

〔参考〕労働安全衛生規則中の化学物質の自律的管理に関する規制の主なもの

　令和4年5月に安衛則の改正が行われ，化学物質管理は物質ごとに定められたばく露防止措置を守る法令順守型から，リスクアセスメント結果をもとに事業者が管理方法を決定する自律的な管理へと手法を変えることが求められることになった。

（1）　化学物質管理者の選任（第12条の5）　　　　　　（令和6年4月1日施行）

① 選任が必要な事業場

　　安衛法第57条の2の通知対象物（以下「リスクアセスメント対象物」という。）を製造，取扱い，または譲渡提供をする事業場（業種・規模要件なし）

・個別の作業現場ごとではなく，工場，店社，営業所等事業場ごとに選任すれば可

・一般消費者の生活の用に供される製品のみを取り扱う事業場は，対象外

・事業場の状況に応じ，複数名を選任することもある

② 化学物質管理者の要件

・リスクアセスメント対象物の製造事業場：厚生労働省告示に定められた専門的講習（12時間）の修了者

・リスクアセスメント対象物を取り扱う事業場（製造事業場以外）：法令上の資格要件は定められていないが，厚生労働省通達に示された専門的講習に準ずる講習（6時間）を受講することが望ましい。

③ 化学物質管理者の職務

・ラベル・SDS等の確認

・化学物質に関わるリスクアセスメントの実施管理

・リスクアセスメント結果に基づくばく露防止措置の選択，実施の管理

・化学物質の自律的な管理に関わる各種記録の作成・保存

・化学物質の自律的な管理に関わる労働者への周知，教育

・ラベル・SDSの作成（リスクアセスメント対象物の製造事業場の場合）

・リスクアセスメント対象物による労働災害が発生した場合の対応

④ 化学物質管理者を選任すべき事由が発生した日から14日以内に選任すること。

⑤ 化学物質管理者を選任したときは，当該化学物質管理者の氏名を事業場の見やすい箇所に掲示すること等により関係労働者に周知させなければならない。

（2）　保護具着用管理責任者の選任（第12条の6）　　　　（令和6年4月1日施行）

① 選任が必要な事業場

　　リスクアセスメントに基づく措置として労働者に保護具を使用させる事業場

② 選任要件

　　法令上特に要件は定められていないが，化学物質の管理に関わる業務を適切に実施できる能力を有する者

　　厚生労働省の通達では，次の者および6時間の講習を受講した者が望ましいとしている。

　ア　化学物質管理専門家の要件に該当する者

　イ　作業環境管理専門家の要件に該当する者

　ウ　労働衛生コンサルタント試験に合格した者

　エ　第1種衛生管理者免許または衛生工学衛生管理者免許を受けた者

　オ　作業主任者の資格を有する者（それぞれの作業）

　カ　安全衛生推進者養成講習修了者

③ 職　務

　　有効な保護具の選択，労働者の使用状況の管理その他保護具の管理に関わる業務

　　具体的には，

　ア　保護具の適正な選択に関すること。

　イ　労働者の保護具の適正な使用に関すること。

　ウ　保護具の保守管理に関すること。

　　また，厚生労働省は，これらの職務を行うに当たっては，平成17年2月7日基発第0207006号「防じんマスクの選択，使用等について」，平成17年2月7日基発第0207007号「防毒マスクの選択，使用等について」および平成29年1月12日基発0112第6号「化学防護手袋の選択，使用等について」に基づき対応する必要があることに留意することとしている。

④ 保護具着用管理責任者を選任したときは，当該保護具着用管理責任者の氏名を事業場の見やすい箇所に掲示すること等により関係労働者に周知させなければならない。

（3）　衛生委員会の付議事項（第22条）

　　　　　　　　　　　（①：令和5年4月1日施行，②〜④：令和6年4月1日施行）

　　衛生委員会の付議事項に，次の①〜④の事項が追加され，化学物質の自律的な管

理の実施状況の調査審議を行うことを義務付けられた。なお，衛生委員会の設置義務のない労働者数50人未満の事業場も，安衛則第23条の2に基づき，下記の事項について，関係労働者からの意見聴取の機会を設けなければならない。

① 労働者が化学物質にばく露される程度を最小限度にするために講ずる措置に関すること

② 濃度基準値の設定物質について，労働者がばく露される程度を濃度基準値以下とするために講ずる措置に関すること

③ リスクアセスメントの結果に基づき事業者が自ら選択して講ずるばく露防止措置の一環として実施した健康診断の結果とその結果に基づき講ずる措置に関すること

④ 濃度基準値設定物質について，労働者が濃度基準値を超えてばく露したおそれがあるときに実施した健康診断の結果とその結果に基づき講ずる措置に関すること

（4）　化学物質を事業場内で別容器で保管する場合の措置（第33条の2）

（令和5年4月1日施行）

安衛法第57条で譲渡・提供時のラベル表示が義務付けられている化学物質（ラベル表示対象物）について，譲渡・提供時以外も，次の場合は，ラベル表示・文書の交付その他の方法で，内容物の名称やその危険性・有害性情報を伝達しなければならない。

・ラベル表示対象物を，他の容器に移し替えて保管する場合

・自ら製造したラベル表示対象物を，容器に入れて保管する場合

（5）　リスクアセスメントの結果等の記録の作成と保存（第34条の2の8）

（令和5年4月1日施行）

リスクアセスメントの結果と，その結果に基づき事業者が講ずる労働者の健康障害を防止するための措置の内容等は，関係労働者に周知するとともに，記録を作成し，次のリスクアセスメント実施までの期間（ただし，最低3年間）保存しなければならない。

（6）　労働災害発生事業場等への労働基準監督署長による指示（第34条の2の10）

（令和6年4月1日施行）

労働災害の発生またはそのおそれのある事業場について，労働基準監督署長が，その事業場で化学物質の管理が適切に行われていない疑いがあると判断した場合は，事業場の事業者に対し，改善を指示することがある。

改善の指示を受けた事業者は，化学物質管理専門家（要件は厚生労働省告示で示している。参考資料 3，246 頁）から，リスクアセスメントの結果に基づき講じた措置の有効性の確認と望ましい改善措置に関する助言を受けた上で，1 カ月以内に改善計画を作成し，労働基準監督署長に報告し，必要な改善措置を実施しなければならない。

（7）　がん等の遅発性疾病の把握強化（第 97 条の 2）　　　（令和 5 年 4 月 1 日施行）

化学物質を製造し，または取り扱う同一事業場で，1 年以内に複数の労働者が同種のがんに罹患したことを把握したときは，その罹患が業務に起因する可能性について医師の意見を聴かなければならない。

また，医師がその罹患が業務に起因するものと疑われると判断した場合は，遅滞なく，その労働者の従事業務の内容等を，所轄都道府県労働局長に報告しなければならない。

（8）　リスクアセスメント対象物に関する事業者の義務（第 577 条の 2，第 577 条の 3）

（①ア，②の①アに関する部分，③：令和 5 年 4 月 1 日施行，

①イ，②の①イに関する部分：令和 6 年 4 月 1 日施行）

① 　労働者がリスクアセスメント対象物にばく露される濃度の低減措置

　ア　労働者がリスクアセスメント対象物にばく露される程度を，以下の方法等で最小限度にしなければならない。

　　i　代替物等を使用する。

　　ii　発散源を密閉する設備，局所排気装置または全体換気装置を設置し，稼働する。

　　iii　作業の方法を改善する。

　　iv　有効な呼吸用保護具を使用する。

　イ　リスクアセスメント対象物のうち，一定程度のばく露に抑えることで労働者に健康障害を生ずるおそれがない物質として厚生労働大臣が定める物質（濃度基準値設定物質）は，労働者がばく露される程度を，厚生労働大臣が定める濃度の基準（濃度基準値）以下としなければならない。

② 　①に基づく措置の内容と労働者のばく露の状況についての労働者の意見聴取，記録作成・保存

　①に基づく措置の内容と労働者のばく露の状況を，労働者の意見を聴く機会を設け，記録を作成し，3 年間保存しなければならない。

　ただし，がん原性のある物質として厚生労働大臣が定めるもの(がん原性物質)

は30年間保存する。

③　リスクアセスメント対象物以外の物質にばく露される濃度を最小限とする努力
　義務

　　　①のアのリスクアセスメント対象物以外の物質も，労働者がばく露される程度
　を，①のア i～ivの方法等で，最小限度にするように努めなければならない。

（9）　皮膚等障害物質等への直接接触の防止（第594条の2，第594条の3）

　　　（①，②：令和5年4月1日施行（努力義務），①：令和6年4月1日施行（義務））
　　皮膚・眼刺激性，皮膚腐食性または皮膚から吸収され健康障害を引き起こしうる
化学物質と当該物質を含有する製剤を製造し，または取り扱う業務に労働者を従事
させる場合には，その物質の有害性に応じて，労働者に障害等防止用保護具を使用
させなければならない。

①　健康障害を起こすおそれのあることが明らかな物質を製造し，または取り扱う
　業務に従事する労働者に対しては，保護めがね，不浸透性の保護衣，保護手袋ま
　たは履物等適切な保護具を使用する。

②　健康障害を起こすおそれがないことが明らかなもの以外の物質を製造し，また
　は取り扱う業務に従事する労働者（①の労働者を除く）に対しては，保護めがね，
　不浸透性の保護衣，保護手袋または履物等適切な保護具を使用する。

第 3 章　鉛中毒予防規則のあらまし

　鉛は，古くから水道管，化学装置の材料，印刷用活字等広い範囲で利用されてき
たが，近年ではこれらの用途での利用はほとんどなくなり，鉛業務を行う事業場数
は減少傾向にある。しかし，現在でも数多くの事業場において，鉛蓄電池の製造，
その廃棄物処理，はんだ付け等の業務には多くの労働者が従事しているし，鉛化合
物の顔料の製造・使用や鉛を含有する塗料を塗布したものの溶接・溶断等も行われ
ており，労働者が鉛にばく露する機会は多い。

　一方，鉛中毒については，古くから知られており，種々の中毒予防対策が採られ
てきた。法令の上では，昭和 4 年には「工場危害予防及び衛生規則」（内務省令第
24 号）が公布され，同規則の施行通達にあたる内務省社会局長名の依命通達「工
場危害及び衛生規則施行標準」（同年 7 月 18 日付け労発第 85 号）には，鉛または
その化合物にばく露するおそれのある業務に対して一定の措置をとることを義務付
けていた。また，戦後，昭和 22 年に労働基準法が制定され，その省令である労働
安全衛生規則（昭和 22 年労働省令第 9 号）の中では鉛中毒に重大な関心が払われ，
昭和 23 年 8 月 12 日付け基発第 1178 号通達では，有害業務として規制の対象とな
る気中鉛濃度は 1 m³ 当たり 0.5 mg 以上とされていた。その後も各種の調査・研究
が重ねられ，昭和 30 年には鉛中毒予防の特殊健康診断指針が公表されて，鉛中毒
またはその疑いのある者を早期発見・早期治療が行われるようにしたこと，また，
異常所見を呈する者には適切な措置を採ることが定められた。

　さらに，昭和 42 年には労働基準法に基づく省令として「鉛中毒予防規則」（昭和
42 年労働省令第 2 号。）が制定され，昭和 47 年の労働安全衛生法の制定とともに
同法に基づく省令（昭和 47 年労働省令第 37 号。以下「鉛則」という。）となり，そ
の後，改正が加えられて今日に至っている。

1　総則（第 1 条〜第 4 条）

　第 1 章「総則」には，この規則の全般に関係する事項として，この規則に用いら
れている用語の意義および鉛による汚染が少ないと認められる場合における適用の

除外等について規定されている。

（1）　定義

ア　鉛則第1条第1号から第4号までは，安衛令別表第4（参考資料2）の備考に
規定されている事項のうち鉛則においてその意義を明らかにする必要のあるもの
が定義されている。

①　鉛等：鉛，鉛合金および鉛化合物ならびにこれらと他との混合物（焼結鉱，
煙灰，電解スライムおよび鉱さいを除く。）をいう。この場合の「混合物」と
は，一定の物を製造する目的をもって，鉛，鉛合金，鉛化合物とこれら以外
のものを混合したものをいい，焼結鉱や天然にこれらのものが混在している
ものは含まれない。

②　焼結鉱等：鉛の製錬または精錬を行う工程において生ずる焼結鉱，煙灰，
電解スライム（電解槽中に沈でんする物），および鉱さいならびに銅または
亜鉛の製錬または精錬を行う工程において生ずる煙灰および電解スライムを
いう。

③　鉛合金：鉛と鉛以外の金属との合金で，鉛を当該合金の重量の10%以上
含有するものをいう。

④　鉛化合物：安衛令別表第4第6号の鉛化合物（昭和47年労働省告示第91
号に指定されている13種類の鉛化合物）をいう。

労働安全衛生法施行令

別表第4

1〜5　略

6　鉛化合物（酸化鉛，水酸化鉛その他の厚生労働大臣が指定する物に限る。以下この表
において同じ。）を製造する工程において鉛等の溶融，鋳造，粉砕，混合，空冷のため
の攪拌，ふるい分け，煆焼，焼成，乾燥若しくは運搬をし，又は粉状の鉛等をホッパー，
容器等に入れ，若しくはこれらから取り出す業務

以下　略

※編注：厚生労働大臣が指定する物は，昭和47年労働省告示第91号（最終改正：平成28
年厚生労働省告示第208号）（「労働安全衛生法施行令別表第4第6号の規定に基づき厚生
労働大臣が指定する物」）により酸化鉛，水酸化鉛，塩化鉛，炭酸鉛，珪酸鉛，硫酸鉛，ク
ロム酸鉛，チタン酸鉛，硼酸鉛，砒酸鉛，硝酸鉛，酢酸鉛及びステアリン酸鉛が指定され
ている。

イ　鉛則第1条第5号では，同号イからヲまでの業務と安衛令別表第4第8号から
第11号までおよび第17号の業務，さらにそれらの業務を行う作業場所（安衛令
別表第4第9号の鉛装置の内部における業務は除外）における清掃の業務を鉛則
にいう「鉛業務」と定義している。

───── 鉛中毒予防規則 ～～～～～～～～～～～～～～～～～～～～～～

第1条第5号

5　鉛業務　次に掲げる業務並びに令別表第4第8号から第11号まで及び第17号に掲げる業務をいう。

イ　鉛の製錬又は精錬を行なう工程における焙焼，焼結，溶鉱又は鉛等若しくは焼結鉱等の取扱いの業務

ロ　銅又は亜鉛の製錬又は精錬を行なう工程における溶鉱（鉛を3％以上含有する原料を取り扱うものに限る。），当該溶鉱に連続して行なう転炉による溶融又は煙灰若しくは電解スライム（銅又は亜鉛の製錬又は精錬を行なう工程において生ずるものに限る。）の取扱いの業務

ハ　鉛蓄電池又は鉛蓄電池の部品を製造し，修理し，又は解体する工程において鉛等の溶融，鋳造，粉砕，混合，ふるい分け，練粉，充てん，乾燥，加工，組立て，溶接，溶断，切断若しくは運搬をし，又は粉状の鉛等をホッパー，容器等に入れ，若しくはこれらから取り出す業務

ニ　電線又はケーブルを製造する工程における鉛の溶融，被鉛，剥鉛又は被鉛した電線若しくはケーブルの加硫若しくは加工の業務

ホ　鉛合金を製造し，又は鉛若しくは鉛合金の製品（鉛蓄電池及び鉛蓄電池の部品を除く。）を製造し，修理し，若しくは解体する工程における鉛若しくは鉛合金の溶融，鋳造，溶接，溶断，切断若しくは加工又は鉛快削鋼を製造する工程における鉛の鋳込の業務

ヘ　鉛化合物を製造する工程において鉛等の溶融，鋳造，粉砕，混合，空冷のための攪拌，ふるい分け，煆焼，焼成，乾燥若しくは運搬をし又は粉状の鉛等をホッパー，容器等に入れ，若しくはこれらから取り出す業務

ト　鉛ライニングの業務（仕上げの業務を含む。）

チ　ゴム若しくは合成樹脂の製品，含鉛塗料又は鉛化合物を含有する絵具，釉薬，農薬，ガラス，接着剤等を製造する工程における鉛等の溶融，鋳込，粉砕，混合若しくはふるい分け又は被鉛若しくは剥鉛の業務

リ　自然換気が不十分な場合におけるはんだ付けの業務

ヌ　鉛化合物を含有する釉薬を用いて行なう施釉又は当該施釉を行なつた物の焼成の業務

ル　鉛化合物を含有する絵具を用いて行なう絵付け又は当該絵付けを行なつた物の焼成の業務

ヲ　溶融した鉛を用いて行なう金属の焼入れ若しくは焼戻し又は当該焼入れ若しくは焼戻しをした金属のサンドバスの業務

ワ　令別表第4第8号，第10号，第11号若しくは第17号又はイからヲまでに掲げる業務を行なう作業場所における清掃の業務

┈┈┈ 労働安全衛生法施行令 ┈┈┈┈┈┈┈┈┈┈┈┈┈┈┈┈┈┈┈┈┈

別表第4（抄）

8　鉛ライニングを施し，又は含鉛塗料を塗布した物の破砕，溶接，溶断，切断，鋲打ち（加熱して行なう鋲打ちに限る。），加熱，圧延又は含鉛塗料のかき落しの業務

9　鉛装置の内部における業務

10　鉛装置の破砕，溶接，溶断又は切断の業務（前号に掲げる業務を除く。）

11　転写紙を製造する工程における鉛等の粉まき又は粉払いの業務

17　動力を用いて印刷する工程における活字の文選，植字又は解版の業務

鉛則は，基本的には安衛令別表第4の「鉛業務」について適用される。

安衛令別表第4は作業主任者，作業環境測定および特殊健康診断を実施すべき対

象を規定したものであるが，鉛則の規定上適用除外の規定を別途設ける必要がある
ため，安衛令別表第4各号のうち適用除外のないものは，鉛則においても安衛令別
表第4号の規定をそのまま引用し，同号の中で一部作業が適用除外されているもの
（括弧書きで除外されているもの）については，適用除外を外した形で鉛則第1条
第5号イからワまでの作業を列挙して安衛令別表第4の規定をそのまま引用したも
のと併せて「鉛業務」としている。

（2）　適用除外について（第2条および第3条関係）

ア　次の鉛業務は，この規則の一部が適用除外される。

①　鉛または鉛合金を溶融するかま，るつぼ等の容量の合計が，50リットルを
　　超えない作業場における450度以下の温度による鉛または鉛合金の溶融または
　　鋳造の業務

②　臨時に行う鉛業務のうち第1条第5号リ～ヲの業務またはこれらの業務を行
　　う作業場所における清掃の業務

③　遠隔操作によって行う隔離室における業務

④　第1条第5号ルの業務のうち筆もしくはスタンプによる絵付けの業務で労働
　　者が鉛等によって汚染されることにより健康障害を生ずるおそれが少ないと所轄
　　労働基準監督署長が認定した業務または局所排気装置またはプッシュプル型換
　　気装置もしくは排気筒が設けられている焼成窯による焼成の業務（第2条関係）

イ　鉛則第3条各号は，既に述べたとおり，①は安衛令別表第4第1号～第7号，
　第12号および第16号において除外されているもの，②は安衛令別表第4第13
　号～第16号において除外されているものである。また，③は安衛令第6条第19
　号，第21条第8号および第22条第1項において適用除外とされているものであ
　る。さらに④は安衛令別表第4第15号により適用除外は厚生労働省令によって
　定められることになっていたものである。

　　こうして見ると，鉛則第3条各号に規定された事項は，すべて安衛令において
　適用除外とされている規定と同じであり，この限りにおいては鉛則の規定は安衛
　令における「鉛業務」と同じ範囲，言い換えれば，安衛法第14条の「作業主任
　者」，第65条の「作業環境測定」および第66条の「特殊健康診断」と同じ範囲
　ということになる。

　　表5-1に鉛則全体の規制適用のあらましを示す。

表5-1　鉛中毒予防規則適用のあらまし

設備等 ＼ 鉛業務 ＼ 作業	鉛則1条 イ 鉛の製錬、精錬	ロ 銅等の製錬、精錬	ハ 鉛蓄電池	ニ 電線等	ホ 鉛合金等	ヘ 鉛化合物	ト 鉛ライニング	令別表4第8 含鉛塗料のかき落し等	同左第9 鉛装置内業務	同左第10 鉛装置の破砕等	同左第11 転写紙	鉛則1条 チ 含鉛塗料等	リ はんだ付け	ヌ 釉薬	ル 絵付け	ヲ 焼入れ等	令別表4第17 文選・植字	鉛則1条 ワ 清掃
焙焼	⊗																	
焼結	⊗																	
溶鉱	⊗	⊗																
転炉		⊗																
溶融	●	⊗	●	○	●	●	○					⊗				●		
鋳造（込）	●		●	○	●	●						○						
焼成	⊗	⊗				⊗												
粉砕	●	●	●			●						●						
破砕	●								○	○								
混合	●	●	●			●						●						
ふるい分け	●	●	●			●						●						
容器詰め	●	●				●												
加工			○		○													
組立て			○															
溶接			○		○				○	○								
溶断			○		○			○	○	○								
切断			○		○													
練粉			●			●						●						
煆焼						⊗												
攪拌						●												
溶着							○											
溶射							○											
蒸着							○											
仕上げ							●											
加熱							○											
圧延							○											
粉まき等											●							
はんだ付け													○*					
施釉														○				
絵付け															○			
作業主任者	※	※	※	※	※	※	※		※	※	※							
測定および評価	※	※	※	※	※	※	※		※		※						※	
健康診断	①	①	①	①	①	①	①		①	①	①	①	②	②	②	①	②	①*

（注）　1　⊗印は，当該装置および当該装置に設置を規定した局所排気装置またはプッシュプル型換気装置に用後処理装置（用後処理装置とは，排気・排液に含まれる有害物を取り除く装置をいい，除じん装置等が該当する）の設置を規定しているもの。

　　　2　●印は，当該作業場に局所排気装置またはプッシュプル型換気装置および用後処理装置の設置を規定しているもの。

　　　3　○印は，当該作業場に局所排気装置またはプッシュプル型排気装置の設置を規定しているもの。（ただし，はんだ付業務*については全体換気装置も可。）

　　　4　※印は，選任，実施について規定しているもの。

　　　5　健康診断欄については，①は6カ月以内ごとに1回，②は1年以内ごとに1回定期に実施する必要があることを示したものである。（ただし，鉛則第1条第5号ワの清掃*のうち，同号リ〜ルおよび安衛令別表第4第17号の作業場所における清掃については，②1年以内ごと。）

(3) 管理の水準が一定以上の事業場の適用除外（第3条の2）

　鉛業務に関わる管理の水準が一定以上であると所轄労働基準監督署長が認定した事業場は，ホッパーの下方における業務と作業衣等の保管設備のほか健康診断及び保護具に関する規定を除く鉛則に定められた個別規制の適用が除外され，鉛業務の管理を，事業者による自律的な管理（リスクアセスメントに基づく管理）に委ねられる。

2　設備（第5条〜第23条の3）

　鉛業務を行う設備については，それぞれの態様に応じ衛生的な環境を維持するための設備の要件が定められており，その概要は次のとおりである。

(1) 鉛業務別に設けるべき設備の基準

1)　鉛製錬等に係る設備（第5条）（**表5-1**参照）

　第1条第5号イの鉛業務に労働者を従事させる場合は，次の措置を講じなければならないとされている。

① 焙焼，焼結，溶鉱または鉛等もしくは焼結鉱等の溶融，鋳造もしくは焼成を行う作業場所に，局所排気装置またはプッシュプル型換気装置を設けること。

② 湿式以外の方法によって，鉛等または焼結鉱等の破砕，粉砕，混合またはふるい分けを行う屋内の作業場所に，鉛等または焼結鉱等の粉じんの発散源を密閉する設備，局所排気装置またはプッシュプル型換気装置を設けること。

③ 湿式以外の方法によって，粉状の鉛等または焼結鉱等をホッパー，粉砕機，容器等に入れ，またはこれらから取り出す業務を行う屋内の作業場所に，局所排気装置またはプッシュプル型換気装置を設け，および容器等からこぼれる粉状の鉛等または焼結鉱等を受けるための設備を設けること。ただし，焼結鉱等の中から鉱さいは除かれている。

④ 煙灰，電解スライムまたは鉱さいを一時ためておく場合は，そのための場所を設け，またはこれらを入れるための容器を備えること。

⑤ 鉛等または焼結鉱等の溶融または鋳造を行う作業場所に，浮渣を入れるための容器を備えること。

2)　銅製錬等に係る設備（第6条）（**表5-1**参照）

　第1条第5号ロの鉛業務に労働者を従事させる場合は，次の措置を講じなければならないとされている。

①　溶鉱，溶融または煙灰の焼成を行う作業場所に，局所排気装置またはプッシュプル型換気装置を設けること。ただし，溶融は転炉または電解スライムの溶融炉によるものに限られる。

②　湿式以外の方法によって，煙灰または電解スライムの粉砕，混合またはふるい分けを行う屋内作業場所に，煙灰または電解スライムの粉じんの発散源を密閉する設備，局所排気装置またはプッシュプル型換気装置を設けること。

③　湿式以外の方法によって，煙灰または電解スライムをホッパー，粉砕機，容器等に入れ，またはこれらから取り出す業務を行う屋内作業場所に局所排気装置またはプッシュプル型換気装置を設け，および容器等からこぼれる煙灰または電解スライムを受けるための設備を設けること。

④　煙灰または電解スライムを一時ためておく場合は，そのための場所を設け，またはこれらを入れるための容器を備えること。

⑤　電解スライムの溶融炉による溶融を行う作業場所に，浮渣を入れるための容器を備えること。

3)　鉛蓄電池の製造等に係る設備（第7条）（**表5-1参照**）

第1条第5号ハの鉛業務に労働者を従事させる場合は，次の措置を講じなければならないとされている。

①　鉛等の溶融，鋳造，加工，組立て，溶接もしくは溶断または極板の切断を行う屋内作業場所に，局所排気装置またはプッシュプル型換気装置を設けること。

②　湿式以外の方法による鉛等の粉砕，混合もしくはふるい分けまたは練粉を行う屋内作業場所に，鉛等の粉じんの発散源を密閉する設備，局所排気装置またはプッシュプル型換気装置を設けること。

③　湿式以外の方法によって，粉状の鉛等をホッパー，容器等に入れ，またはこれらから取り出す業務を行う屋内作業場所に，局所排気装置またはプッシュプル型換気装置を設け，および容器等からこぼれる粉状の鉛等を受けるための設備を設けること。

④　鉛粉の製造のために鉛等の粉砕を行う作業場所を，それ以外の業務を行う屋内作業場所から隔離すること。

⑤　溶融した鉛または鉛合金が飛散するおそれのある自動鋳造機には，溶融した鉛または鉛合金が飛散しないように覆い等を設けること。

⑥　鉛等の練粉を充填する作業台または鉛等の練粉を充填した極板をつるして運搬する設備については，鉛等の練粉が床にこぼれないように受樋，受箱等を設

けること。

⑦　人力によって粉状の鉛等を運搬する容器については，運搬する労働者が鉛等によって汚染されないように当該容器に持手もしくは車を設け，または当該容器を積む車を備えること。

⑧　屋内の作業場所の床は，真空そうじ機を用いて，または水洗によって容易にそうじできる構造のものとすること。

⑨　鉛等または焼結鉱等の溶融または鋳造を行う作業場所に，浮渣を入れるための容器を備えること。

4)　電線等の製造に係る設備（第8条）（**表5-1参照**）

第1条第5号ニの鉛業務のうち鉛の溶融の業務に労働者を従事させる場合は，次の措置を講じなければならないとされている。

①　鉛の溶融を行う屋内の作業場所に，局所排気装置またはプッシュプル型換気装置を設け，および浮渣を入れるための容器を備えること。

②　屋内の作業場所の床は，真空そうじ機を用いて，または水洗によって容易にそうじできる構造のものとすること。

5)　鉛合金の製造等に係る設備（第9条）（**表5-1参照**）

第1条第5号ホの鉛業務に労働者を従事させる場合は，次の措置を講じなければならないとされている。

①　鉛もしくは鉛合金の溶融，鋳造，溶接，溶断もしくは動力による切断もしくは加工または鉛快削鋼の鋳込を行う屋内作業場所に，局所排気装置またはプッシュプル型換気装置を設けること。

②　鉛または鉛合金の切りくずを一時ためておく場合は，そのための場所を設け，またはこれらを入れるための容器を備えること。

③　鉛等または焼結鉱等の溶融または鋳造を行う作業場所に，浮渣を入れるための容器を備えること。

④　溶融した鉛または鉛合金が飛散するおそれのある自動鋳造機には，溶融した鉛または鉛合金が飛散しないように覆い等を設けること。

⑤　屋内の作業場所の床は，真空そうじ機を用いて，または水洗によって容易にそうじできる構造のものとすること。

6)　鉛化合物の製造に係る設備（第10条）（**表5-1参照**）

第1条第5号への鉛業務に労働者を従事させる場合は，次の措置を講じなければならないとされている。

① 鉛等の溶融，鋳造，煆焼又は焼成を行う屋内作業場所に，局所排気装置またはプッシュプル型換気装置を設けること。

② 鉛等の空冷のための攪拌を行う屋内作業場所に，鉛等の粉じんの発散源を密閉する設備、局所排気装置またはプッシュプル型換気装置を設けること。

③ 鉛等または焼結鉱等の溶融または鋳造を行う作業場所に，浮渣を入れるための容器を備えること。

④ 湿式以外の方法による鉛等の粉砕，混合もしくはふるい分けまたは練粉を行う屋内作業場所に，鉛等の粉じんの発散源を密閉する設備，局所排気装置またはプッシュプル型換気装置を設けること。

⑤ 湿式以外の方法によって，粉状の鉛等をホッパー，容器等に入れ，またはこれらから取り出す業務を行う屋内作業場所に，局所排気装置またはプッシュプル型換気装置を設け，および容器等からこぼれる粉状の鉛等を受けるための設備を設けること。

⑥ 人力によって粉状の鉛等を運搬する容器については，運搬する労働者が鉛等によって汚染されないように当該容器に持手もしくは車を設け，または当該容器を積む車を備えること。

⑦ 屋内の作業場所の床は，真空そうじ機を用いて，または水洗によって容易にそうじできる構造のものとすること。

7) 鉛ライニングに係る設備（第11条）（**表5-1** 参照）

　第1条第5号トの鉛業務に労働者を従事させる場合は，次の措置を講じなければならないとされている。

① 鉛等の溶融，溶接，溶断，溶着，溶射もしくは蒸着または鉛ライニングを施した物の仕上げを行う屋内作業場所に，局所排気装置またはプッシュプル型換気装置を設けること。

② 鉛等の溶融を行う作業場所に，浮渣を入れるための容器を備えること。

8) 鉛ライニングを施した物の溶接等に係る設備（第12条）（**表5-1** 参照）

　安衛令別表第4第8号の鉛業務に労働者を従事させる場合は，次の措置を講じなければならないとされている。

① 鉛ライニングを施し，または含鉛塗料を塗布した物の溶接，溶断，加熱または圧延を行う屋内作業場所に，局所排気装置またはプッシュプル型換気装置を設けること。

② 鉛ライニングを施し，または含鉛塗料を塗布した物の破砕を湿式以外の方法

によって行う屋内作業場所に，鉛等の粉じんの発散源を密閉する設備，局所排気装置またはプッシュプル型換気装置を設けること。

9)　鉛装置等の破砕等に係る設備（第13条）（**表5-1参照**）

　　屋内作業場において，安衛令別表第4第10号の鉛業務のうち鉛装置の破砕，溶接または溶断の業務に労働者を従事させる場合は，当該業務を行う作業場所に，局所排気装置またはプッシュプル型換気装置を設けなければならないとされている。なお，「鉛装置」とは，「粉状の鉛等または焼結鉱等が内部に付着し，またはたい積している炉，煙道，粉砕機，乾燥器，除じん装置その他の装置」をいうこととされている。

10)　転写紙の製造に係る設備（第14条）（**表5-1参照**）

　　安衛令別表第4第11号の鉛業務に労働者を従事させる場合は，当該業務を行う作業場所に，局所排気装置またはプッシュプル型換気装置を設けることとされている。

11)　含鉛塗料等の製造に係る設備（第15条）（**表5-1参照**）

　　第1条第5号チの鉛業務に労働者を従事させる場合は，次の措置を講じなければならないとされている。

①　鉛等の溶融または鋳込を行う屋内作業場所に，局所排気装置またはプッシュプル型換気装置を設け，および浮渣を入れるための容器を備えること。

②　鉛等の粉砕を行う作業場所を，それ以外の業務を行う屋内作業場所から隔離すること。

③　湿式以外の方法による鉛等の粉砕，混合もしくはふるい分けまたは練粉を行う屋内作業場所に，鉛等の粉じんの発散源を密閉する設備，局所排気装置またはプッシュプル型換気装置を設けること。

12)　はんだ付けに係る設備（第16条）（**表5-1参照**）

　　屋内作業場において，第1条第5号リの鉛業務に労働者を従事させる場合は，当該業務を行う作業場所に，局所排気装置，プッシュプル型換気装置または全体換気装置を設けなければならないとされている。

　　自然換気が不十分な屋内作業場においてはんだ付けの業務を行う場合には，溶融したはんだにより鉛のヒュームが発生し鉛中毒の危険がある。その対策としては局所排気装置やプッシュプル型換気装置を設置することが効果的であるが，通常，はんだ付け作業は個々の作業者により，種々の作業態様で行われるため，必ずしも局所排気装置等の設置が最善の方法とも言えないため，かつ，他の鉛業務

に比べて作業者が鉛にばく露される程度も高くないことから全体換気装置の設置によることも認められているものである。

13) 施釉に係る設備（第 17 条）（表 5-1 参照）

　屋内作業場において，第 1 条第 5 号ヌの鉛業務のうち，ふりかけまたは吹付けによる施釉の業務に労働者を従事させる場合は，当該作業を行う作業場所に，局所排気装置またはプッシュプル型換気装置を設けなければならないとされている。

14) 絵付けに係る設備（第 18 条）（表 5-1 参照）

　屋内作業場において，第 1 条第 5 号ルの鉛業務のうち，吹付けまたは蒔絵による絵付けの業務に労働者を従事させる場合は，当該作業を行う作業場所に，局所排気装置またはプッシュプル型換気装置を設けなければならないとされている。

15) 焼入れに係る設備（第 19 条）（表 5-1 参照）

　第 1 条第 5 号ヲの鉛業務のうち，焼入れまたは焼戻しの業務に労働者を従事させる場合は，鉛の溶融を行う屋内の作業場所に局所排気装置またはプッシュプル型換気装置を設け，および浮渣を入れるための容器を設けなければならないとされている。

（2）　鉛業務を行う設備に関する規定

1)　コンベヤー（第 20 条）

　屋内作業場で粉状の鉛等または焼結鉱等の運搬の鉛業務の用に供するコンベヤーについては，次の措置を講じなければならないとされている。

①　コンベヤーへの送給の箇所およびコンベヤーの連絡の箇所に，鉛等または焼結鉱等の粉じんの発散源を密閉する設備，局所排気装置またはプッシュプル型換気装置を設けること。

②　バケットコンベヤーには，その上方，下方および側方に覆いを設けること。

2)　乾燥室または乾燥器（第 21 条）

　粉状の鉛等の乾燥の鉛業務の用に供する乾燥室または乾燥器については，次の措置を講じなければならないとされている。

①　鉛等の粉じんが屋内に漏えいするおそれがないものとすること。

②　乾燥室の床，周壁およびたなは，真空そうじ機を用いて，または水洗によって容易にそうじできる構造のものとすること。

3)　ろ過集じん方式の集じん装置（第 22 条）

　粉状の鉛等または焼結鉱等に係るろ過集じん方式の集じん装置については，次の措置を講じなければならないとされている。ただし，作業場から隔離された場

所で労働者が常時立ち入る必要がないところに設けるものについては，除外される。

① ろ材に覆いを設けること。

② 排気口は，屋外に設けること。

③ ろ材に付着した粉状の鉛等または焼結鉱等を覆いをしたまま払い落とすための設備を設けること。

4)　局所排気装置等の特例（第23条）

　（1）の「鉛業務別に設けるべき設備の基準」に該当する業務または（2）の 1 のコンベヤーについては，次のいずれかに該当する場合には，局所排気装置，プッシュプル型換気装置および全体換気装置を設けなくともよいとされている。

① 労働者が常時立ち入る必要がない屋内作業場の内部における業務

② 出張して行い，または臨時に行う業務

③ 側面の面積の半分以上が開放されている屋内作業場における鉛等または焼結鉱等の溶融または鋳造の業務

④ 450℃以下の温度において行う鉛または鉛合金の溶融または鋳造（イ，ハ，ホおよびへの鉛業務のうち鉛または鉛合金の溶融または鋳造の業務を除く。）の業務

⑤ 作業場所に排気筒を設け，または溶融した鉛もしくは鉛合金の表面を石灰等で覆って行う溶融の業務

（3）　多様な発散防止抑制措置の導入（第23条の2，第23条の3）

　鉛則第2章「設備」では，鉛業務ごとに当該業務に労働者を従事させる場合には原則として局所排気装置，プッシュプル型換気装置等の設置の義務を事業者に課している。そのうち安衛法第65条第1項（鉛則第52条）により作業環境測定を行わなければならないこととされている鉛業務を行う作業場については一定の条件のもとでは所轄労働基準監督署長の許可を受けて，鉛則の各条文に規定された設備の設置以外の発散抑制防止措置の導入が認められている。

3　換気装置の構造，性能等（第24条〜第32条）

　局所排気装置またはプッシュプル型換気装置等については適正な機能を保持するため具備すべき要件が定められているが，その概要は次のとおりである。

（1）　フード（第24条）

　局所排気装置または排気筒のフードについては，次の定めによる。

① 鉛等または焼結鉱等の蒸気または粉じんの発散源ごとに設けること。

② 作業方法および鉛等または焼結鉱等の粉じん等の発散の状況に応じ，これらを吸引するのに適した型式および大きさのものであること。

③ 外付け式またはレシーバー式のフードは，発散源にできるだけ近い位置に設けられていること。

④ 湿式以外の方法による鉛等の粉砕，混合またはふるいわけ等の特に多量に粉じんを発散する特定の作業場所に設けるフードは，作業方法上これらの型式のものとすることが著しく困難であるときを除き，原則として囲い式とすること。

（2） ダクト（第25条）

移動式のものを除く局所排気装置のダクトについては，次の定めによる。

① 長さができるだけ短く，ベンドの数ができるだけ少ないものであること。

② 接続部の内面に突起物がないこと。

③ 適当な箇所にそうじ口が設けられている等そうじしやすい構造であること。

（3） 除じん装置の設置（第26条および第27条）

鉛粉じんを著しく発散する鉛業務について局所排気装置，プッシュプル型換気装置または炉から排気される鉛を含有する気体を排出する設備には，ろ過除じん方式の除じん装置またはこれと同等以上の性能を有する除じん装置を設けなければならないとされている。ただし，鉛または鉛合金を溶融するかま，るつぼ等の容量の合計が50リットル以下，炉から排気される気体の鉛の濃度が $0.15\,\mathrm{mg/m^3}$ 以下である場合は設けなくてもよいとされている。

（4） 局所排気装置等の性能（第30条および第30条の2）

局所排気装置または排気筒については，そのフードの外側における鉛の濃度を，1 $\mathrm{m^3}$ 当たり $0.05\,\mathrm{mg}$ を超えないものとする能力を有するものを使用しなければならないとされている。局所排気装置の能力の判定については，第3編第3章4(72頁)を参照のこと。

なお，プッシュプル型換気装置の構造および性能については，平成15年厚生労働省告示第375号（鉛中毒予防規則第30条の2の厚生労働大臣が定める構造及び性能）(237頁)が示されている。

（5） 全体換気装置の性能（第31条）

自然換気が不十分な屋内作業場ではんだ付けをする作業に従事する労働者1人当たり $100\,\mathrm{m^3}$/時以上の換気能力でなければならないとされている。

（6）　その他

　その他, ファンの取付け位置, 排気口の位置, 換気装置の稼働についてそれぞれ定められている。（第28条, 第29条および第32条関係）

　なお, 鉛業務の一部を請負人に請け負わせるとき, 換気装置の稼働については, 当該請負人が鉛業務に従事する間, 自社の労働者が従事するときと同様な要件を満たすように稼働させることについて配慮しなければならない。

4　管理（第33条〜第51条の2）

　鉛中毒を防止するためには, 日常の作業についての適正な管理が必要であり, これについての規定の概要は次のとおりである。

（1）　鉛作業主任者等（第33条および第34条）

　鉛業務のうち鉛による汚染（中毒）の危険性が大きい鉛業務（イ, ロ, ハ, ニ, ホ, へおよびトの業務のうち適用除外されないものならびに令別表第4第8, 9, および10号の業務＝**表5-1**参照）を行う場合は, 作業場ごとに鉛作業主任者技能講習を修了した者のうちから鉛作業主任者を選任し, 次の事項を行わせなければならないとされている。

　鉛作業主任者の職務は,

① 　鉛業務に従事する労働者の身体ができるだけ鉛等または焼結鉱等により汚染されないように労働者を指揮すること。

② 　鉛業務に従事する労働者の身体が鉛等または焼結鉱等によって著しく汚染されたことを発見した場合は, 速やかに, 汚染を除去させること。

③ 　局所排気装置, プッシュプル型換気装置, 全体換気装置, 排気筒および除じん装置を毎週1回以上点検すること。

④ 　労働衛生保護具等の使用状況を監視すること。

⑤ 　鉛装置の内部における業務（安衛令別表第4第9号の鉛業務）に労働者が従事する場合は, 次に定める措置が講じられていることを確認すること。

　　1） 作業開始前に, 当該鉛装置とそれ以外の装置で稼働させるものとの接続箇所を確実に遮断すること。

　　2） 作業開始前に, 当該鉛装置の内部を十分に換気すること。

　　3） 当該鉛装置の内部に付着し, またはたい積している粉状の鉛等または焼結鉱等を湿らせる等によりこれらの粉じんの発散を防止すること。

　　4）作業終了後，速やかに，当該労働者に洗身をさせること。

（2）　汚染の除去に係る周知（第 34 条の 2）

　鉛業務の一部を請負人に請け負わせる場合においては，当該請負人に対し，身体
が鉛等または焼結鉱等によって著しく汚染されたときは，速やかに汚染を除去する
必要がある旨を周知させなければならない。

（3）　局所排気装置等の定期自主検査（第 35 条～第 38 条）

　局所排気装置，プッシュプル型換気装置および除じん装置については 1 年以内ご
とに 1 回，定期に，自主検査を行なわなければならない。また，その結果を記録し，3
年間保存することが定められている。

　なお，局所排気装置，プッシュプル型換気装置および除じん装置の定期自主検査
については，適切，かつ，有効な実施を図るため，当該定期自主検査の検査項目，
検査方法，判定基準を定めたものとして，局所排気装置の定期自主検査指針（平成
20 年自主検査指針公示第 1 号），プッシュプル型換気装置の定期自主検査指針（同
2 号）および除じん装置の定期自主検査指針（同第 3 号）がある。

　局所排気装置，プッシュプル型換気装置および除じん装置については，この他，
初めて使用するとき，または分解して改造もしくは修理を行ったときの点検や異常
が発見された場合の補修についても義務付けられている。

（4）　業務の管理（第 39 条～第 42 条）

　第 2 章では鉛業務別に設置すべき設備の基準が示されているが，第 4 章第 2 節で
は「業務の管理」として，ホッパーの下方における作業（第 39 条），含鉛塗料のか
き落としの作業（第 40 条），鉛化合物のかき出しの作業（第 41 条）および鉛装置
の内部における業務（第 42 条）の定めがある。

　なお，鉛装置の内部における業務に係る措置は，（1）の鉛作業主任者の職務の⑤
に述べたとおりである。

（5）　貯蔵及びから容器等の処理（第 43 条および第 44 条）

　粉状の鉛等を屋内に貯蔵するときは，こぼれたり，発散するおそれのない容器等
に収納すること，こぼれたときは速やかにそうじすることについて定めている。ま
た，からの容器等については，粉じんの発散を防止するための措置を講ずることに
ついて定めている。

（6）　清潔の保持等（第 45 条～第 51 条）

　清潔の保持のために，鉛作業以外の場所に一定の要件を具備した休憩室の設置，
作業衣等の保管設備の設置，洗身設備の設置および手洗溶液の備え付けについて定

めているほか，鉛業務を行う屋内作業場等について毎日1回以上のそうじ，作業終了後その他必要に応じて手洗液による手洗の実施，作業衣等の汚染の除去の措置，鉛業務を行う屋内作業場所での飲食，喫煙の禁止およびこの旨の標示その他の事項について定めている。

（7）　作業の一部を請負人に請け負わせるときの措置

　（4）から（6）までの措置については，作業の一部を請負人に請け負わせるときは，当該請負人が当該作業に従事する間，同様な措置が取られるよう周知させなければならない。

（8）　掲示（第51条の2）

　鉛業務に労働者を従事させる場合においては，①鉛業務を行う作業場である旨，②鉛により生ずるおそれのある疾病の種類及びその症状，③鉛等の取扱い上の注意事項等の所定の事項を，見やすい箇所に掲示しなければならない。

5　測定（第52条〜第52条の4）

（1）　測定（第52条）

　鉛業務のうち特定の鉛業務（イ，ロ，ハ，ニ，ホ，ヘおよびトの業務のうち適用除外されないものならびに安衛令別表第4第8，10および16号）を行う作業場所については，毎年1回以上定期的に，空気中における鉛の濃度の測定を実施し，次の事項について記録し，3年間保存しなければならない。なお，測定は，作業環境測定士が作業環境測定基準（251頁）に従って行わなければならないとされている。

　①　測定日時

　②　測定方法

　③　測定箇所

　④　測定条件

　⑤　測定結果

　⑥　測定を実施した者の氏名

　⑦　測定結果に基づいて鉛中毒の予防措置を講じたときは，当該措置の概要

（2）　測定結果の評価（第52条の2）

　作業環境測定を行ったときは，その都度，作業環境評価基準（253頁）に従って，作業環境管理の状態に応じ，第1管理区分，第2管理区分または第3管理区分に区分することにより，測定結果の評価を行わなければならない。また，評価を行った

場合には，次の事項を記録し，3年間保存しなければならない。

① 評価日時

② 評価箇所

③ 評価結果

④ 評価を実施した者の氏名

（3）　評価の結果に基づく措置（第52条の3および第52条の4）

第3管理区分に区分された場所については，次の措置を講じなければならない。

① 施設，設備，作業工程または作業方法の点検

② 点検結果に基づき，施設または設備の設置または整備，作業工程または作業方法の改善等，作業環境を改善し，第1管理区分または第2管理区分とするため必要な措置

③ 改善措置の効果を確認するための測定および評価の実施

④ 有効な呼吸用保護具の使用，健康診断の実施等労働者の健康の保持を図るため必要な措置

第2管理区分に区分された場所については，前記①および②の措置を講ずるよう努めなければならない。

なお，また，第2管理区分または第3管理区分と評価された作業場所については，評価の結果と改善のために講じた措置を掲示等の方法により作業者に周知させなければならない。

第1管理区分の場合は，法令上の規定はないが，その状態を保つようにしなければならないことは当然である。

なお，第3管理区分となった場合は，作業に従事する者（労働者を除く。）に対し，当該場所については，有効な呼吸用保護具を使用する必要がある旨を周知させなければならない

（4）　作業環境測定の評価結果が第3管理区分に区分された場合の義務

（第52条の3の2）（令和6年4月1日施行）

① 作業環境測定の評価結果が第3管理区分に区分された場合は，次の措置を取らなければならない。

ア 当該作業場所の作業環境の改善の可否と，改善できる場合の改善方策について，外部の作業環境管理専門家の意見を聴くこと。

イ アの結果，当該場所の作業環境の改善が可能な場合，必要な改善措置を講じ，その効果を確認するための濃度測定を行い，結果を評価すること。

②　①のアで作業環境管理専門家が改善困難と判断した場合と①のイの測定評価の結果が第3管理区分に区分された場合は，次の措置を取らなければならない。

ア　個人サンプリング測定等による化学物質の濃度測定を行い，その結果に応じて労働者に有効な呼吸用保護具を使用させること。

イ　アの呼吸用保護具が適切に装着されていることを確認すること。

ウ　保護具着用管理責任者を選任し，ア及びイの管理，鉛作業主任者の職務に対する指導（いずれも呼吸用保護具に関する事項に限る。）等を担当させること。

エ　①のアの作業環境管理専門家の意見の概要と，①のイの措置と評価の結果を労働者に周知すること。

オ　上記措置を講じたときは，遅滞なくこの措置の内容を所轄労働基準監督署に届け出ること。

③　②の場所の評価結果が改善するまでの間の義務

ア　6カ月以内ごとに1回，定期に，個人サンプリング測定等による化学物質の濃度測定を行い，その結果に応じて労働者に有効な呼吸用保護具を使用させること。

イ　1年以内ごとに1回，定期に，呼吸用保護具が適切に装着されていることを確認すること。

④　その他

ア　作業環境測定の結果，第3管理区分に区分され，上記①及び②の措置を講ずるまでの間の応急的な呼吸用保護具についても，有効な呼吸用保護具を使用させること。

イ　②のア及び③のアで実施した個人サンプリング測定等による測定結果，測定結果の評価結果を3年間保存すること。

ウ　②のイ及び③のイで実施した呼吸用保護具の装着確認結果を3年間保存すること。

6　健康管理（第53条～第57条）

(1)　健康診断（第53条～第54条の2）

　鉛業務に従事する労働者については，雇入れの際，当該業務へ配置替えの際，およびその後6月以内ごと（一部の鉛業務については1年以内ごと）に1回定期的に，

次の項目の健康診断（鉛健康診断）を行わなければならない。

　①　業務の経歴の調査

　②　作業条件の簡易な調査

　③　鉛による自覚症状および他覚症状の既往歴の有無の検査ならびに⑤および⑥

　　の項目についての既往の検査結果の調査

　④　鉛による自覚症状または他覚症状と通常認められる症状の有無の検査

　⑤　血液中の鉛の量の検査

　⑥　尿中のデルタアミノレブリン酸の量の検査

　6月以内ごとに1回，定期に行う健康診断において，前回，⑤および⑥の項目について健康診断を受けた者については，医師が必要でないと認めるときは，当該項目を省略することができる。

　さらに，医師が必要と認めるものについては，次の項目の全部または一部について健康診断を行わなければならない。

　①　作業条件の調査

　②　貧血検査

　③　赤血球中のプロトポルフィリンの量の検査

　④　神経学的検査

　これらの健康診断の結果を記録し，これを5年間保存しなければならない。

　健康診断の結果，診断項目に異常の所見があると診断された労働者がいる場合には，その労働者の健康を保持するために必要な措置について，事業者は，3月以内に医師の意見を聴き，その意見を健康診断個人票に記載しなければならない。

　また，事業者は，医師から，意見聴取を行う上で必要となる労働者の業務に関する情報を求められた場合は，速やかに情報を提供しなければならない。

（2）　ばく露の程度が低い場合における健康診断の実施頻度の緩和（第53条第4項）

　一部の鉛業務を除く鉛業務に関する特殊健康診断の実施頻度について，作業環境測定やばく露防止対策が適切に実施されている場合には，通常6月以内ごとに1回実施することとされている当該健康診断を1年以内ごとに1回に緩和できる。

（3）　健康診断の結果の通知（第54条の3）

　健康診断の結果は，遅滞なく受診した労働者に通知しなければならない。

（4）　健康診断結果報告（第55条）

　健康診断（定期のもの）を行ったときは，遅滞なく，鉛健康診断結果報告書を所轄労働基準監督署長に提出しなければならない。

（5） 随時診断（第56条）

　労働者を鉛業務に従事させている期間および鉛業務に従事させなくなってから4週間以内に腹部の疝痛その他について異常が認められ，またはこれらの病状を訴える労働者については，すみやかに医師の診断を受けさせなければならないとされている。

（6） 就業禁止（第57条）

　鉛中毒にかかっている労働者，鉛健康診断の結果鉛業務に従事することが健康保持上適当でないと医師が診断した労働者は，鉛業務に従事させてはならない。

7　保護具等（第58条・第59条）

（1） 呼吸用保護具等（第58条）

　保護具については，鉛業務に従事する者の汚染のおそれの程度によって，呼吸用保護具および労働衛生保護衣類の両方を使用させる業務，呼吸用保護具のみの使用でよい業務，原則として呼吸用保護具を使用しなければならないが，作業場所に有効な局所排気装置またはプッシュプル型換気装置等を設けた場合は免除される業務について定めている。

（2） 作業衣（第59条）

　特定の鉛業務であって，粉状の鉛等を取り扱う業務については，その業務に従事させる労働者に作業衣を着用させることについて定めている。

（3） 労働者の保護具等の使用義務（第58条および第59条）

　労働者は該当する作業に従事する間はこれらの保護具を使用しなければならない。

（4） 作業の一部を請負人に請け負わせるときの措置

　作業の一部を請負人に請け負わせるときは，当該請負人が当該作業に従事する間，同様な措置が取られるよう必要な配慮をしなければならない。

8　鉛作業主任者技能講習（第60条）

　鉛作業主任者技能講習は，都道府県労働局長の登録を受けた者（登録教習機関）が行い，講習は学科講習によって行うとしている。講習科目は，次のとおりである。

　①　健康障害およびその予防措置に関する知識

② 作業環境の改善方法に関する知識

③ 保護具に関する知識

④ 関係法令

　講習の実施内容の詳細については「化学物質関係作業主任者技能講習規程」（平成6年労働省告示第65号）第2条（242頁参照）において規定されている。

技能講習修了証について

　鉛作業主任者技能講習を修了すると，その講習を実施した登録教習機関より，技能講習修了証が交付される。この修了証は，当該技能講習を修了したことを証明する書面となるので，大事に保管しておく。

　もしも，修了証を紛失するなど滅失・損傷してしまった場合には，修了証の交付を受けた登録教習機関に技能講習修了証再交付申込書など必要書類を提出して，再交付を受けなければならない。（安衛則第82条第1項）

　また，氏名を変更した場合には，技能講習修了証書替申込書など必要書類を同様の登録教習機関に提出し，書き替えを受ける（安衛則第82条第2項）。

　なお，修了証の交付を受けた登録教習機関が技能講習の業務を廃止していた場合は，「技能講習修了証明書 発行事務局」（電話03-3452-3371）に帳簿が引き渡されている場合のみ，同事務局より技能講習修了証明書が交付される。また，技能講習を行った登録教習機関がわからなくなってしまった場合も，同様に帳簿が引き渡されていれば同事務局に資格照会をすればわかる場合もあるので，問い合わせてみる。

第4章　鉛中毒予防規則

（昭和47年9月30日労働省令第37号）

（最終改正　令和4年5月31日厚生労働省令第91号）

（下線部分については，令和6年4月1日から施行。）

目　次

第1章　総　　則

（定義）

第1条　この省令において，次の各号に掲げる用語の意義は，当該各号に定めるところによる。

　1　鉛等　鉛，鉛合金及び鉛化合物並びにこれらと他との混合物（焼結鉱，煙灰，電解スライム及び鉱さいを除く。）をいう。

　2　焼結鉱等　鉛の製錬又は精錬を行なう工程において生ずる焼結鉱，煙灰，電解スライム及び鉱さい並びに銅又は亜鉛の製錬又は精錬を行なう工程において生ずる煙灰及び電解スライムをいう。

　3　鉛合金　鉛と鉛以外の金属との合金で，鉛を当該合金の重量の10パーセント以上含有するものをいう。

　4　鉛化合物　労働安全衛生法施行令（以下「令」という。）別表第4第6号の鉛化合物をいう。

　5　鉛業務　次に掲げる業務並びに令別表第4第8号から第11号まで及び第17

号に掲げる業務をいう。

イ　鉛の製錬又は精錬を行なう工程における焙焼，焼結，溶鉱又は鉛等若しく
　は焼結鉱等の取扱いの業務

ロ　銅又は亜鉛の製錬又は精錬を行なう工程における溶鉱（鉛を3パーセント
　以上含有する原料を取り扱うものに限る。），当該溶鉱に連続して行なう転炉
　による溶融又は煙灰若しくは電解スライム（銅又は亜鉛の製錬又は精錬を行
　なう工程において生ずるものに限る。）の取扱いの業務

ハ　鉛蓄電池又は鉛蓄電池の部品を製造し，修理し，又は解体する工程におい
　て鉛等の溶融，鋳造，粉砕，混合，ふるい分け，練粉，充てん，乾燥，加工，
　組立て，溶接，溶断，切断，若しくは運搬をし，又は粉状の鉛等をホツパー，
　容器等に入れ，若しくはこれらから取り出す業務

ニ　電線又はケーブルを製造する工程における鉛の溶融，被鉛，剥鉛又は被鉛
　した電線若しくはケーブルの加硫若しくは加工の業務

ホ　鉛合金を製造し，又は鉛若しくは鉛合金の製品（鉛蓄電池及び鉛蓄電池の
　部品を除く。）を製造し，修理し，若しくは解体する工程における鉛若しく
　は鉛合金の溶融，鋳造，溶接，溶断，切断若しくは加工又は鉛快削鋼を製造
　する工程における鉛の鋳込の業務

ヘ　鉛化合物を製造する工程において鉛等の溶融，鋳造，粉砕，混合，空冷の
　ための攪拌，ふるい分け，煆焼，焼成，乾燥若しくは運搬をし又は粉状の鉛
　等をホツパー，容器等に入れ，若しくはこれらから取り出す業務

ト　鉛ライニングの業務（仕上げの業務を含む。）

チ　ゴム若しくは合成樹脂の製品，含鉛塗料又は鉛化合物を含有する絵具，釉
　薬，農薬，ガラス，接着剤等を製造する工程における鉛等の溶融，鋳込，粉
　砕，混合若しくはふるい分け又は被鉛若しくは剥鉛の業務

リ　自然換気が不十分な場所におけるはんだ付けの業務

ヌ　鉛化合物を含有する釉薬を用いて行なう施釉又は当該施釉を行なつた物の
　焼成の業務

ル　鉛化合物を含有する絵具を用いて行なう絵付け又は当該絵付けを行なつた
　物の焼成の業務

ヲ　溶融した鉛を用いて行なう金属の焼入れ若しくは焼戻し又は当該焼入れ若
　しくは焼戻しをした金属のサンドバスの業務

ワ　令別表第4第8号，第10号，第11号若しくは第17号又はイからヲまで
　に掲げる業務を行なう作業場所における清掃の業務

───────── 解　　説 ─────────

① 第1号の「混合物」とは，一定の物
を製造する目的をもって，鉛，鉛合金，
鉛化合物とこれら以外の物を混合した
物をいうのであって，精練工程におけ

る一時的生成物である焼結鉱や天然に
これらの物が混在している物をいうも
のでない。

② 第2号の「電解スライム」とは，電

解槽中に沈でんする物をいう。

③　第3号の「鉛合金」とは，鉛と鉛以外の金属（例えば，錫アンチモン，蒼鉛（ビスマス），銅等の金属）との合金であって，そのうち鉛を当該合金の重量の10パーセント以上含有するものをいう。

④　第4号の「鉛化合物」とは昭和47年労働省告示第91号に示されている酸化鉛等13種類の化合物（酸化鉛，水酸化鉛，塩化鉛，炭酸鉛，珪酸鉛，硫酸鉛，クロム酸鉛，チタン酸鉛，硼酸鉛，砒酸鉛，硝酸鉛，酢酸鉛，ステアリン酸鉛）をいう。これらはいずれも

生体に対して有害であり，中毒等の事例が報告されたものである。酸化鉛は種々の酸化鉛の総称であり，その中には，リサージ（密陀僧），鉛丹（光明丹，赤鉛）等の種別があり，炭酸鉛には鉛白，クロム酸鉛には黄鉛，酢酸鉛には鉛糖などの別名がある。

⑤　第5号では，イからヲまでの業務と令別表第4第8号から第11号までおよび第17号の業務，さらにそれらの業務を行う作業場所（令別表第4第9号の鉛装置の内部における業務は除外）における清掃の業務を「鉛業務」と定義している。

（除外業務）

第2条　令別表第4第15号の厚生労働省令で定める業務は，筆若しくはスタンプによる絵付けの業務で，当該業務に従事する労働者が鉛等によつて汚染されることにより健康障害を生ずるおそれが少ないと当該事業場の所在地を管轄する労働基準監督署長（以下「所轄労働基準監督署長」という。）が認定したもの又は第24条，第25条，第28条第1項，第29条及び第30条に規定する構造及び性能を有する局所排気装置若しくは排気筒が設けられている焼成窯による焼成の業務とする。

（適用の除外）

第3条　この省令（第1章，第22条，第32条，第35条から第39条まで，第4章第3節，第46条（第58条第3項第5号に係る部分に限る。），第58条第3項，第4項，第7項から第9項まで（同条第3項第5号及び第39条第1項ただし書に係る部分に限る。），第56条並びに第57条の規定を除く。）は，事業者が次の各号のいずれかに該当する鉛業務に労働者を従事させる場合は，当該業務については，適用しない。

1　鉛又は鉛合金を溶融するかま，るつぼ等の容量の合計が，50リットルを超えない作業場における450度以下の温度による鉛又は鉛合金の溶融又は鋳造の業務

2　臨時に行う第1条第5号リからヲまでに掲げる業務又はこれらの業務を行う作業場所における清掃の業務

3　遠隔操作によつて行う隔離室における業務

4　前条に規定する業務

─── 解　説 ───

　本条は鉛業務について関係条項の適用
の除外について規定されたもの。留意点
は次のとおり。
① 　第1号の「容量の合計」とは，鉛ま
　たは鉛合金の溶融のため設置してある
　すべてのかま，るつぼ等の容量の合計
　をいい，現に溶融している鉛または鉛
　合金の容量をいうものではない。
② 　第2号の「臨時に行う業務」とは，
　当該事業において通常行っている業務

以外の業務であって，一時的な必要に
応じて行う鉛業務をいう。したがって，
一般的には作業期間が短いといえる
が，必ずしもそのような場合に限る趣
旨ではない。
③ 　第3号は，鉛業務を行う作業場から
隔離された室，例えば計器室，コント
ロール室等から鉛装置を運転操作する
業務をいう。

第3条の2　この省令（第39条，第46条，第6章及び第7章の規定を除く。）は，
　事業場が次の各号（令第22条第1項第4号の業務に労働者が常時従事していな
　い事業場については第4号を除く。）に該当すると当該事業場の所在地を管轄す
　る都道府県労働局長（以下この条において「所轄都道府県労働局長」という。）
　が認定したときは，令別表第4第1号から第8号まで，第10号及び第16号に掲
　げる鉛業務（前条の規定により，この省令が適用されないものを除く。）につい
　ては，適用しない。
　1　事業場における化学物質の管理について必要な知識及び技能を有する者とし
　　て厚生労働大臣が定めるもの（第5号において「化学物質管理専門家」という。）
　　であつて，当該事業場に専属の者が配置され，当該者が当該事業場における次
　　に掲げる事項を管理していること。
　　イ　鉛に係る労働安全衛生規則（昭和47年労働省令第32号）第34条の2の
　　　7第1項に規定するリスクアセスメントの実施に関すること。
　　ロ　イのリスクアセスメントの結果に基づく措置その他当該事業場における鉛
　　　による労働者の健康障害を予防するため必要な措置の内容及びその実施に関
　　　すること。
　2　過去3年間に当該事業場において鉛等による労働者が死亡する労働災害又は
　　休業の日数が4日以上の労働災害が発生していないこと。
　3　過去3年間に当該事業場の作業場所について行われた第52条の2第1項の
　　規定による評価の結果が全て第1管理区分に区分されたこと。
　4　過去3年間に当該事業場の労働者について行われた第53条第1項及び第3
　　項の健康診断の結果，新たに鉛による異常所見があると認められる労働者が発
　　見されなかつたこと。
　5　過去3年間に1回以上，労働安全衛生規則第34条の2の8第1項第3号及
　　び第4号に掲げる事項について，化学物質管理専門家（当該事業場に属さない
　　者に限る。）による評価を受け，当該評価の結果，当該事業場において鉛によ

　　る労働者の健康障害を予防するため必要な措置が適切に講じられていると認め
　　られること。

　　6　過去3年間に事業者が当該事業場について労働安全衛生法（以下「法」とい
　　　う。）及びこれに基づく命令に違反していないこと。

② 前項の認定（以下この条において単に「認定」という。）を受けようとする事
　業場の事業者は，鉛中毒予防規則適用除外認定申請書（様式第1号の2）により，
　当該認定に係る事業場が同項第1号及び第3号から第5号までに該当することを
　確認できる書面を添えて，所轄都道府県労働局長に提出しなければならない。

③ 所轄都道府県労働局長は，前項の申請書の提出を受けた場合において，認定を
　し，又はしないことを決定したときは，遅滞なく，文書で，その旨を当該申請書
　を提出した事業者に通知しなければならない。

④ 認定は，3年ごとにその更新を受けなければ，その期間の経過によつて，その
　効力を失う。

⑤ 第1項から第3項までの規定は，前項の認定の更新について準用する。

⑥ 認定を受けた事業者は，当該認定に係る事業場が第1項第1号から第5号まで
　に掲げる事項のいずれかに該当しなくなつたときは，遅滞なく，文書で，その旨
　を所轄都道府県労働局長に報告しなければならない。

⑦ 所轄都道府県労働局長は，認定を受けた事業者が次のいずれかに該当するに至
　つたときは，その認定を取り消すことができる。

　1　認定に係る事業場が第1項各号に掲げる事項のいずれかに適合しなくなつた
　　と認めるとき。

　2　不正の手段により認定又はその更新を受けたとき。

　3　鉛に係る法第22条及び第57条の3第2項の措置が適切に講じられていない
　　と認めるとき。

⑧ 前三項の場合における第1項第3号の規定の適用については，同号中「過去3
　年間に当該事業場の作業場所について行われた第52条の2第1項の規定による
　評価の結果が全て第1管理区分に区分された」とあるのは，「過去3年間の当該
　事業場の作業場所に係る作業環境が第52条の2第1項の第1管理区分に相当す
　る水準にある」とする。

――――――――――― 解　説 ―――――――――――

　第3条の2第1項は，事業者による化学物質の自律的な管理を促進するという考え方に基づき，作業環境測定の対象となる化学物質を取り扱う業務等について，化学物質管理の水準が一定以上であると所轄都道府県労働局長が認める事業場に対して，当該化学物質に適用される鉛則の規定の一部の適用を除外すること

を定めたものである。適用除外の対象とならない規定は，特殊健康診断に係る規定及び保護具の使用に係る規定である。なお，作業環境測定の対象となる化学物質以外の化学物質に係る業務等については，本規定による適用除外の対象とならない。

　また，所轄都道府県労働局長が鉛則で

示す適用除外の要件のいずれかを満たさ
ないと認めるときには，適用除外の認定
は取消しの対象となる。適用除外が取り
消された場合，適用除外となっていた当
該化学物質に係る業務等に対する鉛則の
規定が再び適用される。

　第 3 条の 2 第 1 項第 1 号の化学物質管
理専門家については，作業場の規模や取
り扱う化学物質の種類，量に応じた必要
な人数が事業場に専属の者として配置さ
れている必要がある。

　第 3 条の 2 第 1 項第 2 号の「過去 3 年
間」とは，申請時を起点として遡った 3
年間をいう。

　第 3 条の 2 第 1 項第 3 号については，
申請に係る事業場において，申請に係る
鉛則において作業環境測定が義務付けら
れている全ての化学物質等について鉛則
の規定に基づき作業環境測定を実施し，
作業環境の測定結果に基づく評価が第 1
管理区分であることを過去 3 年間維持し
ている必要がある。

　第 3 条の 2 第 1 項第 4 号については，
申請に係る事業場において，申請に係る
鉛則において健康診断の実施が義務付け
られている全ての化学物質等について，
過去 3 年間の健康診断で異常所見がある
労働者が一人も発見されないことが求め
られる。なお，安衛則に基づく定期健康
診断の項目だけでは，特定化学物質等に
よる異常所見かどうかの判断が困難であ
るため，安衛則の定期健康診断における
異常所見については，適用除外の要件と
はしないこと。

　第 3 条の 2 第 1 項第 5 号については，
客観性を担保する観点から，認定を申請
する事業場に属さない化学物質管理専門
家から，安衛則第 34 条の 2 の 8 第 1 項

第 3 号及び第 4 号に掲げるリスクアセス
メントの結果やその結果に基づき事業者
が講ずる労働者の危険又は健康障害を防
止するため必要な措置の内容に対する評
価を受けた結果，当該事業場における化
学物質による健康障害防止措置が適切に
講じられていると認められることを求め
るものである。なお，本規定の評価につ
いては，ISO（JIS Q）45001 の認証等の
取得を求める趣旨ではない。

　第 3 条の 2 第 1 項第 6 号については，
過去 3 年間に事業者が当該事業場につい
て法及びこれに基づく命令に違反してい
ないことを要件とするが，軽微な違反ま
で含む趣旨ではない。なお，法及びそれ
に基づく命令の違反により送検されてい
る場合，労働基準監督機関から使用停止
等命令を受けた場合，又は労働基準監督
機関から違反の是正の勧告を受けたにも
かかわらず期限までに是正措置を行わな
かった場合は，軽微な違反には含まれな
い。

　第 3 条の 2 第 5 項から第 7 項までの場
合における第 3 条の 2 第 1 項第 3 号の規
定の適用については，過去 3 年の期間，
申請に係る当該物質に係る作業環境測定
の結果に基づく評価が，第 1 管理区分に
相当する水準を維持していることを何ら
かの手段で評価し，その評価結果につい
て，当該事業場に属さない化学物質管理
専門家の評価を受ける必要がある。なお，
第 1 管理区分に相当する水準を維持して
いることを評価する方法には，個人ばく
露測定の結果による評価，作業環境測定
の結果による評価又は数理モデルによる
評価が含まれる。これらの評価の方法に
ついては，別途示すところに留意する必
要がある。

（認定の申請手続等）

第4条　第2条の規定による認定（以下この条において「認定」という。）を受けようとする事業者は，鉛業務一部適用除外認定申請書（様式第1号）に申請に係る鉛業務を行なう作業場の見取図を添えて，所轄労働基準監督署長に提出しなければならない。

② 　所轄労働基準監督署長は，前項の申請書の提出を受けた場合において，第3条第4号の認定をし，又はしないことを決定したときは，遅滞なく，文書で，その旨を当該事業者に通知するものとする。

③ 　認定を受けた事業者は，第1項の申請書又は見取図に記載された事項に変更を生じたときは，遅滞なく，文書で，その旨を所轄労働基準監督署長に報告しなければならない。

④ 　所轄労働基準監督署長は，認定に係る業務に従事する労働者が鉛等によつて汚染されるおそれが少ないと認められなくなつた場合は，遅滞なく，当該認定を取り消すものとする。

第2章　設　　備

（鉛製錬等に係る設備）

第5条　事業者は，第1条第5号イに掲げる鉛業務に労働者を従事させるときは，次の措置を講じなければならない。

1　焙焼，焼結，溶鉱又は鉛等若しくは焼結鉱等の溶融，鋳造若しくは焼成を行なう作業場所に，局所排気装置又はプッシュプル型換気装置を設けること。

2　湿式以外の方法によつて，鉛等又は焼結鉱等の破砕，粉砕，混合又はふるい分けを行なう屋内の作業場所に，鉛等又は焼結鉱等の粉じんの発散源を密閉する設備，局所排気装置又はプッシュプル型換気装置を設けること。

3　湿式以外の方法によつて，粉状の鉛等又は焼結鉱等（鉱さいを除く。以下この号において同じ。）をホッパー，粉砕機，容器等に入れ，又はこれらから取り出す業務を行なう屋内の作業場所に，局所排気装置又はプッシュプル型換気装置を設け，及び容器等からこぼれる粉状の鉛等又は焼結鉱等を受けるための設備を設けること。

4　煙灰，電解スライム又は鉱さいを一時ためておくときは，そのための場所を設け，又はこれらを入れるための容器を備えること。

5　鉛等又は焼結鉱等の溶融又は鋳造を行なう作業場所に，浮渣を入れるための容器を備えること。

─────────── **解　　説** ───────────

① 　第1号の「焙焼」を行うための代表的な装置である焙焼炉については，原材料の投入口，生成物の取り出し口等の開口部のある場所が局所排気装置等の設置の対象となる。

　　「焼結」を行う代表的な装置である

ドワイドロイド焼結機（直線式と円盤式とがある）については，原鉱石等の供給口，生成物の取り出し口等の開口部のある場所および焼結中の鉱石の上面等が，局所排気装置等の設置の対象となる。

「溶鉱」を行う代表的な装置である溶融炉については，原材料の投入口，溶融物の取り出し口等の開口部のある場所が局所排気装置等の設置の対象となる。

「焼結鉱等の溶融」を行う代表的な装置である揮発炉・分銀炉等については，処理物の投入口，取り出し口等の開口部のある場所が局所排気装置等の設置の対象となる。

「鉛等の鋳造」を行う代表的な装置である鋳造機については，溶融した鉛等を注入する場所等が局所排気装置等の設備の対象となる。

「焼成」を行うための代表的な装置である焼成炉（焙焼炉）については，処理物の投入口，取り出し口等の開口部のある場所が局所排気装置等の設置の対象となる。

② 第2号および第3号の「湿式」とは，粉じん等が飛散しないよう処理物をあらかじめ水等で泥状にして処理したりあるいは注水しながら処理したりする方式をさす。

③ 第3号の「粉状の鉛等または焼結鉱等を受けるための設備」とは，これらの物が床に散乱しないようにするため，容器等の下に置く受け箱等をさす。

④ 第2号，第3号の規定により，局所排気装置を設けるときは，当該装置のフードの型式は，第24条第4号の規定により，原則として囲い式（ブース型を含む）のものにしなければならない。

⑤ 第4号の「そのための場所を設け」とは，区画等によりその場所を特定することであってもよいこととされている。

⑥ 第5号の「浮渣」とは，溶融した鉛等の表面に浮遊する酸化鉛を主成分とした皮膜をさすものであり，「ドロス」または「スライム」とも称されるものである。

（銅製錬等に係る設備）

第6条　事業者は，第1条第5号ロに掲げる鉛業務に労働者を従事させるときは，次の措置を講じなければならない。

1　溶鉱，溶融（転炉又は電解スライムの溶融炉によるものに限る。）又は煙灰の焼成を行なう作業場所に，局所排気装置又はプッシュプル型換気装置を設けること。

2　湿式以外の方法によつて，煙灰又は電解スライムの粉砕，混合又はふるい分けを行なう屋内の作業場所に，煙灰又は電解スライムの粉じんの発散源を密閉する設備，局所排気装置又はプッシュプル型換気装置を設けること。

3　湿式以外の方法によつて，煙灰又は電解スライムをホツパー，粉砕機，容器等に入れ，又はこれらから取り出す業務を行なう屋内の作業場所に局所排気装置又はプッシュプル型換気装置を設け，及び容器等からこぼれる煙灰又は電解スライムを受けるための設備を設けること。

4　煙灰又は電解スライムを一時ためておくときは，そのための場所を設け，又

はこれらを入れるための容器を備えること。

5　溶融（電解スライムの溶融炉によるものに限る。）を行なう作業場所に，浮渣を入れるための容器を備えること。

（鉛蓄電池の製造等に係る設備）

第7条　事業者は，第1条第5号ハに掲げる鉛業務に労働者を従事させるときは，次の措置を講じなければならない。

1　鉛等の溶融，鋳造，加工，組立て，溶接若しくは溶断又は極板の切断を行なう屋内の作業場所に，局所排気装置又はプッシュプル型換気装置を設けること。

2　湿式以外の方法による鉛等の粉砕，混合若しくはふるい分け又は練粉を行なう屋内の作業場所に，鉛等の粉じんの発散源を密閉する設備，局所排気装置又はプッシュプル型換気装置を設けること。

3　湿式以外の方法によつて，粉状の鉛等をホッパー，容器等に入れ，又はこれらから取り出す業務を行なう屋内の作業場所に，局所排気装置又はプッシュプル型換気装置を設け，及び容器等からこぼれる粉状の鉛等を受けるための設備を設けること。

4　鉛粉の製造のために鉛等の粉砕を行なう作業場所を，それ以外の業務（鉛粉の製造のための鉛等の溶融及び鋳造を除く。）を行なう屋内の作業場所から隔離すること。

5　溶融した鉛又は鉛合金が飛散するおそれのある自動鋳造機には，溶融した鉛又は鉛合金が飛散しないように覆い等を設けること。

6　鉛等の練粉を充てんする作業台又は鉛等の練粉を充てんした極板をつるして運搬する設備については，鉛等の練粉が床にこぼれないように受樋，受箱等を設けること。

7　人力によつて粉状の鉛等を運搬する容器については，運搬する労働者が鉛等によつて汚染されないように当該容器に持手若しくは車を設け，又は当該容器を積む車を備えること。

8　屋内の作業場所の床は，真空そうじ機を用いて，又は水洗によつて容易にそうじできる構造のものとすること。

9　第5条第5号に定める措置

解　説

①　第2号の「練粉」については，作業態様からみて，鉛等の発散が著しいことから，湿式による場合であつても局所排気装置等の設置が必要である。

②　第2号，第3号の規定により，局所排気装置を設けるときは，当該装置のフードの型式は，第24条第4号の規定により，原則として囲い式またはブ

ース式のものにしなければならない。

③　第4号の「それ以外の業務」とは，鉛粉の製造工程以外の工程のすべてをいう。

④　第4号の「屋内の作業場所から隔離する」とは，鉛粉の製造のために粉砕を行う諸設備が常置してある屋内作業場が，他の屋内作業場から独立した別

棟のものであるか，または同一棟内であっても発散する鉛等の粉じんが，鉛粉の製造以外の業務を行う屋内の作業場所へ流入しないよう両者の間に，天井に達する壁等をもって遮断されていることをいう。

⑤　第6号の「受箱等」の「等」には，作業台を上げべりにするなどの措置が含まれる。

⑥　第7号の運搬容器についての規定は，運搬中に鉛等をこぼしたりまたは容器等をひきずることにより鉛等が発じんしたりすることが多いので，これらの原因による汚染を防止するための措置を容器の構造面等から規定したものである。なお，容器が小型で運搬中こぼれたり，発じんしたりするおそれがない場合には鉛等による汚染のおそれがないので，本号の措置を必要としない。

⑦　第8号の「屋内の作業場所の床」は，真空そうじ機を用いて，または水洗によってそうじできる構造のものであれば材質のいかんは問わない。

⑧　第9号の「第5条第5号に定める措置」とは，鉛等の溶融または鋳造を行う作業場所に，浮渣を入れるための容器を備えることをいう。

（電線等の製造に係る設備）

第8条　事業者は，第1条第5号ニに掲げる鉛業務のうち鉛の溶融の業務に労働者を従事させるときは，次の措置を講じなければならない。

1　鉛の溶融を行なう屋内の作業場所に，局所排気装置又はプッシュプル型換気装置を設け，及び浮渣を入れるための容器を備えること。

2　前条第8号に定める措置

（鉛合金の製造等に係る設備）

第9条　事業者は，第1条第5号ホに掲げる鉛業務に労働者を従事させるときは，次の措置を講じなければならない。

1　鉛若しくは鉛合金の溶融，鋳造，溶接，溶断若しくは動力による切断若しくは加工（鉛又は鉛合金の粉じんが発散するおそれのない切断及び加工を除く。）又は鉛快削鋼の鋳込を行なう屋内の作業場所に，局所排気装置又はプッシュプル型換気装置を設けること。

2　鉛又は鉛合金の切りくずを一時ためておくときは，そのための場所を設け，又はこれらを入れるための容器を備えること。

3　第5条第5号並びに第7条第5号及び第8号に定める措置

（鉛化合物の製造に係る設備）

第10条　事業者は，第1条第5号ヘに掲げる鉛業務に労働者を従事させるときは，次の措置を講じなければならない。

1　鉛等の溶融，鋳造，煆焼又は焼成を行なう屋内の作業場所に，局所排気装置又はプッシュプル型換気装置を設けること。

2　鉛等の空冷のための攪拌を行なう屋内の作業場所に，鉛等の粉じんの発散源を密閉する設備，局所排気装置又はプッシュプル型換気装置を設けること。

　　3　第5条第5号並びに第7条第2号，第3号，第7号及び第8号に定める措置

───────────────── 解　　説 ─────────────────

　　第2号，第3号の規定により，局所排　　　り，原則として囲い式（ブース型を含
　気装置を設けるときは，当該装置のフー　　む）のものにしなければならない。
　ドの型式は，第24条第4号の規定によ

（鉛ライニングに係る設備）

第11条　事業者は，第1条第5号トに掲げる鉛業務に労働者を従事させるときは，
次の措置を講じなければならない。

　　1　鉛等の溶融，溶接，溶断，溶着，溶射若しくは蒸着又は鉛ライニングを施し
　　　た物の仕上げを行なう屋内の作業場所に，局所排気装置又はプッシュプル型換
　　　気装置を設けること。

　　2　鉛等の溶融を行なう作業場所に，浮渣を入れるための容器を備えること。

（鉛ライニングを施した物の溶接等に係る設備）

第12条　事業者は，令別表第4第8号に掲げる鉛業務に労働者を従事させるとき
は，次の措置を講じなければならない。

　　1　鉛ライニングを施し，又は鉛化合物を含有する塗料（以下「含鉛塗料」とい
　　　う。）を塗布した物の溶接，溶断，加熱又は圧延を行なう屋内の作業場所に，局
　　　所排気装置又はプッシュプル型換気装置を設けること。

　　2　鉛ライニングを施し，又は含鉛塗料を塗布した物の破砕を湿式以外の方法に
　　　よつて行なう屋内の作業場所に，鉛等の粉じんの発散源を密閉する設備，局所
　　　排気装置又はプッシュプル型換気装置を設けること。

───────────────── 解　　説 ─────────────────

　　「含鉛塗料」について，JIS K 5674（鉛　　めに含有分析を行う場合において，塗膜
　・クロムフリーさび止めペイント）であ　　全体における鉛化合物に関する含有量を
　れば，その塗膜中の鉛の質量が0.06％　　調査するときは，含鉛塗料の層以外の層
　以下であることから，「含鉛塗料」に該　　により含有量（質量分率）が薄まること
　当しない。なお，一般的に塗膜は複数の　　を差し引いた上で，当該塗膜中に「含鉛
　層に渡って重ね塗りされることから，例　　塗料」の層がある否かを判断することと
　えば橋梁台帳等の記録が残っていないた　　されている。

（鉛装置の破砕等に係る設備）

第13条　事業者は，屋内作業場において，令別表第4第10号に掲げる鉛業務のう
ち鉛装置（粉状の鉛等又は焼結鉱等が内部に付着し，又はたい積している炉，煙
道，粉砕機，乾燥器，除じん装置その他の装置をいう。以下同じ。）の破砕，溶
接又は溶断の業務に労働者を従事させるときは，当該業務を行なう作業場所に，
局所排気装置又はプッシュプル型換気装置を設けなければならない。

―――――――――― 解　説 ――――――――――
　鉛装置の内部において溶接等を行う場合，本条は適用されないが，第42条（鉛装置の内部における業務）および第58条（呼吸用保護具等）の適用がある。

（転写紙の製造に係る設備）
第14条　事業者は，令別表第4第11号に掲げる鉛業務に労働者を従事させるときは，当該業務を行なう作業場所に，局所排気装置又はプッシュプル型換気装置を設けなければならない。

（含鉛塗料等の製造に係る設備）
第15条　事業者は，第1条第5号チに掲げる鉛業務に労働者を従事させるときは，次の措置を講じなければならない。
　1　鉛等の溶融又は鋳込を行なう屋内の作業場所に，局所排気装置又はプッシュプル型換気装置を設け，及び浮渣を入れるための容器を備えること。
　2　鉛等の粉砕を行なう作業場所を，それ以外の業務を行なう屋内の作業場所から隔離すること。
　3　第7条第2号に定める措置

―――――――――― 解　説 ――――――――――
　第3号の規定により局所排気装置を設けるときは，当該装置のフードの型式は第24条第4号の規定により原則として　囲い式（ブース型を含む）のものとしなければならない。

（はんだ付けに係る設備）
第16条　事業者は，屋内作業場において，第1条第5号リに掲げる鉛業務に労働者を従事させるときは，当該業務を行なう作業場所に，局所排気装置，プッシュプル型換気装置又は全体換気装置を設けなければならない。
（施釉に係る施設）
第17条　事業者は，屋内作業場において，第1条第5号ヌに掲げる鉛業務のうち施釉の業務（ふりかけ又は吹付けによるものに限る。）に労働者を従事させるときは，当該業務を行なう作業場所に，局所排気装置又はプッシュプル型換気装置を設けなければならない。

（絵付けに係る設備）
第18条　事業者は，屋内作業場において，第1条第5号ルに掲げる鉛業務のうち絵付けの業務（吹付け又は蒔絵によるものに限る。）に労働者を従事させるときは，当該業務を行なう作業場所に，局所排気装置又はプッシュプル型換気装置を設けなければならない。

（焼入れに係る設備）
第19条　事業者は，第1条第5号ヲに掲げる鉛業務のうち焼入れ又は焼戻しの業務に労働者を従事させるときは，第8条第1号に定める措置を講じなければならない。

─── 解　説 ───

　一般に金属等の焼入れは摂氏 800 度以上で行われ，焼戻しは摂氏 450 度以上で行われるため，溶融鉛の表面からは著しく鉛蒸気（ヒューム）が発生することか

ら，鉛の溶融を行う屋内作業場に局所排気装置またはプッシュプル型換気装置を設け，浮渣を入れるための容器を備えることが規定されたもの。

（コンベヤー）

第 20 条　事業者は，屋内作業場において粉状の鉛等又は焼結鉱等の運搬の鉛業務の用に供するコンベヤーについては，次の措置を講じなければならない。

1　コンベヤーへの送給の箇所及びコンベヤーの連絡の箇所に，鉛等又は焼結鉱等の粉じんの発散源を密閉する設備，局所排気装置又はプッシュプル型換気装置を設けること。

2　バケットコンベヤーには，その上方，下方及び側方に覆いを設けること。

─── 解　説 ───

①　第 1 号の「コンベヤーへの送給の箇所」とは，焼結機，ホッパー等の装置等からコンベヤーへ送給する位置をいう。

②　第 1 号の「コンベヤーの連絡の箇所」とは，コンベヤーからコンベヤーへ移し換える位置をいう。

（乾燥設備）

第 21 条　事業者は，粉状の鉛等の乾燥の鉛業務の用に供する乾燥室又は乾燥器については，次の措置を講じなければならない。

1　鉛等の粉じんが屋内に漏えいするおそれのないものとすること。

2　乾燥室の床，周壁及びたなは，真空そうじ機を用いて，又は水洗によつて容易にそうじできる構造のものとすること。

─── 解　説 ───

　本条は，鉛業務を行う事業の当該乾燥室または乾燥器についてはもとより，鉛業務を直接行わない事業の当該乾燥室ま

たは乾燥器についても適用されることに留意する必要がある。

（ろ過集じん方式の集じん装置）

第 22 条　事業者は，粉状の鉛等又は焼結鉱等に係るろ過集じん方式の集じん装置（ろ過除じん方式の除じん装置を含む。）については，次の措置を講じなければならない。ただし，作業場から隔離された場所で労働者が常時立ち入る必要がないところに設けるものについては，この限りでない。

1　ろ材に覆いを設けること。

2　排気口は，屋外に設けること。

3　ろ材に付着した粉状の鉛等又は焼結鉱等を覆いをしたまま払い落とすための設備を設けること。

─────── 解　説 ───────

① 本条ただし書の「労働者が常時立ち入る必要がない」とは，ろ過集じん方式の集じん装置に関係する業務以外の業務に従事する労働者はもとより，当該装置に関係する業務に従事する労働者であっても，ろ材の取替え等に際して立ち入る場合のほか，その場所において継続して業務に従事する必要がないことをいう。

② 第3号の「覆いをしたまま払い落とすための設備」には，振動装置等がある。

（局所排気装置等の特例）

第23条　事業者は，次の各号のいずれかに掲げる鉛業務に労働者を従事させるときは，第5条から第20条までの規定にかかわらず，当該業務に係る局所排気装置，プッシュプル型換気装置及び全体換気装置を設けないことができる。

1　労働者が常時立ち入る必要がない屋内作業場（他の屋内作業場から隔離されているものに限る。）の内部における業務

2　出張して行ない，又は臨時に行なう業務（作業の期間が短いものに限る。）

3　側面の面積の半分以上が開放されている屋内作業場における鉛等又は焼結鉱等の溶融又は鋳造の業務

4　450度以下の温度において行なう鉛又は鉛合金の溶融又は鋳造の業務（第1条第5号イ，ハ，ホ及びへに掲げる鉛業務のうち鉛又は鉛合金の溶融又は鋳造の業務を除く。）

5　作業場所に排気筒を設け，又は溶融した鉛若しくは鉛合金の表面を石灰等で覆つて行なう溶融の業務

─────── 解　説 ───────

① 本条の規定により，局所排気装置等の設置を省略した場合は，第58条第3項第2号の規定により，本条第1号から第3号までに該当する鉛業務については，防じんマスク等有効な呼吸用保護具を使用させなければならないことに留意すること。

② 第2号の「作業の期間が短いもの」は，出張して行う鉛業務および臨時に行う鉛業務のいずれにもかかる。

③ 第3号の「側面の面積の半分以上が開放されている」とは，作業場の側面の面積の半分以上に，壁その他の障害が全然設けられていないことをいうが，関係者以外の者の出入を禁止するために，粗な金網で囲んである程度のものも，開放されているとみなされる。

④ 第5号の「石灰等で覆う」とは，鉛等の溶融面に石灰等を層状に置くことをいい，また，排気筒とは，鉛等の溶融炉等温熱を伴う設備から発散する鉛等の蒸気（ヒューム）等を，動力によらないで，温熱により生ずる上昇気流を利用して作業場外へ排気する設備をいう。

（労働基準監督署長の許可に係る設備の特例）

第23条の2　事業者は，第5条から第13条まで及び第19条の規定にかかわらず，次条第1項の発散防止抑制措置（鉛等又は焼結鉱等の粉じんの発散を防止し，又は抑制する設備又は装置を設置することその他の措置をいう。以下この条及び次条において同じ。）に係る許可を受けるために同項に規定する鉛の濃度の測定を行うときは，次の事項を確認するのに必要な能力を有すると認められる者のうちから確認者を選任し，その者に，あらかじめ，次の事項を確認させた上で，鉛等又は焼結鉱等の粉じんの発散源を密閉する設備，局所排気装置及びプッシュプル型換気装置を設けないことができる。

1　当該発散防止抑制措置により鉛等又は焼結鉱等の粉じんが作業場へ拡散しないこと。

2　当該発散防止抑制措置が鉛業務に従事する労働者に危険を及ぼし，又は労働者の健康障害を当該措置により生ずるおそれのないものであること。

解　説

　第2章「設備」では，鉛業務ごとに当該業務に労働者を従事させる場合には原則として局所排気装置，プッシュプル型換気装置等の設置の義務を事業者に課している。そのうち法第65条第1項により作業環境測定を行わなければならないこととされている鉛業務を行う作業場については，一定の条件の下では所轄労働基準監督署長の許可を受けて，本規則の各条文に規定された設備の設置以外の発散抑制防止措置の導入が認められている。

　本条は，許可を受けるための濃度測定を行うときに局排等を設置しないで行うことが認められるものであり，所轄労働基準監督署長への許可申請後，許可を受けるまでの間は，第5条から第13条までおよび第19条の規定が適用される。

　なお，第2号の「労働者に危険を及ぼし，又は労働者の健康障害を当該措置により生ずるおそれ」には，例えば，発散防止抑制措置を講じて有害物質を分解する場合に，危険性または有害性を有する物質が生成されることによるものがある。

第23条の3　事業者は，第5条から第13条まで及び第19条の規定にかかわらず，発散防止抑制措置を講じた場合であつて，当該発散防止抑制措置に係る作業場の空気中における鉛の濃度の測定（当該作業場の通常の状態において，法第65条第2項及び作業環境測定法施行規則（昭和50年労働省令第20号）第3条の規定に準じて行われるものに限る。以下この条において同じ。）の結果を第52条の2第1項の規定に準じて評価した結果，第1管理区分に区分されたときは，所轄労働基準監督署長の許可を受けて，当該発散防止抑制措置を講ずることにより，鉛等又は焼結鉱等の粉じんの発散源を密閉する設備，局所排気装置及びプッシュプル型換気装置を設けないことができる。

②　前項の許可を受けようとする事業者は，発散防止抑制措置特例実施許可申請書（様式第1号の3）に申請に係る発散防止抑制措置に関する次の書類を添えて，所轄労働基準監督署長に提出しなければならない。

1　作業場の見取図

2　当該発散防止抑制措置を講じた場合の当該作業場の空気中における鉛の濃度の測定の結果及び第52条の2第1項の規定に準じて当該測定の結果の評価を記載した書面

3　前条第1項の確認の結果を記載した書面

4　当該発散防止抑制措置の内容及び当該措置が鉛等又は焼結鉱等の粉じんの発散の防止又は抑制について有効である理由を記載した書面

5　その他所轄労働基準監督署長が必要と認めるもの

③　所轄労働基準監督署長は，前項の申請書の提出を受けた場合において，第1項の許可をし，又はしないことを決定したときは，遅滞なく，文書で，その旨を当該事業者に通知しなければならない。

④　第1項の許可を受けた事業者は，第2項の申請書及び書類に記載された事項に変更を生じたときは，遅滞なく，文書で，その旨を所轄労働基準監督署長に報告しなければならない。

⑤　第1項の許可を受けた事業者は，当該許可に係る作業場についての第52条第1項の測定の結果の評価が第52条の2第1項の第1管理区分でなかつたとき及び第1管理区分を維持できないおそれがあるときは，直ちに，次の措置を講じなければならない。

1　当該評価の結果について，文書で，所轄労働基準監督署長に報告すること。

2　当該許可に係る作業場について，当該作業場の管理区分が第1管理区分となるよう，施設，設備，作業工程又は作業方法の点検を行い，その結果に基づき，施設又は設備の設置又は整備，作業工程又は作業方法の改善その他作業環境を改善するため必要な措置を講ずること。

3　事業者は，当該許可に係る作業場については，労働者に有効な呼吸用保護具を使用させること。

4　当該許可に係る作業場については，作業に従事する者（労働者を除く。）に対し，有効な呼吸用保護具を使用する必要がある旨を周知させること。

⑥　第1項の許可を受けた事業者は，前項第2号の規定による措置を講じたときは，その効果を確認するため，当該許可に係る作業場について空気中における当該鉛の濃度を測定し，及びその結果の評価を行い，並びに当該評価の結果について，直ちに，文書で，所轄労働基準監督署長に報告しなければならない。

⑦　所轄労働基準監督署長は，第1項の許可を受けた事業者が第5項第1号及び前項の報告を行わなかつたとき，前項の評価が第1管理区分でなかつたとき並びに第1項の許可に係る作業場についての第52条第1項の測定の結果の評価が第52条の2第1項の第1管理区分を維持できないおそれがあると認めたときは，遅滞なく，当該許可を取り消すものとする。

```
──────────── 解　説 ────────────
```

　第5項の「第1管理区分を維持できな　　　　ウトや鉛等の消費量に大幅な変更があっ
いおそれがある場合」には，発散防止抑　　た場合等がある。
制措置として設置された設備等のレイア

第3章　換気装置の構造，性能等
（フード）

第24条　事業者は，局所排気装置又は排気筒（前章の規定により設ける局所排気
　装置又は排気筒をいう。以下この章（第32条を除く。）及び第34条において同
　じ。）のフードについては，次に定めるところに適合するものとしなければなら
　ない。

1　鉛等又は焼結鉱等の蒸気又は粉じんの発散源ごとに設けられていること。

2　作業方法及び鉛等又は焼結鉱等の蒸気又は粉じんの発散の状況に応じ，当該
　蒸気又は粉じんを吸引するのに適した型式及び大きさのものであること。

3　外付け式又はレシーバー式のフードは，鉛等又は焼結鉱等の蒸気又は粉じん
　の発散源にできるだけ近い位置に設けられていること。

4　第5条第2号及び第3号，第6条第2号及び第3号，第7条第2号及び第3
　号，第10条第2号及び第3号並びに第15条第3号の規定により設ける局所排
　気装置のフードは，囲い式のものであること。ただし，作業方法上これらの型
　式のものとすることが著しく困難であるときは，この限りでない。

```
──────────── 解　説 ────────────
```

①　第2号の「吸引するのに適した型式」　　　式をいう。
　とは，次表の型式のフードのうち，鉛　　　　なお，それぞれフードの機能から，囲
　等または焼結鉱等の蒸気（ヒューム）　　い式のフードが通常選定の標準になるこ
　または粉じんの発散状況作業の方法等　　とに留意しなければならない。
　を勘案して最も効果があるとされる型

フードの分類	型	式
	囲 い 式	カバー型
		グローブボックス型
		ドラフトチェンバー型
		建築ブース型
	外付け式	スロット型
		ルーバ型
		グリッド型
		円形型
		矩形型

	キャノピ型
レシーバー式	円形型
	矩形型
	カバー型（グラインダー型）

② 第2号の「吸引するのに適した大きさ」とは，鉛等または焼結鉱等の蒸気（ヒューム）粉じんの発散範囲に対して，フードへの効果的吸引気流を発生させるために必要なフードの大きさをいう。

③ 第3号の規定は，局所排気装置について，その吸引効果がフードの開口面と発散源との距離の2乗に比例して低下することから，フード開口面を発散源に近づけフードの機能を十分にするため設けられたものである。実務的には，開口面から最も遠い発散源の端と

フード開口面との距離を，円形フードにあってはその直径，長方形型フードにあってはその短辺のおおむね1.5倍以内になるような位置にフードを置く必要がある。

④ 第4号において，フードの型式が原則として囲い式とされているのは，当該鉛業務における鉛等または焼結鉱等の粉じんによる汚染の程度が他の鉛業務に比して著しいため，原則としてフードの機能の一層高いものに限定されたものである。

（ダクト）

第25条 事業者は，局所排気装置（移動式のものを除く。）のダクトについては，次に定めるところに適合するものとしなければならない。

1 長さができるだけ短く，ベンドの数ができるだけ少ないものであること。

2 接続部の内面に，突起物がないこと。

3 適当な箇所にそうじ口が設けられている等そうじしやすい構造のものであること。

解 説

① 本条において移動式の局所排気装置が除外されているのは，当該装置のダクトの多くがビニル引の布製のものであり，必ずしもこの基準により難いためである。

② 第2号の「突起物」とは，はみだしたパッキング，食い違いによる著しい

段，まくれ等をいう。

③ 第3号の「適当な箇所」とは，ベンドの部分等粉じんの堆積しやすい箇所をいい，また，「そうじ口が設けられている等」の「等」には，ダクトを差し込みにし，容易にとりはずしできるような構造を含む。

（除じん装置）

第26条 事業者は，次の表の上欄〈編注：左欄〉に掲げる鉛業務について設ける同表の下欄〈編注：右欄〉に掲げる設備には，ろ過除じん方式の除じん装置又はこれと同等以上の性能を有する除じん装置を設けなければならない。

鉛業務	設備等
第1条第5号イに掲げる鉛業務	1　焙焼炉，焼結炉，溶解炉又は焼成炉に直結する設備で当該炉から排気される鉛を含有する気体を排出するもの 2　第5条第1号から第3号までの局所排気装置又はプッシュプル型換気装置
第1条第5号ロに掲げる鉛業務	1　溶鉱炉，転炉，溶融炉又は焼成炉に直結する設備で当該炉から排気される鉛を含有する気体を排出するもの 2　第6条第1号から第3号までの局所排気装置又はプッシュプル型換気装置
第1条第5号ハに掲げる鉛業務	1　第7条第1号の局所排気装置又はプッシュプル型換気装置（製造する工程における鉛等の溶融，又は鋳造を行なう作業場所に設けるものに限る。） 2　第7条第2号及び第3号の局所排気装置又はプッシュプル型換気装置
第1条第5号ホに掲げる鉛業務	第9条第1号の局所排気装置又はプッシュプル型換気装置（製造する工程における鉛又は鉛合金の溶融又は鋳造を行なう作業場所に設けるものに限る。）
第1条第5号へに掲げる鉛業務	1　煆焼炉又は焼成炉に直結する設備で当該炉から排気される鉛を含有する気体を排出するもの 2　第10条の規定により設ける局所排気装置又はプッシュプル型換気装置
第1条第5号トに掲げる鉛業務	第11条第1項の局所排気装置又はプッシュプル型換気装置（自動車の車体を製造する工程における鉛ライニングを施した物の仕上げを行なう作業場所に設けるものに限る。）
令別表第4第11号に掲げる鉛業務	第14条の局所排気装置又はプッシュプル型換気装置
第1条第5号チに掲げる鉛業務	1　酸化鉛を混入してガラスを製造するための溶融炉に直結する設備で当該炉から排気される鉛を含有する気体を排出するもの 2　第15条第1号の局所排気装置又はプッシュプル型換気装置（酸化鉛を混入してガラスを製造する工程における鉛等の溶融を行なう作業場所に設けるものに限る。） 3　第15条第3号の規定により設ける局所排気装置又はプッシュプル型換気装置
第1条第5号ヲに掲げる鉛業務	第19条の規定により設ける局所排気装置又はプッシュプル型換気装置（鋼製線材を製造する工程における鉛等の溶融を行なう作業場所に限る。）

②　前項の除じん装置は，必要に応じて，粒径の大きい粉じんを除去するための前置き除じん装置を設けなければならない。

③　事業者は，前二項の除じん装置を有効に稼動させなければならない。

───── 解　説 ─────
①　設置すべき除じん装置については，鉛粉じんの粒径およびその毒性等からみて，ろ過除じん方式の除じん装置またはこれと同等以上の性能を有するものでなければならない。

②　ろ過除じん方式の除じん装置とは，ろ層に含じん気体を通じて，粉じんを捕集する原理によるものをいい，バッグフィルターによるものとスクリーンフィルターによるものとがある。

③　第2項の「前置き除じん装置」とは，重力沈降式，ルーバー等の慣性除じん装置，サイクロン等があること。

④　プッシュプル型換気装置に除じん装置を設けるときは，吸込み側フードから吸引された粉じんを含む空気を除じんするためのものであることから，排気側に設ける。

（除じん装置等の特例）

第 27 条　事業者は，前条の規定にかかわらず，次の各号のいずれかに該当するときは，同条の除じん装置を設けないことができる。

1　鉛又は鉛合金を溶融するかま，るつぼ等の容量の合計が，50リツトルをこえない作業場において鉛又は鉛合金の溶融又は鋳造の業務に労働者を従事させるとき。

2　前条第1項の表下欄〈編注：右欄〉に掲げる設備の内部において排気される鉛の濃度が，1立方メートルあたり0.15ミリグラムをこえないとき。

───── 解　説 ─────
①　第1号は，鉛または鉛合金の溶融または鋳造する温度が450度以上の場合であっても，同一作業場において，当該業務に用いられるかま，るつぼ等の容量の合計が，50リットル以下である場合の特例を規定したもの。鉛または鉛合金の溶融または鋳造が450度以下の温度で行われる場合で，かつ当該業務に用いられるすべてのかま，るつぼ等の容量の合計が50リットル以下であるときは，第3条第1号の規定が適用されることに留意すること。

②　第1号の「容量の合計」とは，鉛または鉛合金の溶融のため設置してあるすべてのかま，るつぼ等の容量の合計をいい，現に溶融している鉛または鉛合金の容量をいうものではない。

③　第2号の「設備の内部」とは，局所排気装置にあっては，ダクト内部を，焙焼炉等一定の設備にあっては，当該炉に直結する設備で，当該炉からの鉛を含有する気体を排出するものの内部をいう。

（フアン）

第 28 条　事業者は，除じん装置が設けられている局所排気装置のフアンについては，除じんした後の空気が通る位置に設けなければならない。

②　事業者は，全体換気装置（第16条の規定により設けるものをいう。以下この章及び次章において同じ。）のフアン（ダクトを使用する全体換気装置にあつては，当該ダクトの開口部）については，鉛等の蒸気又は粉じんの発散源にできる

だけ近い位置に設けなければならない。

（排気口）

第 29 条　事業者は，局所排気装置，プッシュプル型換気装置（前章の規定により設けるプッシュプル型換気装置をいう。以下この章及び第 34 条において同じ。），全体換気装置又は排気筒の排気口については，屋外に設けなければならない。

（局所排気装置等の性能）

第 30 条　事業者は，局所排気装置又は排気筒については，そのフードの外側における鉛の濃度を，空気 1 立方メートル当たり 0.05 ミリグラムを超えないものとする能力を有するものを使用しなければならない。

───── 解　説 ─────

　局所排気装置の能力の判定にあたっては，次による（第 30 条の換気装置の稼働にも関連）。

1　フードの型式により決められた位置の空気中の鉛濃度を作業環境測定基準第 11 条に定められたサンプリング方法および分析方法により測定し，その濃度が同条に定める値を超えないこと。

2　過去に 1 の方法により鉛の空気中の濃度を測定した際に，併せて決められた位置（1 の測定位置とは異なり，フードの型式ごとに決められている）における制御風速を測定しているものにあっては，その制御風速が過去に測定した制御風速以上であること。

（プッシュプル型換気装置の性能等）

第 30 条の 2　プッシュプル型換気装置は，厚生労働大臣が定める構造及び性能を有するものでなければならない。

───── 解　説 ─────

　プッシュプル型換気装置の構造および性能については，平成 15 年厚生労働省告示第 375 号（鉛中毒予防規則第 30 条の 2 の厚生労働大臣が定める構造及び性能）に定めている。

（全体換気装置の性能）

第 31 条　事業者は，全体換気装置については，当該全体換気装置が設けられている屋内作業場において第 1 条第 5 号リに掲げる鉛業務に従事する労働者 1 人について 100 立方メートル毎時以上の換気能力を有するものを使用しなければならない。

───── 解　説 ─────

　直接外気に向かって開放されうる窓がないか，またはあってもその面積が床面積の 20 分の 1 未満の同一屋内作業場に，はんだ付けの鉛業務に従事する労働者と当該労働者以外の労働者がいるときの当該作業場に設ける全体換気装置の換気能力（換気量）については，労働安全衛生規則第 601 条第 1 項ただし書との関連上，
　「100 m³/h×はんだ付けの業務に従事する労働者数」
の値と，
　「30 m³/h×当該作業場にいる全労働者

数」
の値とを比較し，前者の値が大きなとき
は，その値以上の値，後者の値が大きな
ときは，その値をこえる値の換気能力を
有するものが必要である。

（注）換気量の算出例

1　同一屋内作業場に，はんだ付けの業
　務に従事する労働者2名と他の業務に
　従事する労働者4名がいる場合の全体
　換気装置の換気量は，次の式により
　200立方メートル毎時以上としなけれ

ばならない。

$$100\,m^3/h \times 2 = 200\,m^3/h$$
$$> 30\,m^3/h \times 6 = 180\,m^3/h$$

2　前記1において，前者の労働者が2
　名，後者の労働者が5名いるときの全
　体換気装置の換気量は次式により210
　立方メートル毎時をこえる値としなけ
　ればならない。

$$100\,m^3/h \times 2 = 200\,m^3/h$$
$$< 30\,m^3/h \times 7 = 210\,m^3/h$$

（換気装置の稼動）

第32条　事業者は，局所排気装置（第2条に規定する局所排気装置及び前章の規定により設ける局所排気装置をいう。以下この条において同じ。），プッシュプル型換気装置，全体換気装置又は排気筒（第2条に規定する排気筒及び前章の規定により設ける排気筒をいう。以下この条において同じ。）を設けたときは，労働者が鉛業務に従事する間，当該装置を厚生労働大臣が定める要件を満たすように稼動させなければならない。

②　事業者は，局所排気装置，プッシュプル型換気装置，全体換気装置又は排気筒を設けた場合において，鉛業務の一部を請負人に請け負わせるときは，当該請負人が鉛業務に従事する間（労働者が鉛業務に従事するときを除く。），当該装置を前項の厚生労働大臣が定める要件を満たすように稼動させること等について配慮しなければならない。

③　事業者は，前二項の局所排気装置，プッシュプル型換気装置，全体換気装置又は排気筒の稼動時においては，バッフルを設けて換気を妨害する気流を排除する等当該装置を有効に稼動させるために必要な措置を講じなければならない。

解　　説

　第2章の規定により設けた局所排気装置等は，平成15年厚生労働省告示第376号（鉛中毒予防規則第32条第1項の厚生労働大臣が定める要件）に定められた要件を満たすよう稼働させなければならない。

第4章　管　　理

第1節　鉛作業主任者等

（鉛作業主任者の選任）

第33条　事業者は，令第6条第19号の作業については，鉛作業主任者技能講習を修了した者のうちから鉛作業主任者を選任しなければならない。

（作業主任者の職務）

第34条　事業者は，鉛作業主任者に次の事項を行わせなければならない。

1　鉛業務に従事する労働者の身体ができるだけ鉛等又は焼結鉱等により汚染されないように労働者を指揮すること。

2　鉛業務に従事する労働者の身体が鉛等又は焼結鉱等によつて著しく汚染されたことを発見したときは，速やかに，汚染を除去させること。

3　局所排気装置，プッシュプル型換気装置，全体換気装置，排気筒及び除じん装置を毎週1回以上点検すること。

4　労働衛生保護具等の使用状況を監視すること。

5　令別表第4第9号に掲げる鉛業務に労働者が従事するときは，第42条第1項各号に定める措置が講じられていることを確認すること。

（汚染の除去に係る周知）

第34条の2　事業者は，鉛業務の一部を請負人に請け負わせる場合においては，当該請負人に対し，身体が鉛等又は焼結鉱等によつて著しく汚染されたときは，速やかに汚染を除去する必要がある旨を周知させなければならない。

（局所排気装置等の定期自主検査）

第35条　令第15条第1項第9号の厚生労働省令で定める局所排気装置，プッシュプル型換気装置及び除じん装置（鉛業務に係るものに限る。）は，第2条に規定する局所排気装置，第5条から第20条までの規定により設ける局所排気装置及びプッシュプル型換気装置並びに第26条の規定により設ける除じん装置とする。

②　事業者は，前項の局所排気装置，プッシュプル型換気装置及び除じん装置については，1年以内ごとに1回，定期に，次の事項について自主検査を行わなければならない。ただし，1年を超える期間使用しない同項の装置の当該使用しない期間においては，この限りでない。

1　局所排気装置にあつては，次の事項

イ　フード，ダクト及びファンの摩耗，腐食，くぼみその他損傷の有無及びその程度

ロ　ダクト及び排風機におけるじんあいのたい積状態

ハ　ダクトの接続部における緩みの有無

ニ　電動機とファンを連結するベルトの作動状態

ホ　吸気及び排気の能力

ヘ　イからホに掲げるもののほか，性能を保持するため必要な事項

2　プッシュプル型換気装置にあつては，次の事項

イ　フード，ダクト及びファンの摩耗，腐食，くぼみその他損傷の有無及びその程度

ロ　ダクト及び排風機におけるじんあいのたい積状態

ハ　ダクトの接続部における緩みの有無

ニ　電動機とファンを連結するベルトの作動状態

ホ　送気，吸気及び排気の能力

ヘ　イからホに掲げるもののほか，性能を保持するため必要な事項

3　除じん装置にあつては，次の事項

イ　構造部分の摩耗，腐食及び破損の有無並びにその程度

ロ　除じん装置内部におけるじんあいのたい積状態

ハ　ろ過除じん方式の除じん装置にあつては，ろ材の破損，ろ材取付部等の緩みの有無

ニ　処理能力

ホ　イからニに掲げるもののほか，性能を保持するため必要な事項

③　事業者は，前項ただし書の装置については，その使用を再び開始する際に，同項各号に掲げる事項について自主検査を行なわなければならない。

解　説

①　第2項第1号ホの「吸気及び排気の能力」は，所定要領によって換気中の鉛濃度の測定による検査が必要であるが，この方法によることが困難な場合にあっては，局所排気装置の性能が確保されている場合の所定位置における制御風速をあらかじめ測定により明らかにしておき，検査の場合，風速を測定し，前記風速と比較することにより局所排気装置の性能の有無を検査しても差し支えない。

②　第2項第1号への「必要な事項」とは，ダンパーの調節，ファンの排風量不足の有無排風機の注油状態の検査等をいう。

③　第2項第2号ホの「送気，吸気及び排気の能力」の検査に当たっては，平成15年厚生労働省告示第375号に規定されている要件を満たしていることを確認しなければならない。

④　第2項第3号ニの「処理能力」については，除じんの効果を確保するための測定が必要である。

⑤　第2項第3号ホの「必要な事項」には，除じん装置等の性能が低下した場合における排気の量の調整等を含む。

（記録）

第36条　事業者は，前条第2項又は第3項の自主検査を行なつたときは，次の事項を記録して，これを3年間保存しなければならない。

1　検査年月日

2　検査方法

3　検査箇所

4　検査の結果

5　検査を実施した者の氏名

6　検査の結果に基づいて補修等の措置を講じたときは，その内容

（点検）

第37条　事業者は，第35条第1項の局所排気装置，プッシュプル型換気装置若しくは除じん装置をはじめて使用するとき，又は分解して改造若しくは修理を行つ

たときは，次の事項について点検を行わなければならない。

1　局所排気装置にあつては，次の事項

　イ　ダクト及び排風機におけるじんあいのたい積状態

　ロ　ダクトの接続部における緩みの有無

　ハ　吸気及び排気の能力

　ニ　イからハに掲げるもののほか，性能を保持するため必要な事項

2　プッシュプル型換気装置にあつては，次の事項

　イ　ダクト及び排風機におけるじんあいのたい積状態

　ロ　ダクトの接続部における緩みの有無

　ハ　送気，吸気及び排気の能力

　ニ　イからハに掲げるもののほか，性能を保持するため必要な事項

3　除じん装置にあつては，次の事項

　イ　除じん装置内部におけるじんあいのたい積状態

　ロ　ろ過除じん方式の除じん装置にあつては，ろ材の破損の有無

　ハ　処理能力

　ニ　イからハに掲げるもののほか，性能を保持するため必要な事項

解　説

　本条による点検結果についても定期自主検査の検査結果と同様に第 36 条に規定されている事項について記録し，これを保存しておくことが望ましい。

（補修）

第 38 条　事業者は，第 35 条第 2 項若しくは第 3 項の自主検査又は前条の点検を行なつた場合において，異常を認めたときは，直ちに補修しなければならない。

第 2 節　業務の管理
（ホッパーの下方における作業）

第 39 条　事業者は，粉状の鉛等又は焼結鉱等をホッパーに入れる作業を行う場合において，当該ホッパーの下方の場所に粉状の鉛等又は焼結鉱等がこぼれるおそれのあるときは，当該場所において，労働者を作業させてはならない。ただし，当該場所において臨時の作業に労働者を従事させる場合において，当該労働者に有効な呼吸用保護具を使用させるときは，この限りでない。

② 事業者は，粉状の鉛等又は焼結鉱等をホッパーに入れる作業を行う場合において，当該ホッパーの下方の場所に粉状の鉛等又は焼結鉱等がこぼれるおそれのあるときであつて，当該場所において労働者以外の者が作業を行うおそれのあるときは，当該場所において労働者以外の者が作業することについて，禁止する旨を見やすい箇所に表示することその他の方法により禁止しなければならない。ただし，当該場所において労働者以外の者が臨時の作業に従事する場合において，当該者に有効な呼吸用保護具を使用する必要がある旨を周知させるときは，この限

りでない。

---解　説---

| ①　本条ただし書の「臨時の作業」には，修理の業務が含まれる。 | ファン付き呼吸用保護具を使用させるときは，国家検定に合格したものでなければならない。 |
| ②　本条ただし書の「有効な呼吸用保護具」として，防じんマスクおよび電動 | |

（含鉛塗料のかき落とし）

第40条　事業者は，令別表第4第8号に掲げる鉛業務のうち含鉛塗料を塗布した物の含鉛塗料のかき落としの業務に労働者を従事させるときは，次の措置を講じなければならない。

1　当該鉛業務は，著しく困難な場合を除き，湿式によること。

2　かき落とした含鉛塗料は，速やかに，取り除くこと。

②　事業者は，前項の鉛業務の一部を請負人に請け負わせるときは，当該請負人に対し，当該鉛業務は，湿式による必要がある旨を周知させなければならない。ただし，当該鉛業務を湿式によることが著しく困難な場合は，この限りでない。

③　事業者は，前項の請負人に対し，かき落とした含鉛塗料は，速やかに取り除く必要がある旨を周知させなければならない。

---解　説---

| ①　第1号の「著しく困難な場合」とは，サンドブラスト工法を用いる場合または塗布面が鉄製であり，湿らせることにより錆の発生がある場合等をさす。 | ②　第1号の「湿式」とは，含鉛塗料のかき落とし面を，方法のいかんを問わず十分湿らせて行うことをいう。 |

（鉛化合物のかき出し）

第41条　事業者は，鉛化合物の焼成炉からのかき出しの鉛業務に労働者を従事させるときは，次の措置を講じなければならない。

1　鉛化合物を受けるためのホッパー又は容器は，焼成炉のかき出し口に接近させること。

2　かき出しには，長い柄の用具を用いること。

②　事業者は，前項の業務の一部を請負人に請け負わせるときは，当該請負人に対し，同項各号の措置を講ずる必要がある旨を周知させなければならない。

（鉛装置の内部における業務）

第42条　事業者は，令別表第4第9号に掲げる鉛業務に労働者を従事させるときは，次の措置を講じなければならない。

1　作業開始前に，当該鉛装置とそれ以外の装置で稼働させるものとの接続箇所を確実に遮断すること。

2　作業開始前に，当該鉛装置の内部を十分に換気すること。

3　当該鉛装置の内部に付着し，又はたい積している粉状の鉛等又は焼結鉱等を

　湿らせる等によりこれらの粉じんの発散を防止すること。

　4　作業終了後，速やかに，当該労働者に洗身をさせること。

②　事業者は，前項の業務の一部を請負人に請け負わせるときは，当該請負人に対し，同項第1号から第3号までの措置を講ずる必要がある旨並びに作業終了後，速やかに洗身する必要がある旨を周知させなければならない。

――――――――――――― 解　　説 ―――――――――――――
　本規定の措置についての確認は，鉛作業主任者の職務のひとつであることに留意すること。

第3節　貯蔵等

（貯蔵）

第43条　事業者は，粉状の鉛等を屋内に貯蔵するときは，次の措置を講じなければならない。

　1　粉状の鉛等がこぼれ，又はその粉じんが発散するおそれのない容器等に収納すること。

　2　粉状の鉛等がこぼれたときは，すみやかに，真空そうじ機を用いて，又は水洗によつてそうじすること。

――――――――――――― 解　　説 ―――――――――――――
　本条は，鉛業務を行う事業についてはもとより，それ以外の鉛等を販売する事業および倉庫業等についても適用される。

（からの容器等の処理）

第44条　事業者は，粉状の鉛等を入れてあつたからの容器等で鉛等の粉じんが発散するおそれのあるものについては，その口を閉じ，水で十分湿らせ，屋外の一定の場所に集積する等鉛等の粉じんが労働者の作業場所に発散することを防止するための措置を講じなければならない。

――――――――――――― 解　　説 ―――――――――――――
①　本条の「集積する等」の「等」には，鉛等を入れてあった空袋等を有蓋の容器等に入れること等をいう。

②　本条は，前条と同様，鉛業務を行う事業についてはもとより，それ以外の鉛等を販売する事業および倉庫業等についても適用される。

第4節　清潔の保持等

（休憩室）

第45条　事業者は，鉛業務に労働者を従事させるときは，鉛業務を行う作業場以外の場所に休憩室を設けなければならない。

②　事業者は，前項の休憩室については，次の措置を講じなければならない。

　1　入口には，水を流し，又は十分湿らせたマットを置く等労働者の足部に付着

した鉛等又は焼結鉱等を除去するための設備を設けること。

2　入口には，衣服用ブラシを備えること。

3　床は，真空掃除機を用いて，又は水洗によつて容易に掃除できる構造のものとすること。

③　鉛業務に従事した者は，第1項の休憩室に入る前に，作業衣等に付着した鉛等又は焼結鉱等を除去しなければならない。

解　説

①　第1項の「作業場以外の場所」には，鉛業務を行う屋内作業場と同一棟内であっても，隔壁等をもってしゃ断されていることにより，発散する鉛等の粉じんが，休憩室内に拡散しないようにしてある場所を含む。

②　第3項において労働者に汚染除去の業務を特に課しているのは，汚染除去をしない労働者個人ばかりでなく，当該休憩室を利用する労働者にまで汚染

が拡大するのを防止するためである。また，本条の規定により設置する休憩室は，鉛業務従事労働者とそれ以外の労働者と共用することは差し支えないが，汚染除去の管理については十分留意しなければならない。

③　第3項の「作業衣等」の「等」には，作業手袋，作業帽，作業靴などが含まれる。

（作業衣等の保管設備）

第46条　事業者は，第58条第1項，第3項若しくは第5項又は第59条第1項の規定により労働者に使用させ，又は着用させる呼吸用保護具，労働衛生保護衣類又は作業衣をこれら以外の衣服等から隔離して保管するための設備を設け，当該労働者にこれを使用させなければならない。

②　事業者は，第58条第2項，第4項若しくは第6項又は第59条第2項の請負人に対し，当該請負人が使用し，又は着用する呼吸用保護具，労働衛生保護衣類又は作業衣をこれら以外の衣服等から隔離して保管する必要がある旨を周知させるとともに，当該請負人に対し前項の設備を使用させる等適切に保管が行われるよう必要な配慮をしなければならない。

解　説

①　「これら以外の衣服等」とは，鉛業務従事労働者の通勤用の衣服，靴，身のまわり品，鉛業務以外の業務に従事する労働者の作業衣，通勤服などをいう。

②　「隔離して保管するための設備」と

は，作業衣等と通勤服等をそれぞれ別のロッカーに入れておくか，または作業衣等を通勤服等を置いてある場所から隔離した場所に懸吊しておくか等の措置をいう。

（洗身設備）

第47条　事業者は，鉛業務（第1条第5号リからワまで及び令別表第4第17号に掲げる鉛業務を除く。）で，粉状の鉛等又は焼結鉱等に係るものに労働者を従事させるときは，洗身のための設備を設け，必要に応じ，当該労働者にこれを使用

させなければならない。

② 事業者は，前項の業務の一部を請負人に請け負わせるときは，当該請負人に対し，必要に応じ，洗身する必要がある旨を周知させるとともに，当該請負人に対し同項の設備を使用させる等適切に洗身が行われるよう必要な配慮をしなければならない。

― 解　説 ―

　本条の洗身は1日1回とは限らず，1日数回必要な場合もあることに留意する必要がある。

（そうじ）

第48条　事業者は，鉛業務を行なう屋内作業場並びに鉛業務に従事する労働者が利用する休憩室及び食堂の床等の鉛等又は焼結鉱等による汚染を除去するため，毎日1回以上，当該床等を，真空そうじ機を用いて，又は水洗によつてそうじしなければならない。

― 解　説 ―

　本条の「床等」の「等」には，壁，窓，ロッカー，卓等が含まれるが，壁，窓については，おおむね身長程度の高さまでの範囲を掃除すれば足りるとされている。

（手洗い用溶液等）

第49条　事業者は，鉛業務に労働者を従事させるときは，硝酸水溶液その他の手洗い用溶液，爪ブラシ，石けん及びうがい液（以下この条において「手洗い用溶液等」という。）を作業場ごとに備え，作業終了後及び必要に応じ，当該労働者にこれらを使用させなければならない。

② 労働者は，鉛業務に従事したときは，作業終了後及び必要に応じ，手洗い用溶液等を使用しなければならない。

③ 事業者は，鉛業務の一部を請負人に請け負わせるときは，当該請負人に対し，作業終了後及び必要に応じ，手洗い用溶液等を使用する必要がある旨を周知させるとともに，当該請負人に対し手洗い用溶液等を使用させる等適切に手洗い用溶液等の使用が行われるよう必要な配慮をしなければならない。

― 解　説 ―

① 第1項の硝酸水溶液の濃度は，通常0.2～0.3パーセント溶液が望ましく，また「その他の手洗い用溶液」には，酢酸水溶液等が含まれる。

② 第1項の「作業終了後」には，就業時間中において，鉛業務以外の業務に就く前を含む。

③ 第1項の「必要に応じ」とは，食事および喫煙前等をさす。

（作業衣等の汚染の除去）

第50条　事業者は，鉛業務に労働者を従事させるときは，洗濯のための設備を設ける等作業衣等の鉛等又は焼結鉱等による汚染を除去するための措置を講じなけ

ればならない。

②　事業者は，鉛業務の一部を請負人に請け負わせるときは，当該請負人に対し，作業衣等の鉛等又は焼結鉱等による汚染を除去する必要がある旨を周知させなければならない。

―――――――――――――――――― 解　　説 ――――――――――――――――――

①　「洗たくのための設備を設ける等」の「等」には，クリーニング業者への委託が含まれる。

②　「作業衣等」の「等」には，作業手袋，作業帽，労働衛生保護衣類等の保護具などが含まれる。

（喫煙等の禁止）

第51条　事業者は，鉛業務を行う屋内の作業場所における作業に従事する者の喫煙又は飲食について，禁止する旨を見やすい箇所に表示することその他の方法により禁止するとともに，表示以外の方法により禁止したときは，当該作業場所において喫煙又は飲食が禁止されている旨を当該作業場所の見やすい箇所に表示しなければならない。

②　前項の作業場所において作業に従事する者は，当該作業場所で喫煙し，又は飲食してはならない。

―――――――――――――――――― 解　　説 ――――――――――――――――――

①　屋内作業場の喫煙を禁止すべき屋内の作業場所の範囲は，鉛等の粉じんの発散する態様に応じて，事業者が特定することが望ましい。

②　安衛則第629条の規定（食事の場所

を作業場外に設けること）の適用に当たっては，本条の作業場所は安衛則第629条の作業場外の場所には該当しないものと解される。

（掲示）

第51条の2　事業者は，鉛業務に労働者を従事させるときは，次の事項を，見やすい箇所に掲示しなければならない。

1　鉛業務を行う作業場である旨

2　鉛により生ずるおそれのある疾病の種類及びその症状

3　鉛等の取扱い上の注意事項

4　次に掲げる場所にあつては，有効な保護具等を使用しなければならない旨及び使用すべき保護具等

　イ　第23条の3第1項の許可に係る作業場であつて，次条第1項の測定の結果の評価が第1管理区分でなかつた作業場及び第1管理区分を維持できないおそれがある作業場

　ロ　第52条の2第1項の規定による評価の結果，第3管理区分に区分された場所

　ハ　第52条の3の2第4項及び第5項の規定による措置を講ずべき場所

　ニ　令別表第4第9号に掲げる鉛業務を行う作業場

　　ホ　第58条第3項各号に掲げる業務を行う作業場
　　ヘ　第58条第5項各号に掲げる業務を行う作業場（有効な局所排気装置，プッシュプル型排気装置，全体換気装置又は排気筒（鉛等若しくは焼結鉱等の溶融の業務を行う作業場所に設ける排気筒に限る。）を設け，これらを稼動させている作業場を除く。）
　　ト　第59条第1項の業務を行う作業場

第5章　測　　定

（測定）

第52条　事業者は，令第21条第8号に掲げる屋内作業場について，1年以内ごとに1回，定期に，空気中における鉛の濃度を測定しなければならない。

②　事業者は，前項の規定による測定を行なつたときは，そのつど次の事項を記録して，これを3年間保存しなければならない。

　1　測定日時
　2　測定方法
　3　測定箇所
　4　測定条件
　5　測定結果
　6　測定を実施した者の氏名
　7　測定結果に基づいて鉛中毒の予防措置を講じたときは，当該措置の概要

―――― 解　　説 ――――

①　本状の測定は，作業環境測定基準に従って，作業環境測定士が行う。

②　鉛業務が常時行われる屋内の作業場所について，少なくとも毎年1回定期的に実施しなければならないが，作業工程や設備の変更などが行われた場合にはその都度測定を行うことが望ましい。

（測定結果の評価）

第52条の2　事業者は，前条第1項の屋内作業場について，同項又は法第65条第5項の規定による測定を行つたときは，その都度，速やかに，厚生労働大臣の定める作業環境評価基準に従つて，作業環境の管理の状態に応じ，第1管理区分，第2管理区分又は第3管理区分に区分することにより当該測定の結果の評価を行わなければならない。

②　事業者は，前項の規定による評価を行つたときは，その都度次の事項を記録して，これを3年間保存しなければならない。

　1　評価日時
　2　評価箇所
　3　評価結果
　4　評価を実施した者の氏名

―――――――――――――――― 解　　説 ――――――――――――――――

　第1管理区分から第3管理区分までの区分の方法は，作業環境評価基準により定められている。

（評価の結果に基づく措置）

第52条の3　事業者は，前条第1項の規定による評価の結果，第3管理区分に区分された場所については，直ちに，施設，設備，作業工程又は作業方法の点検を行い，その結果に基づき，施設又は設備の設置又は整備，作業工程又は作業方法の改善その他作業環境を改善するため必要な措置を講じ，当該場所の管理区分が第1管理区分又は第2管理区分となるようにしなければならない。

②　事業者は，前項の規定による措置を講じたときは，その効果を確認するため，同項の場所について当該鉛の濃度を測定し，及びその結果の評価を行わなければならない。

③　事業者は，第1項の場所については，労働者に有効な呼吸用保護具を使用させるほか，健康診断の実施その他労働者の健康の保持を図るため必要な措置を講ずるとともに，前条第2項の規定による評価の記録，第1項の規定に基づき講ずる措置及び前項の規定に基づく評価の結果を次に掲げるいずれかの方法によつて労働者に周知させなければならない。

1　常時各作業場の見やすい場所に掲示し，又は備え付けること。

2　書面を労働者に交付すること。

3　磁気ディスク，光ディスクその他の記録媒体に記録し，かつ，各作業場に労働者が当該記録の内容を常時確認できる機器を設置すること。

④　事業者は，第1項の場所において作業に従事する者（労働者を除く。）に対し，当該場所については，有効な呼吸用保護具を使用する必要がある旨を周知させなければならない。

―――――――――――――――― 解　　説 ――――――――――――――――

①　第1項の「直ちに」とは，施設，設備，作業工程または作業方法の点検および点検結果に基づく改善措置を直ちに行う趣旨であるが，改善措置については，これに要する合理的な時間については考慮される。

②　第2項の測定および評価は，第1項の規定による措置の効果を確認するために行うものであるから，措置を講ずる前に行った方法と同じ方法で行うこと，すなわち作業環境測定基準および作業環境評価基準に従って行うことが適当である。

③　第3項の「労働者に有効な呼吸用保護具を使用させる」のは，第1項の規定による措置を講ずるまでの応急的なものであり，呼吸用保護具の使用をもって当該措置に代えることができる趣旨ではない。なお，局部的に濃度の高い場所があることにより第3管理区分に区分された場所については，当該場所の労働者のうち，濃度の高い位置で作業を行うものにのみ呼吸用保護具を着用させることとして差し支えない。

④　第3項の「健康診断の実施その他労働者の健康の保持を図るため必要な措

置」については，作業環境測定の評価の結果，労働者に著しいばく露があったと推定される場合等で，産業医等が必要と認めたときに行うべきものである。

⑤　本条第4項は，労働者の化学物質のばく露の程度が低い場合は健康障害のリスクが低いと考えられることから，作業環境測定の評価結果等について一定の要件を満たす場合に健康診断の実施頻度を緩和できることとしたものである。

本規定による健康診断の実施頻度の緩和は，事業者が労働者ごとに行う必要がある。

本規定の「健康診断の実施後に作業方法を変更（軽微なものを除く。）していないこと」とは，ばく露量に大きな影響を与えるような作業方法の変更がないことであり，例えば，リスクアセスメント対象物の使用量又は使用頻度に大きな変更がない場合等をいう。

事業者が健康診断の実施頻度を緩和するに当たっては，労働衛生に係る知識又は経験のある医師等の専門家の助言を踏まえて判断することが望ましい。

本規定による健康診断の実施頻度の緩和は，本規定施行後の直近の健康診断実施日以降に，本規定に規定する要件を全て満たした時点で，事業者が労働者ごとに判断して実施すること。なお，特殊健康診断の実施頻度の緩和に当たって，所轄労働基準監督署や所轄都道府県労働局に対して届出等を行う必要はない。

⑥　第52条の作業環境測定を行い，第3管理区分に区分された場合には，第52条の2第2項に基づく評価の記録，第52条の3第1項に基づき講ずる措置および同条第2項に基づく評価の結果を，労働者に周知しなければならない。

⑦　周知の対象となる労働者には，直接雇用関係にある産業保健スタッフおよび労働者派遣法第45条第3項の規定により，派遣労働者が含まれる。なお，直接雇用関係にない産業保健スタッフに対しても周知を行うことが望ましい。また，請負人の労働者に対しては請負人である事業者が周知を行うこととなるが，「製造業における元方事業者による総合的な安全衛生管理のための指針について」（平成18年8月1日基発第0801010号）別添1第1の10において，元方事業者が実施した作業環境測定の結果は，当該測定の範囲において作業を行う関係請負人が活用できるとされている。

なお，周知に当たっては，可能な限り作業環境の評価結果の周知と同じ時期に労働者に作業環境を改善するため必要な措置について説明を併せて行うことが望ましい。また，鉛中毒予防規則による規制対象とされていない有害物が併用されている場合，仮に規制対象物の評価結果が第1管理区分であっても，当該有害物へのばく露により労働者に危険を及ぼし，または労働者の健康障害を生ずるおそれのある場合には，事業者は労働者に呼吸用保護具着用等の措置が必要であることについても説明を行うことが望ましい。

第52条の3の2　事業者は，前条第2項の規定による評価の結果，第3管理区分に区分された場所（同条第1項に規定する措置を講じていないこと又は当該措置

を講じた後同条第2項の評価を行つていないことにより，第1管理区分又は第2
管理区分となつていないものを含み，第5項各号の措置を講じているものを除
く。）については，遅滞なく，次に掲げる事項について，事業場における作業環
境の管理について必要な能力を有すると認められる者（当該事業場に属さない者
に限る。以下この条において「作業環境管理専門家」という。）の意見を聴かな
ければならない。

1　当該場所について，施設又は設備の設置又は整備，作業工程又は作業方法の
　　改善その他作業環境を改善するために必要な措置を講ずることにより第1管理
　　区分又は第2管理区分とすることの可否

2　当該場所について，前号において第1管理区分又は第2管理区分とすること
　　が可能な場合における作業環境を改善するために必要な措置の内容

②　事業者は，前項の第3管理区分に区分された場所について，同項第1号の規定
　　により作業環境管理専門家が第1管理区分又は第2管理区分とすることが可能と
　　判断した場合は，直ちに，当該場所について，同項第2号の事項を踏まえ，第1
　　管理区分又は第2管理区分とするために必要な措置を講じなければならない。

③　事業者は，前項の規定による措置を講じたときは，その効果を確認するため，
　　同項の場所について当該鉛の濃度を測定し，及びその結果を評価しなければなら
　　ない。

④　事業者は，第1項の第3管理区分に区分された場所について，前項の規定によ
　　る評価の結果，第3管理区分に区分された場合又は第1項第1号の規定により作
　　業環境管理専門家が当該場所を第1管理区分若しくは第2管理区分とすることが
　　困難と判断した場合は，直ちに，次に掲げる措置を講じなければならない。

1　当該場所について，厚生労働大臣の定めるところにより，労働者の身体に装
　　着する試料採取器等を用いて行う測定その他の方法による測定（以下この条に
　　おいて「個人サンプリング測定等」という。）により，鉛の濃度を測定し，厚
　　生労働大臣の定めるところにより，その結果に応じて，労働者に有効な呼吸用
　　保護具を使用させること（当該場所において作業の一部を請負人に請け負わせ
　　る場合にあつては，労働者に有効な呼吸用保護具を使用させ，かつ，当該請負
　　人に対し，有効な呼吸用保護具を使用する必要がある旨を周知させること。）。
　　ただし，前項の規定による測定（当該測定を実施していない場合（第1項第1
　　号の規定により作業環境管理専門家が当該場所を第1管理区分又は第2管理区
　　分とすることが困難と判断した場合に限る。）は，前条第2項の規定による測
　　定）を個人サンプリング測定等により実施した場合は，当該測定をもつて，こ
　　の号における個人サンプリング測定等とすることができる。

2　前号の呼吸用保護具（面体を有するものに限る。）について，当該呼吸用保
　　護具が適切に装着されていることを厚生労働大臣の定める方法により確認し，
　　その結果を記録し，これを3年間保存すること。

　3　保護具に関する知識及び経験を有すると認められる者のうちから保護具着用
　管理責任者を選任し，次の事項を行わせること。
　　イ　前二号及び次項第1号から第3号までに掲げる措置に関する事項（呼吸用
　　保護具に関する事項に限る。）を管理すること。
　　ロ　鉛作業主任者の職務（呼吸用保護具に関する事項に限る。）について必要
　　な指導を行うこと。
　　ハ　第1号及び次項第2号の呼吸用保護具を常時有効かつ清潔に保持するこ
　　と。
　4　第1項の規定による作業環境管理専門家の意見の概要，第2項の規定に基づ
　き講ずる措置及び前項の規定に基づく評価の結果を，前条第3項各号に掲げる
　いずれかの方法によつて労働者に周知させること。
⑤　事業者は，前項の措置を講ずべき場所について，第1管理区分又は第2管理区
　分と評価されるまでの間，次に掲げる措置を講じなければならない。
　1　6月以内ごとに1回，定期に，個人サンプリング測定等により鉛の濃度を測
　定し，前項第1号に定めるところにより，その結果に応じて，労働者に有効な
　呼吸用保護具を使用させること。
　2　前号の呼吸用保護具（面体を有するものに限る。）を使用させるときは，1
　年以内ごとに1回，定期に，当該呼吸用保護具が適切に装着されていることを
　前項第2号に定める方法により確認し，その結果を記録し，これを3年間保存
　すること。
　3　当該場所において作業の一部を請負人に請け負わせる場合にあつては，当該
　請負人に対し，第1号の呼吸用保護具を使用する必要がある旨を周知させるこ
　と。
⑥　事業者は，第4項第1号の規定による測定（同号ただし書の測定を含む。）又
　は前項第1号の規定による測定を行つたときは，その都度，次の事項を記録し，
　これを3年間保存しなければならない。
　1　測定日時
　2　測定方法
　3　測定箇所
　4　測定条件
　5　測定結果
　6　測定を実施した者の氏名
　7　測定結果に応じた有効な呼吸用保護具を使用させたときは，当該呼吸用保護
　具の概要
⑦　事業者は，第4項の措置を講ずべき場所に係る前条第2項の規定による評価及
　び第3項の規定による評価を行つたときは，次の事項を記録し，これを3年間保
　存しなければならない。

1　評価日時

2　評価箇所

3　評価結果

4　評価を実施した者の氏名

第52条の3の3　事業者は，前条第4項各号に掲げる措置を講じたときは，遅滞なく，第3管理区分措置状況届（様式第1号の4）を所轄労働基準監督署長に提出しなければならない。

第52条の4　事業者は，第52条の2第1項の規定による評価の結果，第2管理区分に区分された場所については，施設，設備，作業工程又は作業方法の点検を行い，その結果に基づき，施設又は設備の設置又は整備，作業工程又は作業方法の改善その他作業環境を改善するため必要な措置を講ずるよう努めなければならない。

②　前項に定めるもののほか，事業者は，同項の場所については，第52条の2第2項の規定による評価の記録及び前項の規定に基づき講ずる措置を次に掲げるいずれかの方法によつて労働者に周知させなければならない。

1　常時各作業場の見やすい場所に掲示し，又は備え付けること。

2　書面を労働者に交付すること。

3　磁気ディスク，光ディスクその他の記録媒体に記録し，かつ，各作業場に労働者が当該記録の内容を常時確認できる機器を設置すること。

解　　説

①　第52条の作業環境測定を行い，第2管理区分に区分された場合には，第52条の2第2項に基づく評価の記録および第52条の4第1項に基づき講

ずる措置を，労働者に周知しなければならない。

②　周知の対象となる労働者については，第52条の3の解説⑥を参照。

第6章　健康管理

（健康診断）

第53条　事業者は，令第22条第1項第4号に掲げる業務に常時従事する労働者に対し，雇入れの際，当該業務への配置替えの際及びその後6月（令別表第4第17号及び第1条第5号リからルまでに掲げる鉛業務又はこれらの業務を行う作業場所における清掃の業務に従事する労働者に対しては，1年）以内ごとに1回，定期に，次の項目について，医師による健康診断を行わなければならない。

1　業務の経歴の調査

2　作業条件の簡易な調査

3　鉛による自覚症状及び他覚症状の既往歴の有無の検査並びに第5号及び第6号に掲げる項目についての既往の検査結果の調査

4　鉛による自覚症状又は他覚症状と通常認められる症状の有無の検査

5 血液中の鉛の量の検査

6 尿中のデルタアミノレブリン酸の量の検査

② 前項の健康診断（定期のものに限る。）は，前回の健康診断において同項第5号及び第6号に掲げる項目について健康診断を受けた者については，医師が必要でないと認めるときは，同項の規定にかかわらず，当該項目を省略することができる。

③ 事業者は，令第22条第1項第4号に掲げる業務に常時従事する労働者で医師が必要と認めるものについては，第1項の規定により健康診断を行わなければならない項目のほか，次の項目の全部又は一部について医師による健康診断を行わなければならない。

1 作業条件の調査

2 貧血検査

3 赤血球中のプロトポルフィリンの量の検査

4 神経学的検査

④ 第1項の業務（令別表第4第17号及び第1条第5号リからルまでに掲げる鉛業務並びにこれらの業務を行う作業場所における清掃の業務を除く。）が行われる場所について第52条の2第1項の規定による評価が行われ，かつ，次の各号のいずれにも該当するときは，当該業務に係る直近の連続した3回の第1項の健康診断の結果（前項の規定により行われる項目に係るものを含む。），新たに当該業務に係る鉛による異常所見があると認められなかつた労働者については，第1項の健康診断（定期のものに限る。）は，同項の規定にかかわらず，1年以内ごとに1回，定期に，行えば足りるものとする。

1 当該業務を行う場所について，第52条の2第1項の規定による評価の結果，直近の評価を含めて連続して3回，第1管理区分に区分された（第3条の2第1項の規定により，当該場所について第52条の2第1項の規定が適用されない場合は，過去1年6月の間，当該場所の作業環境が同項の第1管理区分に相当する水準にある）こと。

2 当該業務について，直近の第1項の規定に基づく健康診断の実施後に作業方法を変更（軽微なものを除く。）していないこと。

解 説

「作業条件の簡易な調査」は，労働者の当該物質へのばく露状況の概要を把握するため，前回の特殊健康診断以降の作業条件の変化，環境中の鉛の濃度に関する情報，作業時間，ばく露の頻度，発散源からの距離，保護具の使用状況等について，医師が主に当該労働者から聴取することにより調査するものであること。このうち，環境中の鉛の濃度に関する情報の収集については，当該労働者から聴取する方法のほか，衛生管理者等から作業環境測定の結果等をあらかじめ聴取する方法があること。

（健康診断の結果）

第 54 条　事業者は，前条第 1 項又は第 3 項の健康診断（法第 66 条第 5 項ただし書の場合における当該労働者が受けた健康診断を含む。次条において「鉛健康診断」という。）の結果に基づき，鉛健康診断個人票（様式第 2 号）を作成し，これを 5 年間保存しなければならない。

解　　説

① 　本条の「保存」については，法第 103 条の規定により，5 年間しなければならないが，本中毒の慢性的傾向にかんがみ，できるだけ長期にわたり，保存することが望ましい。

② 　「健康診断個人票」については，様式第 2 号に掲げる項目が充足されていれば，これと異式の個人票によるほか，例えば，コンピューターによる処理等であって，受診者ごとの所定項目の結果が容易に把握できる方法であっても差し支えない。

（健康診断の結果についての医師からの意見聴取）

第 54 条の 2　鉛健康診断の結果に基づく法第 66 条の 4 の規定による医師からの意見聴取は，次に定めるところにより行わなければならない。

　1　鉛健康診断が行われた日（法第 66 条第 5 項ただし書の場合にあつては，当該労働者が健康診断の結果を証明する書面を事業者に提出した日）から 3 月以内に行うこと。

　2　聴取した医師の意見を鉛健康診断個人票に記載すること。

②　事業者は，医師から，前項の意見聴取を行う上で必要となる労働者の業務に関する情報を求められたときは，速やかに，これを提供しなければならない。

（健康診断の結果の通知）

第 54 条の 3　事業者は，第 53 条第 1 項又は第 3 項の健康診断を受けた労働者に対し，遅滞なく，当該健康診断の結果を通知しなければならない。

（鉛健康診断結果報告）

第 55 条　事業者は，第 53 条第 1 項又は第 3 項の健康診断（定期のものに限る。）を行つたときは，遅滞なく，鉛健康診断結果報告書（様式第 3 号）を所轄労働基準監督署長に提出しなければならない。

解　　説

　本条の「健康診断結果報告」は，第 53 条により定期に行った健康診断の結果について，所轄労働基準監督署長に遅滞なく（健康診断完了後おおむね 1 カ月以内に）提出すること。なお，その報告書は，労働者数のいかんを問わず第 53 条により健康診断を行ったすべての事業場が提出する必要がある。

（診断）

第 56 条　事業者は，労働者を鉛業務に従事させている期間又は鉛業務に従事させなくなつてから 4 週間以内に，腹部の疝痛，四肢の伸筋麻痺若しくは知覚異常，蒼白，関節痛若しくは筋肉痛が認められ，又はこれらの病状を訴える労働者に，

速やかに，医師による診断を受けさせなければならない。

②　事業者は，鉛業務の一部を請負人に請け負わせる場合においては，当該請負人に対し，鉛業務に従事する期間又は鉛業務に従事しなくなつてから4週間以内に，前項の病状があるときは，速やかに医師による診断を受ける必要がある旨を周知させなければならない。

解　説

　鉛業務のうち，鉛等の溶融鋳造や鉛ライニング，鉛ライニング施工物，または含鉛塗料塗布物の溶接，もしくは加熱等の業務においては，加熱により高度の毒性をもつ鉛の蒸気（ヒューム）を発生し，これを吸入することにより，作業時間が短くても，急性または亜急性の本条記載のような症状のほか，頭痛，頭重，めまい，倦怠感，異和感，便秘，発熱等の症状をおこすことがある。そのような症状が認められた場合や，労働者がこれらの症状を訴えた場合には，速やかに医師の鉛健康診断を重点とする診断を受けさせ，適切な医療を加える必要があるため，特に設けられた規定である。

　本条には，鉛中毒罹患の疑いが濃厚な自他覚症状について掲げられている。

（鉛中毒にかかつている者等の就業禁止）

第57条　事業者は，鉛中毒にかかつている労働者及び第53条第1項又は第3項の健康診断又は前条第1項の診断の結果，鉛業務に従事することが健康の保持のために適当でないと医師が認めた労働者を，医師が必要と認める期間，鉛業務に従事させてはならない。

②　事業者は，鉛業務の一部を請負人に請け負わせる場合においては，当該請負人に対し，鉛中毒にかかつているとき又は鉛業務に従事することが健康の保持のために適当でないと医師が認めたときは，医師が必要と認める期間，鉛業務に従事してはならない旨を周知させなければならない。

第7章　保護具等

（呼吸用保護具等）

第58条　事業者は，令別表第4第9号に掲げる鉛業務に労働者を従事させるときは，当該労働者に有効な呼吸用保護具及び労働衛生保護衣類を使用させなければならない。

②　事業者は，前項の業務の一部を請負人に請け負わせるときは，当該請負人に対し，有効な呼吸用保護具及び労働衛生保護衣類を使用する必要がある旨を周知させなければならない。

③　事業者は，第1項の業務以外の業務で，次の各号のいずれかに該当するものに労働者を従事させるときは，当該労働者に有効な呼吸用保護具を使用させなければならない。

1　第1条第5号イ，ロ若しくはヘに掲げる鉛業務又はこれらの業務を行う作業

　　　場所における清掃の業務

　2　湿式以外の方法による令別表第 4 第 8 号に掲げる鉛業務のうち，含鉛塗料を塗布した物の含鉛塗料のかき落としの業務

　3　第 1 条第 5 号ヲのサンドバスの業務のうち砂のかき上げ又は砂の取替えの業務

　4　第 21 条の乾燥室の内部における業務

　5　第 22 条のろ過集じん方式の集じん装置のろ材の取替えの業務

　6　第 23 条の 2 の発散防止抑制措置に係る鉛業務

④　事業者は，第 1 項の業務以外の業務で，前項各号のいずれかに該当するものの一部を請負人に請け負わせるときは，当該請負人に対し，有効な呼吸用保護具を使用する必要がある旨を周知させなければならない。

⑤　事業者は，第 1 項及び第 3 項に規定する業務以外の業務で，次の各号のいずれかに該当するものに労働者を従事させるときは，当該労働者に有効な呼吸用保護具を使用させなければならない。ただし，当該業務を行う作業場所に有効な局所排気装置，プッシュプル型換気装置，全体換気装置又は排気筒（鉛等若しくは焼結鉱等の溶融の業務を行う作業場所に設ける排気筒に限る。）を設け，これらを稼動させるときは，この限りでない。

　1　屋内作業場以外の作業場における鉛等の破砕，溶接，溶断，溶着又は溶射の鉛業務

　2　第 23 条第 1 号から第 3 号までのいずれかに該当する鉛業務

　3　船舶，タンク等の内部その他の場所で自然換気が不十分なところにおける鉛業務

⑥　事業者は，第 1 項及び第 3 項に規定する業務以外の業務で，前項各号のいずれかに該当するものの一部を請負人に請け負わせるときは，当該請負人に対し，有効な呼吸用保護具を使用する必要がある旨を周知させなければならない。ただし，同項ただし書の場合は，この限りでない。

⑦　第 1 項，第 3 項若しくは第 5 項の規定又は第 39 条第 1 項ただし書の規定により労働者にホースマスクを使用させるときは，当該ホースマスクの空気の取入口を有害な空気がない場所に置かなければならない。

⑧　事業者は，第 2 項，第 4 項若しくは第 6 項の請負人又は第 39 条第 2 項ただし書の労働者以外の者がホースマスクを使用するときは，当該ホースマスクの空気の取入口を有害な空気がない場所に置く必要がある旨を周知させなければならない。

⑨　第 1 項，第 3 項若しくは第 5 項に規定する業務又は第 39 条第 1 項ただし書の作業に従事する労働者は，当該業務又は作業に従事する間，第 1 項，第 3 項若しくは第 5 項又は第 39 条第 1 項ただし書に規定する呼吸用保護具及び労働衛生保護衣類を使用しなければならない。

─── 解　説 ───

① 本条の規定が適用される鉛業務については，労働安全衛生規則第593条に規定されているガス，蒸気または粉じんを発散し，衛生上有害な場所における業務のうち鉛関係業務に関しては，一致するものであり，また本条の規定が適用される保護具については，法第42条ならびに労働安全衛生規則第596条および第598条の規定が適用される。

② 第1項の「有効な呼吸用保護具」とは，ホースマスク，防じんマスク，電動ファン付き呼吸用保護具等をいい，これらは鉛装置内における業務の態様および発散するガスまたは蒸気の種類に応じて，それぞれ使用者が選択すべきものである。そのうち，防じんマスクおよび電動ファン付き呼吸用保護具については，国家検定に合格したものでなければならない。

③ 第1項の「労働衛生保護衣類」とは，化学防護服（頭きんを含む），化学防護手袋および化学防護長靴を総称したものである。

なお，化学防護服，化学防護手袋，化学防護長靴については，日本産業規格に適合したものを使用することが望ましい。

④ 第3項第1号の業務については，鉛等または焼結鉱等の粉じんの発散が著しいことから，鉛中毒予防の万全を期するため，換気装置の設置に加えて，保護具の使用が規制されたものである。

⑤ 第3項第4号および第5号の業務は，鉛業務に該当しないが，かかる業務については作業中一時的に発散する大量の鉛等または焼結鉱等の粉じんを労働者が吸入することになるので，保護具の使用を規定したものである。

（作業衣）

第59条　事業者は，鉛業務（第1条第5号ワ及び令別表第4第9号に掲げる業務を除く。）で粉状の鉛等を取り扱うものに労働者を従事させるときは，当該労働者に作業衣を着用させなければならない。ただし，当該労働者に労働衛生保護衣類を着用させるときは，この限りでない。

② 事業者は，前項の業務の一部を請負人に請け負わせるときは，当該請負人に対し，作業衣又は労働衛生保護衣類を着用する必要がある旨を周知させなければならない。

③ 第1項の業務に従事する労働者は，当該業務に従事する間，作業衣又は労働衛生保護衣類を着用しなければならない。

第8章　鉛作業主任者技能講習

第60条　鉛作業主任者技能講習は，学科講習によつて行う。

② 学科講習は，鉛に係る次の科目について行う。

1　健康障害及びその予防措置に関する知識

2　作業環境の改善方法に関する知識

3　保護具に関する知識

4　関係法令

③　労働安全衛生規則第80条から第82条の2まで及び前二項に定めるもののほか，鉛作業主任者技能講習の実施について必要な事項は，厚生労働大臣が定める。

附　則　—（以下略）—

様式第1号（第4条関係）

鉛業務一部適用除外認定申請書

事 業 の 種 類	
事 業 場 の 名 称	
事 業 場 の 所 在 地	電話　　（　　　）
労 働 者 数	
申請に係る鉛業務従事労働者数	
申請に係る鉛業務の概要	
申請に係る鉛業務に関する機械，器具その他の設備	

年　　月　　日

事業者職氏名

労働基準監督署長殿

備考

1　「事業の種類」の欄は，日本標準産業分類の中分類により記入すること。

2　「申請に係る鉛業務の概要」の欄は，具体的に記入すること。

3　この申請書に記載しきれない事項については，別紙に記載して添付すること。

様式第1号の2（第3条の2関係）

鉛中毒予防規則適用除外認定申請書（新規認定・更新）

事　業　の　種　類	
事　業　場　の　名　称	
事　業　場　の　所　在　地	郵便番号（　　　） 　　　　　　　　　　　電話　　　（　　　）
申請に係る鉛業務の内容	
申請に係る鉛業務に常時 従事する労働者の人数	

　　　　　　　年　　　月　　　日

　　　　　　　　　　　　　　事業者職氏名

　　都道府県労働局長殿

備考
1　表題の「新規認定」又は「更新」のうち該当しない文字は、抹消すること。
2　適用除外の新規認定又は更新を受けようとする事業場の所在地を管轄する都道府県労働局長に提出すること。なお、更新の場合は、過去に適用除外の認定を受けたことを証する書面の写しを添付すること。
3　「事業の種類」の欄は、日本標準産業分類の中分類により記入すること。
4　次に掲げる書面を添付すること。
　①事業場に配置されている化学物質管理専門家が、鉛中毒予防規則第3条の2第1項第1号に規定する事業場における化学物質の管理について必要な知識及び技能を有する者であることを証する書面の写し
　②上記①の者が当該事業場に専属であることを証する書面の写し（当該書面がない場合には、当該事実についての申立書）
　③鉛中毒予防規則第3条の2第1項第3号及び第4号に該当することを証する書面
　④鉛中毒予防規則第3条の2第1項第5号の化学物質管理専門家による評価結果を証する書面
5　4④の書面は、当該評価を実施した化学物質管理専門家が、鉛中毒予防規則第3条の2第1項第1号に規定する事業場における化学物質の管理について必要な知識及び技能を有する者であることを証する書面の写しを併せて添付すること。
6　4④の書面は、評価を実施した化学物質管理専門家が、当該事業場に所属しないことを証する書面の写し（当該書面がない場合には、当該事実についての申立書)を併せて添付すること。
7　この申請書に記載しきれない事項については、別紙に記載して添付すること。

様式第1号の3（第23条の3関係）

発散防止抑制措置特例実施許可申請書

事業の種類	事業場の名称	事業場の所在地	
		電話　　　　（　　　）	
労　働　者　数		申請に係る発散防止抑制措置が実施される作業場の鉛業務従事労働者数	
申請に係る発散防止抑制措置が実施される作業場の鉛業務の概要			
申請に係る発散防止抑制措置が実施される作業場において使用する鉛等又は焼結鉱等の種類及び量	種類	消費量	
申請に係る発散防止抑制措置を講じた場合の当該作業場の鉛の濃度の測定年月日及び管理区分			
第23条の2第1項の確認者の氏名及び略歴			
安全衛生管理体制の概要	安全衛生委員会等での審議　　　　　　有・無 労働者の代表からの意見の聴取　　　　有・無		
備　　　　　考			

　　　　年　　月　　日

事業者職氏名

＿＿＿＿＿＿＿＿労働基準監督署長殿

〔備考〕

1　「事業の種類」の欄は，日本標準産業分類の中分類により記入すること。

2　「第23条の2第1項の確認者の氏名及び略歴」の欄中「略歴」にあっては，第23条の2第1項第1号及び第2号の事項を確認するのに必要な能力に関する資格，職歴，勤務年数等を記入すること。

3　申請に係る発散防止抑制措置が他の事業場により製造されたものである場合，「備考」の欄に当該事業場の名称，連絡先等を記入すること。

4　この申請書に記載しきれない事項については，別紙に記載して添付すること。

様式第 1 号の 4（第 52 条の 3 の 3 関係）（表面）　　　　　（令和 6 年 4 月 1 日施行）

第三管理区分措置状況届

事　業　の　種　類		
事 業 場 の 名 称		
事 業 場 の 所 在 地	郵便番号（　　　　　） 　　　　　　　　　　　　　　電話　　（　　　）	
労　　働　　者　　数		人
第三管理区分に区分 された場所における 鉛 業 務 の 内 容		
作業環境管理専門家 の　意　見　概　要	所属事業場名	
	氏　　　　　名	
	作業環境管理 専門家から意見 を聴取した日	年　　　月　　　日
	意　見　概　要	第一管理区分又は第二管理 区分とすることの可否　　　　可　・　否
		可の場合、必要な措置の概要
呼吸用保護具等の状況	有効な呼吸用保護具の使用　　　　　　　　　　　有　・　無 保護具着用管理責任者の選任　　　　　　　　　　有　・　無 作業環境管理専門家意見等の労働者への周知　　有　・　無	

　　年　　　月　　　日

　　　　　　　　　　　　　　　　　　　事業者職氏名

　　労働基準監督署長殿

様式第1号の4（第52条の3の3関係）（裏面）　　　　　　　　　（令和6年4月1日施行）

備考

1　「事業の種類」の欄は，日本標準産業分類の中分類により記入すること。

2　次に掲げる書面を添付すること。

①意見を聴取した作業環境管理専門家が，鉛中毒予防規則第52条の3の2第1項に規定する事業場における作業環境の管理について必要な能力を有する者であることを証する書面の写し

②作業環境管理専門家から聴取した意見の内容を明らかにする書面

③この届出に係る作業環境測定の結果及びその結果に基づく評価の記録の写し

④鉛中毒予防規則第52条の3の2第4項第1号に規定する個人サンプリング測定等の結果の記録の写し

⑤鉛中毒予防規則第52条の3の2第4項第2号に規定する呼吸用保護具が適切に装着されていることを確認した結果の記録の写し

様式第2号（第54条関係）

鉛健康診断個人票

氏名		生年月日		年　月　日	雇入年月日		年　月　日
		性　別	男　・　女				
鉛　業　務　の　経　歴							
健　診　年　月　日		年 月 日	年 月 日	年 月 日	年 月 日	年 月 日	
年　　　　　　　齢		歳	歳	歳	歳	歳	
1.雇入れ　2.配置替え　3.定期の別							
鉛　業　務　名							
作業条件の簡易な調査の結果							
鉛　に　よ　る　既　往　歴							
自　覚　症　状							
他　覚　症　状							
血液中の鉛の量（μg／100mℓ）							
尿中のデルタアミノレブリン酸の量（mg/ℓ）							
医師が必要と認める者に行う検査							
作業条件の調査の結果							
貧血検査	血色素量（g／dℓ）						
	赤血球数（万／mm³）						
赤血球中のプロトポルフィリンの量（　　）							
神　経　学　的　検　査							
そ　の　他　の　検　査							
医　師　の　診　断							
健康診断を実施した医師の氏名							
医　師　の　意　見							
意見を述べた医師の氏名							
備　　　　　　　考							

備考
1　「1. 雇入れ　2. 配置換え　3. 定期の別」の欄は，該当番号を記入すること。
2　「鉛業務名」の欄は，労働安全衛生法施行令別表第4の鉛業務の種類を号数で記入すること。
3　「自覚症状」及び「他覚症状」の欄は，次の番号を記入すること。
　　1. 食欲不振，便秘，腹部不快感，腹部の疝痛等の消化器症状　2. 四肢の伸筋麻痺又は知覚異常等の末梢神経症状　3. 関節痛　4. 筋肉痛　5. 蒼白　6. 易疲労感　7. 倦怠感　8. 睡眠障害　9. 焦燥感　10. その他
4　血液中の鉛の量及び尿中のデルタアミノレブリン酸の量の検査について，鉛中毒予防規則第53条第2項の規定により，医師が必要でないと認めて省略した場合には，「血液中の鉛の量」及び「尿中のデルタアミノレブリン酸の量」の欄に「＊」を記入すること。この場合，必要により備考欄にその理由等を記入すること。
5　「赤血球中のプロトポルフィリンの量」の欄の（　）内には，「μg/100mℓ全血」，「μg/100mℓ赤血球」等の単位を記入すること。
6　「医師の診断」の欄は，異常なし，要精密検査，要治療等の医師の診断を記入すること。
7　「医師の意見」の欄は，健康診断の結果，異常の所見があると診断された場合に，就業上の措置について医師の意見を記入すること。

様式第3号（第55条関係）（表面）

鉛健康診断結果報告書

標準字体　| 0 | 1 | 2 | 3 | 4 | 5 | 6 | 7 | 8 | 9 |

80303

ページ　／　総ページ

労働保険番号	□□□□□□□□□□□□□□ 都道府県 所掌 管轄 基幹番号 枝番号 被一括事業場番号	在籍労働者数	人
事業場の名称		事業の種類	
事業場の所在地	郵便番号（　　　　　　）　　　　　　　　　　　　　電話　（　　　　）		

| 対象年 | 7：平成 9：令和 → 元号 □□ 年 （　月〜　月分）（報告　回目） | 健診年月日 | 7：平成 9：令和 → 元号 □□□□□□ 年 月 日 |

健康診断実施機関の名称	
健康診断実施機関の所在地	受診労働者数 □□□□ 人
鉛業務名	鉛業務コード □□ □□ □□ 具体的業務内容 （　　　　　　　　　　） 従事労働者数 □□□□ 人

	実施者数	有所見者数		
他覚所見	□□□□ 人	□□□□ 人	作業条件の調査人数	□□□□ 人
貧血検査	□□□□ 人	□□□□ 人	所見のあった者の人数（他覚所見のみを除く。）	□□□□ 人
神経学的検査	□□□□ 人	□□□□ 人	医師の指示人数	□□□□ 人

		血液中の鉛の量	尿中のデルタアミノレブリン酸の量	赤血球中のプロトポルフィリンの量
実施者数		□□□□ 人	□□□□ 人	□□□□ 人
分布	1	□□□□ 人	□□□□ 人	□□□□ 人
	2	□□□□ 人	□□□□ 人	□□□□ 人
	3	□□□□ 人	□□□□ 人	□□□□ 人

| 産業医 | 氏名 | |
| | 所属医療機関の名称及び所在地 | |

年　月　日

事業者職氏名

労働基準監督署長殿

受付印

様式第 3 号（第 55 条関係）（裏面）

備考

1　□□□で表示された枠（以下「記入枠」という。）に記入する文字は，光学的文字読取装置（OCR）で直接読み取りを行うので，この用紙は汚したり，穴をあけたり，必要以上に折り曲げたりしないこと。

2　記載すべき事項のない欄又は記入枠は，空欄のままとすること。

3　記入枠の部分は，必ず黒のボールペンを使用し，様式右上に記載された「標準字体」にならつて，枠からはみ出さないように大きめのアラビア数字で明瞭に記載すること。

4　「対象年」の欄は，報告対象とした健康診断の実施年を記入すること。

5　1 年を通し順次健診を実施して，一定期間をまとめて報告する場合は，「対象年」の欄の（　月～　月分）にその期間を記入すること。また，この場合の健診年月日は報告日に最も近い健診年月日を記入すること。

6　「対象年」の欄の（報告　回目）は，当該年の何回目の報告かを記入すること。

7　「事業の種類」の欄は，日本標準産業分類の中分類によつて記入すること。

8　「健康診断実施機関の名称」及び「健康診断実施機関の所在地」の欄は，健康診断を実施した機関が 2 以上あるときは，その各々について記入すること。

9　「在籍労働者数」，「従事労働者数」及び「受診労働者数」の欄は，健診年月日現在の人数を記入すること。なお，この場合，「在籍労働者数」は常時使用する労働者数を，「従事労働者数」は別表 1 に掲げる鉛業務に常時従事する労働者数をそれぞれ記入すること。

10　「鉛業務名」の欄は，別表 1 を参照して，該当コードを全て記入し，（　）内には具体的業務内容を記載すること。なお，該当コードを記入枠に記入しきれない場合には，報告書を複数枚使用し，2 枚目以降の報告書については，該当コード及び具体的業務内容のほか「労働保険番号」，「健診年月日」及び「事業場の名称」の欄を記入すること。

11　「分布」の欄中「血液中の鉛の量」，「尿中のデルタアミノレブリン酸の量」及び「赤血球中のプロトポルフィリンの量」については，別表 2 を参照して，それぞれ該当者数を記入すること。

12　「所見のあつた者の人数」の欄は，各健康診断項目の有所見者数の合計ではなく，健康診断項目のいずれかが有所見であつた者の人数を記入すること。ただし，他覚所見のみの者は含まないこと。

13　「医師の指示人数」の欄は，健康診断の結果，要医療，要精密検査等医師による指示のあつた者の数を記入すること。

別表1

コード	鉛業務の内容
01	鉛の製錬又は精錬を行う工程における焙焼，焼結，溶鉱又は鉛等若しくは焼結鉱等の取り扱いの業務（鉛又は鉛合金を溶融するかま，るつぼ等の容量の合計が50リットルを超えない作業場における450度以下の温度による鉛又は鉛合金の溶融又は鋳造の業務を除く。コード02から07まで，12及び16において同じ。）
02	銅又は亜鉛の製錬又は精錬を行う工程における溶鉱（鉛を3パーセント以上含有する原料を取り扱うものに限る。），当該溶鉱に連続して行う転炉による溶融又は煙灰若しくは電解スライム（銅又は亜鉛の製錬又は精錬を行う工程において生ずるものに限る。）の取扱いの業務
03	鉛蓄電池又は鉛蓄電池の部品を製造し，修理し，又は解体する工程において鉛等の溶融，鋳造，粉砕，混合，ふるい分け，練粉，充填，乾燥，加工，組立て，溶接，溶断，切断若しくは運搬をし，又は粉状の鉛等をホッパー，容器等に入れ，若しくはこれらから取り出す業務
04	電線又はケーブルを製造する工程における鉛の溶融，被鉛，剥鉛又は被鉛した電線若しくはケーブルの加硫若しくは加工の業務
05	鉛合金を製造し，又は鉛若しくは鉛合金の製品（鉛蓄電池及び鉛蓄電池の部品を除く。）を製造し，修理し，若しくは解体する工程における鉛若しくは鉛合金の溶融，鋳造，溶接，溶断，切断若しくは加工又は鉛快削鋼を製造する工程における鉛の鋳込の業務
06	鉛化合物（酸化鉛，水酸化鉛その他の厚生労働大臣が指定する物に限る。以下この表において同じ。）を製造する工程において鉛等の溶融，鋳造，粉砕，混合，空冷のための攪拌，ふるい分け，か焼，焼成，乾燥若しくは運搬をし，又は粉状の鉛等をホッパー，容器等に入れ，若しくはこれらから取り出す業務
07	鉛ライニングの業務（仕上げの業務を含む。）
08	鉛ライニングを施し，又は含鉛塗料を塗布した物の破砕，溶接，溶断，切断，鋲打ち（加熱して行う鋲打ちに限る。），加熱，圧延又は含鉛塗料のかき落しの業務
09	鉛装置の内部における業務
10	鉛装置の破砕，溶接，溶断又は切断の業務（コード09に掲げる業務を除く。）
11	転写紙を製造する工程における鉛等の粉まき又は粉払いの業務
12	ゴム若しくは合成樹脂の製品，含鉛塗料又は鉛化合物を含有する絵具，釉薬，農薬，ガラス，接着剤等を製造する工程における鉛等の溶融，鋳込，粉砕，混合若しくはふるい分け又は被鉛若しくは剥鉛の業務
13	自然換気が不十分な場所におけるはんだ付けの業務（臨時に行う業務を除く。コード14から16までにおいて同じ。）
14	鉛化合物を含有する釉薬を用いて行う施釉又は当該施釉を行つた物の焼成の業務
15	鉛化合物を含有する絵具を用いて行う絵付け又は当該絵付けを行つた物の焼成の業務（筆若しくはスタンプによる絵付け又は局所排気装置若しくは排気筒が設けられている焼成釜による焼成の業務で，厚生労働省令で定めるものを除く。）
16	溶融した鉛を用いて行う金属の焼入れ若しくは焼戻し又は当該焼入れ若しくは焼戻しをした金属のサンドバスの業務
17	動力を用いて印刷する工程における活字の文選，植字又は解版の業務
18	コード01から08まで又は10から17までに掲げる業務を行う作業場所における清掃の業務

別表2

検査内容	単位	分布		
		1	2	3
血液中の鉛の量	μg/100mℓ	20以下	20超　40以下	40超
尿中のデルタアミノレブリン酸の量	mg/ℓ	5以下	5超　10以下	10超
赤血球中のプロトポルフィリンの量	μg/100mℓ赤血球	100以下	100超　250以下	250超

参 考 資 料

1 鉛中毒予防規則関連告示

(1) 鉛中毒予防規則第 30 条の 2 の厚生労働大臣が定める構造及び性能

(平成 15 年 12 月 10 日厚生労働省告示第 375 号)

　鉛中毒予防規則第 30 条の 2 の厚生労働大臣が定める構造及び性能は，次のとおりとする。

1　密閉式プッシュプル型換気装置（ブースを有するプッシュプル型換気装置であって，送風機により空気をブース内へ供給し，かつ，ブースについて，フードの開口部を除き，天井，壁及び床が密閉されているもの並びにブース内へ空気を供給する開口部を有し，かつ，ブースについて，当該開口部及び吸込み側フードの開口部を除き，天井，壁及び床が密閉されているものをいう。以下同じ。）は，次に定めるところに適合するものであること。

　イ　排風機によりブース内の空気を吸引し，当該空気をダクトを通して排気口から排出するものであること。

　ロ　ブース内に下向きの気流（以下「下降気流」という。）を発生させること，鉛等又は焼結鉱等の蒸気又は粉じんの発散源にできるだけ近い位置に吸込み側フードを設けること等により，鉛等又は焼結鉱等の蒸気又は粉じんの発散源から吸込み側フードへ流れる空気を鉛業務に従事する労働者が吸入するおそれがない構造のものであること。

　ハ　ダクトが，次に定めるところに適合するものであること。

　　⑴　長さができるだけ短く，ベンドの数ができるだけ少ないものであること。

　　⑵　接続部の内面に，突起物がないものであること。

　　⑶　適当な箇所に掃除口が設けられている等掃除しやすい構造のものであること。

　ニ　除じん装置が設けられているものにあっては，ファンが，除じんした後の空気が通る位置に設けられているものであること。

　ホ　捕捉面（吸込み側フードから最も離れた位置の鉛等又は焼結鉱等の蒸気又は粉じんの発散源を通り，かつ，気流の方向に垂直な平面（ブース内に発生させる気流が下降気流であって，ブース内に鉛業務に従事する労働者が立ち入る構造の密閉式プッシュプル型換気装置にあっては，ブースの床上 1.5 メートルの高さの水平な平面）をいう。以下ホにおいて同じ。）における気流が，次に定めるところに適合するものであること。

$$\sum_{i=1}^{n}\frac{V_i}{n}\geqq 0.2$$

$$\frac{3}{2}\sum_{i=1}^{n}\frac{V_i}{n}\geqq V_1\geqq \frac{1}{2}\sum_{i=1}^{n}\frac{V_i}{n}$$

$$\frac{3}{2}\sum_{i=1}^{n}\frac{V_i}{n}\geqq V_2\geqq \frac{1}{2}\sum_{i=1}^{n}\frac{V_i}{n}$$

$$\cdots\cdots\cdots$$

$$\frac{3}{2}\sum_{i=1}^{n}\frac{V_i}{n}\geqq V_n\geqq \frac{1}{2}\sum_{i=1}^{n}\frac{V_i}{n}$$

> これらの式において，n及びV_1，V_2，・・・，V_nは，それぞれ次の値を
> 表すものとする。
>
> 　n　捕捉面を16以上の等面積の四辺形（一辺の長さが2メートル以下で
> 　　あるものに限る。）に分けた場合における当該四辺形（当該四辺形の面
> 　　積が0.25平方メートル以下の場合は，捕捉面を6以上の等面積の四辺
> 　　形に分けた場合における当該四辺形。以下ホにおいて「四辺形」とい
> 　　う。）の総数
> 　V_1，V_2，・・・，V_n　ブース内に作業の対象物が存在しない状態での，
> 　　各々の四辺形の中心点における捕捉面に垂直な方向の風速（単位　メー
> 　　トル毎秒）

2　開放式プッシュプル型換気装置（密閉式プッシュプル型換気装置以外のプッシ
　ュプル型換気装置をいう。以下同じ。）は，次のいずれかに適合するものである
　こと。

　イ　次に掲げる要件を満たすものであること。

　⑴　送風機により空気を供給し，かつ，排風機により当該空気を吸引し，当
　　　該空気をダクトを通して排気口から排出するものであること。

　⑵　鉛等又は焼結鉱等の蒸気又は粉じんの発散源が換気区域（吹出し側フー
　　　ドの開口部の任意の点と吸込み側フードの開口部の任意の点を結ぶ線分が通
　　　ることのある区域をいう。以下イにおいて同じ。）の内部に位置するもので
　　　あること。

　⑶　換気区域内に下降気流を発生させること，鉛等又は焼結鉱等の蒸気又は
　　　粉じんの発散源にできるだけ近い位置に吸込み側フードを設けること等によ
　　　り，鉛等又は焼結鉱等の蒸気又は粉じんの発散源から吸込み側フードへ流れ
　　　る空気を鉛業務に従事する労働者が吸入するおそれがない構造のものである
　　　こと。

　⑷　ダクトが，次に定めるところに適合するものであること。

　　㋑　長さができるだけ短く，ベンドの数ができるだけ少ないものであるこ

と。

　㈑　接続部の内面に，突起物がないものであること。

　㈒　適当な箇所に掃除口が設けられている等掃除しやすい構造のものであること。

⑸　除じん装置が設けられているものにあっては，ファンが，除じんした後の空気が通る位置に設けられているものであること。

⑹　捕捉面（吸込み側フードから最も離れた位置の鉛等又は焼結鉱等の蒸気又は粉じんの発散源を通り，かつ，気流の方向に垂直な平面（換気区域内に発生させる気流が下降気流であって，換気区域内に鉛業務に従事する労働者が立ち入る構造の開放式プッシュプル型換気装置にあっては，換気区域の床上 1.5 メートルの高さの水平な平面）をいう。以下同じ。）における気流が，次に定めるところに適合するものであること。

$$\sum_{i=1}^{n}\frac{V_i}{n}\geqq 0.2$$

$$\frac{3}{2}\sum_{i=1}^{n}\frac{V_i}{n}\geqq V_1\geqq\frac{1}{2}\sum_{i=1}^{n}\frac{V_i}{n}$$

$$\frac{3}{2}\sum_{i=1}^{n}\frac{V_i}{n}\geqq V_2\geqq\frac{1}{2}\sum_{i=1}^{n}\frac{V_i}{n}$$

・・・・・・・・・

$$\frac{3}{2}\sum_{i=1}^{n}\frac{V_i}{n}\geqq V_n\geqq\frac{1}{2}\sum_{i=1}^{n}\frac{V_i}{n}$$

　これらの式において，n 及び V_1，V_2，・・・，V_n は，それぞれ次の値を表すものとする。
　　n　捕捉面を 16 以上の等面積の四辺形（一辺の長さが 2 メートル以下であるものに限る。）に分けた場合における当該四辺形（当該四辺形の面積が 0.25 平方メートル以下の場合は，捕捉面を 6 以上の等面積の四辺形に分けた場合における当該四辺形。以下⑹において「四辺形」という。）の総数
　　V_1，V_2，・・・，V_n　換気区域内に作業の対象物が存在しない状態での，各々の四辺形の中心点における捕捉面に垂直な方向の風速（単位　メートル毎秒）

⑺　換気区域と換気区域以外の区域との境界におけるすべての気流が，吸込み側フードの開口部に向かうものであること。

ロ　次に掲げる要件を満たすものであること。

　⑴　イ⑴に掲げる要件

　⑵　鉛等又は焼結鉱等の蒸気又は粉じんの発散源が換気区域（吹出し側フー

ドの開口部から吸込み側フードの開口部に向う気流が発生する区域をいう。

以下ロにおいて同じ。）の内部に位置するものであること。

(3)　イ(3)に掲げる要件

(4)　イ(4)に掲げる要件

(5)　イ(5)に掲げる要件

(6)　イ(6)に掲げる要件

(2) 鉛中毒予防規則第 32 条第 1 項の厚生労働大臣が定める要件

（平成 15 年 12 月 10 日厚生労働省告示第 376 号）

（最終改正 平成 21 年 3 月 31 日厚生労働省告示第 196 号）

鉛中毒予防規則（以下「鉛則」という。）第 32 条第 1 項の厚生労働大臣が定める要件は，次のとおりとする。

1 鉛則第 2 条に規定する局所排気装置及び同令第 2 章の規定により設ける局所排気装置にあっては，そのフードの外側における鉛の濃度が，空気 1 立方メートル当たり 0.05 ミリグラムを常態として超えないように稼働させること。

2 鉛則第 2 章の規定により設けるプッシュプル型換気装置にあっては，次に定めるところによること。

イ 鉛中毒予防規則第 30 条の 2 の厚生労働大臣が定める構造及び性能（平成 15 年厚生労働省告示第 375 号。以下単に「告示」という。）第 1 号に規定する密閉式プッシュプル型換気装置にあっては，同号ホに規定する捕捉面における気流が同号ホに定めるところに適合するように稼働させること。

ロ 告示第 2 号に規定する開放式プッシュプル型換気装置にあっては，次に掲げる要件を満たすように稼働させること。

⑴ 告示第 2 号イの要件を満たす開放式プッシュプル型換気装置にあっては，同号イ⑹の捕捉面における気流が同号イ⑹に定めるところに適合した状態を保つこと。

⑵ 告示第 2 号ロの要件を満たす開放式プッシュプル型換気装置にあっては，同号イ⑹の捕捉面における気流が同号ロ⑹に定めるところに適合した状態を保つこと。

3 鉛則第 16 条の規定により設ける全体換気装置にあっては，当該全体換気装置が設けられている屋内作業場において同令第 1 条第 5 号リに掲げる鉛業務に従事する労働者 1 人について 1 時間当たり 100 立方メートル以上の換気量で稼働させること。

4 鉛則第 2 条に規定する排気筒及び同令第 2 章の規定により設ける排気筒にあっては，そのフードの外側における鉛の濃度が，空気 1 立方メートル当たり 0.05 ミリグラムを常態として超えないように稼働させること。

(3) 化学物質関係作業主任者技能講習規程

(平成 6 年 6 月 30 日労働省告示第 65 条)

(最終改正　平成 18 年 2 月 16 日厚生労働省告示第 56 号)

(講師)

第1条　有機溶剤作業主任者技能講習，鉛作業主任者技能講習及び特定化学物質及び四アルキル鉛等作業主任者技能講習（以下「技能講習」と総称する。）の講師は，労働安全衛生法（昭和 47 年法律第 57 号）別表第 20 第 11 号の表の講習科目の欄に掲げる講習科目に応じ，それぞれ同表の条件の欄に掲げる条件のいずれかに適合する知識経験を有する者とする。

労働安全衛生法

別表第 20　（抄）

11　特定化学物質及び四アルキル鉛等作業主任者技能講習，鉛作業主任者技能講習，有機溶剤作業主任者技能講習及び石綿作業主任者技能講習

	講習科目	条　件
学科講習	健康障害及びその予防措置に関する知識	1　学校教育法による大学において医学に関する学科を修めて卒業した者で，その後 2 年以上労働衛生に関する研究又は実務に従事した経験を有するものであること。 2　前号に掲げる者と同等以上の知識経験を有する者であること。
	作業環境の改善方法に関する知識	1　大学等において工学に関する学科を修めて卒業した者で，その後 2 年以上労働衛生に係る工学に関する研究又は実務に従事した経験を有するものであること。 2　前号に掲げる者と同等以上の知識経験を有する者であること。
	保護具に関する知識	1　大学等において工学に関する学科を修めて卒業した者で，その後 2 年以上保護具に関する研究又は実務に従事した経験を有するものであること。 2　前号に掲げる者と同等以上の知識経験を有する者であること。
	関係法令	1　大学等を卒業した者で，その後 1 年以上労働衛生の実務に従事した経験を有するものであること。 2　前号に掲げる者と同等以上の知識経験を有する者であること。

(講習科目の範囲及び時間)

第2条　技能講習は，次の表〈編注：鉛作業主任者技能講習の部分のみの抄録。〉の上欄〈編注：左欄〉に掲げる講習科目に応じ，それぞれ，同表の中欄に掲げる範囲について同表の下欄〈編注：右欄〉に掲げる講習時間により，教本等必要な教材を用いて行うものとする。

講習科目	範　囲	講習時間
	鉛作業主任者技能講習	
健康障害及びその予防措置に関する知識	鉛中毒の病理，症状，予防方法及び応急措置	3時間
作業環境の改善方法に関する知識	鉛の性質　鉛に係る設備の管理　作業環境の評価及び改善の方法	3時間
保護具に関する知識	鉛に係る保護具の種類，性能，使用方法及び管理	1時間
関係法令	労働安全衛生法，労働安全衛生法施行令及び労働安全衛生規則中の関係条項　鉛中毒予防規則	3時間

②　前項の技能講習は，おおむね100人以内の受講者を1単位として行うものとする。

（修了試験）

第3条　技能講習においては，修了試験を行うものとする。

②　前項の修了試験は，講習科目について，筆記試験又は口述試験によって行う。

③　前項に定めるもののほか，修了試験の実施について必要な事項は，厚生労働省労働基準局長の定めるところによる。

2 労働安全衛生法施行令別表第4

鉛業務（第6条, 第21条, 第22条関係）

1 鉛の製錬又は精錬を行なう工程における焙焼, 焼結, 溶鉱又は鉛等若しくは焼結鉱等の取扱いの業務（鉛又は鉛合金を溶融するかま, るつぼ等の容量の合計が50リットルをこえない作業場における450度以下の温度による鉛又は鉛合金の溶融又は鋳造の業務を除く。次号から第7号まで, 第12号及び第16号において同じ。）

2 銅又は亜鉛の製錬又は精錬を行なう工程における溶鉱（鉛を3パーセント以上含有する原料を取り扱うものに限る。）, 当該溶鉱に連続して行なう転炉による溶融又は煙灰若しくは電解スライム（銅又は亜鉛の製錬又は精錬を行なう工程において生ずるものに限る。）の取扱いの業務

3 鉛蓄電池又は鉛蓄電池の部品を製造し, 修理し, 又は解体する工程において鉛等の溶融, 鋳造, 粉砕, 混合, ふるい分け, 練粉, 充てん, 乾燥, 加工, 組立て, 溶接, 溶断, 切断若しくは運搬をし, 又は粉状の鉛等をホツパー, 容器等に入れ, 若しくはこれらから取り出す業務

4 電線又はケーブルを製造する工程における鉛の溶融, 被鉛, 剥鉛又は被鉛した電線若しくはケーブルの加硫若しくは加工の業務

5 鉛合金を製造し, 又は鉛若しくは鉛合金の製品（鉛蓄電池及び鉛蓄電池の部品を除く。）を製造し, 修理し, 若しくは解体する工程における鉛若しくは鉛合金の溶融, 鋳造, 溶接, 溶断, 切断若しくは加工又は鉛快削鋼を製造する工程における鉛の鋳込の業務

6 鉛化合物（酸化鉛, 水酸化鉛その他の厚生労働大臣が指定する物に限る。以下この表において同じ。）を製造する工程において鉛等の溶融, 鋳造, 粉砕, 混合, 空冷のための攪拌, ふるい分け, 煆焼, 焼成, 乾燥若しくは運搬をし, 又は粉状の鉛等をホツパー, 容器等に入れ, 若しくはこれらから取り出す業務

7 鉛ライニングの業務（仕上げの業務を含む。）

8 鉛ライニングを施し, 又は含鉛塗料を塗布した物の破砕, 溶接, 溶断, 切断, 鋲打ち（加熱して行なう鋲打ちに限る。）, 加熱, 圧延又は含鉛塗料のかき落しの業務

9 鉛装置の内部における業務

10 鉛装置の破砕, 溶接, 溶断又は切断の業務（前号に掲げる業務を除く。）

11 転写紙を製造する工程における鉛等の粉まき又は粉払いの業務

12 ゴム若しくは合成樹脂の製品, 含鉛塗料又は鉛化合物を含有する絵具, 釉薬, 農薬, ガラス, 接着剤等を製造する工程における鉛等の溶融, 鋳込, 粉砕, 混合若しくはふるい分け又は被鉛若しくは剥鉛の業務

13 自然換気が不十分な場合におけるはんだ付けの業務（臨時に行なう業務を除く。次号から第16号までにおいて同じ。）

14 鉛化合物を含有する釉薬を用いて行なう施釉又は当該施釉を行なつた物の焼成の業務

15 鉛化合物を含有する絵具を用いて行なう絵付け又は当該絵付けを行なつた物の焼成の業務（筆若しくはスタンプによる絵付け又は局所排気装置若しくは排気筒が設けられている焼成窯による焼成の業務で，厚生労働省令で定めるものを除く。）

16 溶融した鉛を用いて行なう金属の焼入れ若しくは焼戻し又は当該焼入れ若しくは焼戻しをした金属のサンドバスの業務

17 動力を用いて印刷する工程における活字の文選，植字又は解版の業務

18 前各号に掲げる業務を行なう作業場所における清掃の業務（第9号に掲げる業務を除く。）

備考

1 「鉛等」とは，鉛，鉛合金及び鉛化合物並びにこれらと他の物との混合物（焼結鉱，煙灰，電解スライム及び鉱さいを除く。）をいう。

2 「焼結鉱等」とは，鉛の製錬又は精錬を行なう工程において生ずる焼結鉱，煙灰，電解スライム及び鉱さい並びに銅又は亜鉛の製錬又は精錬を行なう工程において生ずる煙灰及び電解スライムをいう。

3 「鉛合金」とは，鉛と鉛以外の金属との合金で，鉛を当該合金の重量の10パーセント以上含有するものをいう。

4 「含鉛塗料」とは，鉛化合物を含有する塗料をいう。

5 「鉛装置」とは，粉状の鉛等又は焼結鉱等が内部に付着し，又はたい積している炉，煙道，粉砕機，乾燥器，除じん装置その他の装置をいう。

3 労働安全衛生規則第34条の2の10第2項，有機溶剤中毒予防規則第4条の2第1項第1号，鉛中毒予防規則第3条の2第1項第1号及び特定化学物質障害予防規則第2条の3第1項第1号の規定に基づき厚生労働大臣が定める者

（令和4年9月7日厚生労働省告示第274号）

※下線が引いてある部分は令和6年4月1日施行

1 有機溶剤中毒予防規則（昭和47年労働省令第36号）第4条の2第1項第1号，鉛中毒予防規則（昭和47年労働省令第37号）第3条の2第1項第1号及び特定化学物質障害予防規則（昭和47年労働省令第39号）第2条の3第1項第1号の厚生労働大臣が定める者は，次のイからニまでのいずれかに該当する者とする。

イ 労働安全衛生法（昭和47年法律第57号。以下「安衛法」という。）第83条第1項の労働衛生コンサルタント試験（その試験の区分が労働衛生工学であるものに限る。）に合格し，安衛法第84条第1項の登録を受けた者で，5年以上化学物質の管理に係る業務に従事した経験を有するもの

ロ 安衛法第12条第1項の規定による衛生管理者のうち，衛生工学衛生管理者免許を受けた者で，その後8年以上安衛法第10条第1項各号の業務のうち衛生に係る技術的事項で衛生工学に関するものの管理の業務に従事した経験を有するもの

ハ 作業環境測定法（昭和50年法律第28号）第7条の登録を受けた者（以下「作業環境測定士」という。）で，その後6年以上作業環境測定士としてその業務に従事した経験を有し，かつ，厚生労働省労働基準局長が定める講習を修了したもの

ニ イからハまでに掲げる者と同等以上の能力を有すると認められる者

2 労働安全衛生規則（昭和47年労働省令第32号）第34条の2の10第2項の厚生労働大臣が定める者は，前号イからニまでのいずれかに該当する者とする。

4　第3管理区分に区分された場所に係る有機溶剤等の濃度の測定の方法等（抄）

（令和4年11月30日厚生労働省告示第341号）

（令和6年4月1日施行）

第3条　有機則第28条の3の2第4項第2号の厚生労働大臣の定める方法は，同項第1号の呼吸用保護具（面体を有するものに限る。）を使用する労働者について，日本産業規格T8150（呼吸用保護具の選択，使用及び保守管理方法）に定める方法又はこれと同等の方法により当該労働者の顔面と当該呼吸用保護具の面体との密着の程度を示す係数（以下この条において「フィットファクタ」という。）を求め，当該フィットファクタが要求フィットファクタを上回っていることを確認する方法とする。

②　フィットファクタは，次の式により計算するものとする。

$$FF = \frac{C_{out}}{C_{in}}$$

> この式においてFF，C_{out}，及びC_{in}は，それぞれ次の値を表すものとする。
>
> FF　　　フィットファクタ
>
> C_{out}　　呼吸用保護具の外側の測定対象物の濃度
>
> C_{in}　　呼吸用保護具の内側の測定対象物の濃度

③　第1項の要求フィットファクタは，呼吸用保護具の種類に応じ，次に掲げる値とする。

1　全面形面体を有する呼吸用保護具　500

2　半面形面体を有する呼吸用保護具　100

（鉛の濃度の測定の方法等）

第4条　鉛中毒予防規則（昭和47年労働省令第37号。以下「鉛則」という。）第52条の3の2第4項第1号の規定による測定は，測定基準〈編注：測定基準とは「作業環境測定基準」のこと。以下同様。〉第11条第3項において読み替えて準用する測定基準第10条第5項各号に定める方法によらなければならない。

②　前項の規定にかかわらず，鉛の濃度の測定は，次に定めるところによることができる。

1　試料空気の採取は，鉛則第52条の3の2第4項柱書に規定する第3管理区分に区分された場所において作業に従事する労働者の身体に装着する試料採取機器を用いる方法により行うこと。この場合において，当該試料採取機器の採取口は，当該労働者の呼吸する空気中の鉛の濃度を測定するために最も適切な部位に装着しなければならない。

2　前号の規定による試料採取機器の装着は，同号の作業のうち労働者にばく露される鉛の量がほぼ均一であると見込まれる作業ごとに，それぞれ，適切

な数（2以上に限る。）の労働者に対して行うこと。ただし，当該作業に従事する一の労働者に対して，必要最小限の間隔をおいた2以上の作業日において試料採取機器を装着する方法により試料空気の採取が行われたときは，この限りでない。

　3　試料空気の採取の時間は，当該採取を行う作業日ごとに，労働者が第1号の作業に従事する全時間とすること。

③　前二項に定めるところによる測定は，ろ過捕集方法又はこれと同等以上の性能を有する試料採取方法及び吸光光度分析方法若しくは原子吸光分析方法又はこれらと同等以上の性能を有する分析方法によらなければならない。

第5条　鉛則第52条の3の2第4項第1号に規定する呼吸用保護具は，要求防護係数を上回る指定防護係数を有するものでなければならない。

②　前項の要求防護係数は，次の式により計算するものとする。

$$PF_r = \frac{C}{C_0}$$

この式において，PF_r，C 及び C_0 は，それぞれ次の値を表すものとする。

PF_r　要求防護係数

C　　鉛の濃度の判定の結果得られた値

C_0　0.05 mg/m³

③　前項の鉛の濃度の測定の結果得られた値は，次の各号に掲げる場合の区分に応じ，それぞれ当該各号に定める値とする。

　1　C測定（測定基準第11条第3項において読み替えて準用する測定基準第10条第5項第1号から第4号までの規定により行う測定をいう。次号において同じ。）を行った場合（次号に掲げる場合を除く。）　空気中の鉛の濃度の第1評価値

　2　C測定及びD測定（測定基準第11条第3項において準用する測定基準第10条第5項第5号及び第6号の規定により行う測定をいう。以下この号において同じ。）を行った場合　空気中の鉛の濃度の第1評価値又はD測定の測定値（2以上の者に対してD測定を行った場合には，それらの測定値のうちの最大の値）のうちいずれか大きい値

　3　前条第2項に定めるところにより測定を行った場合　当該測定における鉛の濃度の測定値のうち最大の値

④　第1項の指定防護係数は，別表第1，別表第3及び別表第4の上欄〈編注：左欄〉に掲げる呼吸用保護具の種類に応じ，それぞれ同表の下欄〈編注：右欄〉に掲げる値とする。ただし，別表第5の上欄〈編注：左欄〉に掲げる呼吸用保護具を使用した作業における当該呼吸用保護具の外側及び内側の鉛の濃度の測定又はそれと同等の測定の結果により得られた当該呼吸用保護具に係る防護係数

が，同表の下欄〈編注：右欄〉に掲げる指定防護係数を上回ることを当該呼吸
用保護具の製造者が明らかにする書面が，当該呼吸用保護具に添付されている
場合は，同表の上欄〈編注：左欄〉に掲げる呼吸用保護具の種類に応じ，それ
ぞれ同表の下欄〈編注：右欄〉に掲げる値とすることができる。

第6条　第3条の規定は，鉛則第52条の3の2第4項第1号の厚生労働大臣の定
める方法について準用する。

別表第1（第5条関係）

防じんマスクの種類			指定防護係数
取替え式	全面形面体	RS 3 又は RL 3	50
		RS 2 又は RL 2	14
		RS 1 又は RL 1	4
	半面形面体	RS 3 又は RL 3	10
		RS 2 又は RL 2	10
		RS 1 又は RL 1	4
使い捨て式		DS 3 又は DL 3	10
		DS 2 又は DL 2	10
		DS 1 又は DL 1	4

備　考　RS 1, RS 2, RS 3, RL 1, RL 2, RL 3, DS 1, DS 2, DS 3, DL 1, DL 2 及び DL 3
は，防じんマスクの規格（昭和63年労働省告示第19号）第1条第3項の規定による
区分であること。

別表第3（第5条関係）

電動ファン付き呼吸用保護具の種類			指定防護係数
全面形面体	S 級	PS 3 又は PL 3	1,000
	A 級	PS 2 又は PL 2	90
	A 級又は B 級	PS 1 又は PL 1	19
半面形面体	S 級	PS 3 又は PL 3	50
	A 級	PS 2 又は PL 2	33
	A 級又は B 級	PS 1 又は PL 1	14
フード形又はフェイスシールド形	S 級	PS 3 又は PL 3	25
	A 級		20
	S 級又は A 級	PS 2 又は PL 2	20
	S 級, A 級又は B 級	PS 1 又は PL 1	11

備考　S 級, A 級及び B 級は，電動ファン付き呼吸用保護具の規格（平成26年厚生
労働省告示第455号）第1条第4項の規定による区分（別表第5において同じ。）で
あること。PS 1, PS 2, PS 3, PL 1, PL 2及び PL 3は，同条第5項の規定による区分
（別表第5において同じ。）であること。

別表第4（第5条関係）

その他の呼吸用保護具の種類			指定防護係数
循環式呼吸器	全面形面体	圧縮酸素形かつ陽圧形	10,000
		圧縮酸素形かつ陰圧形	50
		酸素発生形	50
	半面形面体	圧縮酸素形かつ陽圧形	50
		圧縮酸素形かつ陰圧形	10
		酸素発生形	10
空気呼吸器	全面形面体	プレッシャデマンド形	10,000
		デマンド形	50
	半面形面体	プレッシャデマンド形	50
		デマンド形	10
エアラインマスク	全面形面体	プレッシャデマンド形	1,000
		デマンド形	50
		一定流量形	1,000
	半面形面体	プレッシャデマンド形	50
		デマンド形	10
		一定流量形	50
	フード形又はフェイスシールド形	一定流量形	25
ホースマスク	全面形面体	電動送風機形	1,000
		手動送風機形又は肺力吸引形	50
	半面形面体	電動送風機形	50
		手動送風機形又は肺力吸引形	10
	フード形又はフェイスシールド形	電動送風機形	25

別表第5（第5条関係）

呼吸用保護具の種類		指定防護係数
半面形面体を有する電動ファン付き呼吸用保護具	S級かつPS3又はPL3	300
フード形の電動ファン付き呼吸用保護具		1,000
フェイスシールド形の電動ファン付き呼吸用保護具		300
フード形のエアラインマスク	一定流量形	1,000

5　作業環境測定基準（抄）

（昭和 51 年 4 月 22 日労働省告示第 46 号）

（最終改正　令和 2 年 12 月 25 日厚生労働省告示第 397 号）

（定義）

第1条　この告示において，次の各号に掲げる用語の意義は，それぞれ当該各号に定めるところによる。

1～4　略

5　ろ過捕集方法　試料空気をろ過材（0.3 マイクロメートルの粒子を 95 パーセント以上捕集する性能を有するものに限る。）を通して吸引することにより当該ろ過材に測定しようとする物を捕集する方法をいう。

（鉛の濃度の測定）

第11条　令〈編注：労働安全衛生法施行令（昭和 47 年政令第 318 号）〉第 21 条第 8 号の屋内作業場における空気中の鉛の濃度の測定は，ろ過捕集方法又はこれと同等以上の性能を有する試料採取方法及び吸光光度分析方法若しくは原子吸光分析方法又はこれらと同等以上の性能を有する分析方法によらなければならない。

②　第 2 条第 1 項第 1 号から第 2 号の 2 まで及び第 3 号本文の規定は，前項に規定する測定について準用する。この場合において，同条第 1 項第 1 号，第 1 号の 2 及び第 2 号の 2 中「土石，岩石，鉱物，金属又は炭素の粉じん」とあるのは，「鉛」と読み替えるものとする。

（編注）第 11 条第 2 項による読み替えを行うと次のとおりとなる。

1　測定点は，単位作業場所（当該作業場の区域のうち労働者の作業中の行動範囲，有害物の分布等の状況等に基づき定められる作業環境測定のために必要な区域をいう。以下同じ。）の床面上に 6 メートル以下の等間隔で引いた縦の線と横の線との交点の床上 50 センチメートル以上 150 センチメートル以下の位置（設備等があって測定が著しく困難な位置を除く。）とすること。ただし，単位作業場所における空気中の鉛の濃度がほぼ均一であることが明らかなときは，測定点に係る交点は，当該単位作業場所の床面上に 6 メートルを超える等間隔で引いた縦の線と横の線との交点とすることができる。

1の2　前号の規定にかかわらず，同号の規定により測定点が 5 に満たないこととなる場合にあつても，測定点は，単位作業場所について 5 以上とすること。ただし，単位作業場所が著しく狭い場合であつて，当該単位作業場所における空気中の鉛の濃度がほぼ均一であることが明らかなときは，この限りでない。

2　前二号の測定は，作業が定常的に行われている時間に行うこと。

2の2　鉛の発散源に近接する場所において作業が行われる単位作業場所にあっては，前三号に定める測定のほか，当該作業が行われる時間のうち，空気中の鉛の濃度が最

も高くなると思われる時間に，当該作業が行われる位置において測定を行うこと。

　　3　一の測定点における試料空気の採取時間は，10分間以上の継続した時間とすること。ただし，相対濃度指示方法による測定については，この限りでない。

③　前項の規定にかかわらず，第10条第5項各号の規定は，第1項に規定する測定につき、準用することができる。この場合において、同条第5項中「令別表第3第1号6又は同表第2号3の2,9から11まで，13,13の2,19,21,22,23若しくは27の2に掲げる物（以下この項において「低管理濃度特定化学物質」という。)」とあるのは，「鉛」と読み替えるものとする。

（編注）第11条第3項による読み替えを行うと次のとおりとなる。

⑤　前項の規定にかかわらず，第1項に規定する測定のうち，鉛の濃度の測定は，次に定めるところによることができる。

　　1　試料空気の採取等は，単位作業場所において作業に従事する労働者の身体に装着する試料採取機器等を用いる方法により行うこと。

　　2　前号の規定による試料採取機器等の装着は，単位作業場所において，労働者にばく露される低管理濃度特定化学物質の量がほぼ均一であると見込まれる作業ごとに，それぞれ，適切な数の労働者に対して行うこと。ただし，その数は，それぞれ，5人を下回つてはならない。

　　3　第1号の規定による試料空気の採取等の時間は，前号の労働者が一の作業日のうち単位作業場所において作業に従事する全時間とすること。ただし，当該作業に従事する時間が2時間を超える場合であつて，同一の作業を反復する等労働者にばく露される低管理濃度特定化学物質の濃度がほぼ均一であることが明らかなときは，2時間を下回らない範囲内において当該試料空気の採取等の時間を短縮することができる。

　　4　単位作業場所において作業に従事する労働者の数が5人を下回る場合にあつては，第2号ただし書及び前号本文の規定にかかわらず，一の労働者が一の作業日のうち単位作業場所において作業に従事する時間を分割し，2以上の第1号の規定による試料空気の採取等が行われたときは，当該試料空気の採取等は，当該2以上の採取された試料空気の数と同数の労働者に対して行われたものとみなすことができること。

　　5　低管理濃度特定化学物質の発散源に近接する場所において作業が行われる単位作業場所にあつては，前各号に定めるところによるほか，当該作業が行われる時間のうち，空気中の低管理濃度特定化学物質の濃度が最も高くなると思われる時間に，試料空気の採取等を行うこと。

　　6　前号の規定による試料空気の採取等の時間は，15分間とすること。

6 作業環境評価基準（抄）

（昭和 63 年 9 月 1 日労働省告示第 79 号）

（最終改正 令和 2 年 4 月 22 日厚生労働省告示第 192 号）

（適用）

第1条 この告示は，労働安全衛生法第 65 条第 1 項の作業場のうち，労働安全衛生法施行令（昭和 47 年政令第 318 号）第 21 条第 1 号，第 7 号，第 8 号及び第 10 号に掲げるものについて適用する。

（測定結果の評価）

第2条 労働安全衛生法第 65 条の 2 第 1 項の作業環境測定の結果の評価は，単位作業場所（作業環境測定基準（昭和 51 年労働省告示第 46 号）第 2 条第 1 項第 1 号に規定する単位作業場所をいう。以下同じ。）ごとに，次の各号に掲げる場合に応じ，それぞれ当該各号の表の下欄〈編注：右欄〉に掲げるところにより，第 1 管理区分から第 3 管理区分までに区分することにより行うものとする。

1 A 測定（作業環境測定基準第 2 条第 1 項第 1 号から第 2 号までの規定により行う測定（作業環境測定基準第 10 条第 4 項，第 10 条の 2 第 2 項，第 11 条第 2 項及び第 13 条第 4 項において準用する場合を含む。）をいう。以下同じ。）のみを行つた場合

管理区分	評価値と測定対象物に係る別表に掲げる管理濃度との比較の結果
第 1 管理区分	第 1 評価値が管理濃度に満たない場合
第 2 管理区分	第 1 評価値が管理濃度以上であり，かつ，第 2 評価値が管理濃度以下である場合
第 3 管理区分	第 2 評価値が管理濃度を超える場合

2 A 測定及び B 測定（作業環境測定基準第 2 条第 1 項第 2 号の 2 の規定により行う測定（作業環境測定基準第 10 条第 4 項，第 10 条の 2 第 2 項，第 11 条第 2 項及び第 13 条第 4 項において準用する場合を含む。）をいう。以下同じ。）を行つた場合

管理区分	評価値又は B 測定の測定値と測定対象物に係る別表に掲げる管理濃度との比較の結果
第 1 管理区分	第 1 評価値及び B 測定の測定値（2 以上の測定点において B 測定を実施した場合には，そのうちの最大値。以下同じ。）が管理濃度に満たない場合
第 2 管理区分	第 2 評価値が管理濃度以下であり，かつ，B 測定の測定値が管理濃度の 1.5 倍以下である場合（第 1 管理区分に該当する場合を除く。）
第 3 管理区分	第 2 評価値が管理濃度を超える場合又は B 測定の測定値が管理濃度の 1.5 倍を超える場合

②　測定対象物の濃度が当該測定で採用した試料採取方法及び分析方法によつて求められる定量下限の値に満たない測定点がある単位作業場所にあつては，当該定量下限の値を当該測定点における測定値とみなして，前項の区分を行うものとする。

③　測定値が管理濃度の 10 分の 1 に満たない測定点がある単位作業場所にあつては，管理濃度の 10 分の 1 を当該測定点における測定値とみなして，第 1 項の区分を行うことができる。

④　略

（評価値の計算）

第3条　前条第 1 項の第 1 評価値及び第 2 評価値は，次の式により計算するものとする。

$$\log EA_1 = \log M_1 + 1.645\sqrt{\log^2 \sigma_1 + 0.084}$$

$$\log EA_2 = \log M_1 + 1.151\ (\log^2 \sigma_1 + 0.084)$$

> 　これらの式において，EA_1，M_1，σ_1 及び EA_2 は，それぞれ次の値を表すものとする。
>
> EA_1　第 1 評価値
>
> M_1　A 測定の測定値の幾何平均値
>
> σ_1　A 測定の測定値の幾何標準偏差
>
> EA_2　第 2 評価値

②　前項の規定にかかわらず，連続する 2 作業日（連続する 2 作業日について測定を行うことができない合理的な理由がある場合にあつては，必要最小限の間隔を空けた 2 作業日）に測定を行つたときは，第 1 評価値及び第 2 評価値は，次の式により計算することができる。

$$\log EA_1 = \frac{1}{2}(\log M_1 + \log M_2) + 1.645\sqrt{\frac{1}{2}(\log^2 \sigma_1 + \log^2 \sigma_2) + \frac{1}{2}(\log M_1 - \log M_2)^2}$$

$$\log EA_2 = \frac{1}{2}(\log M_1 + \log M_2) + 1.151\left\{\frac{1}{2}(\log^2 \sigma_1 + \log^2 \sigma_2) + \frac{1}{2}(\log M_1 - \log M_2)^2\right\}$$

> 　これらの式において，EA_1，M_1，M_2，σ_1，σ_2 及び EA_2 は，それぞれ次の値を表すものとする。
>
> EA_1　第 1 評価値
>
> M_1　1 日目の A 測定の測定値の幾何平均値
>
> M_2　2 日目の A 測定の測定値の幾何平均値
>
> σ_1　1 日目の A 測定の測定値の幾何標準偏差
>
> σ_2　2 日目の A 測定の測定値の幾何標準偏差
>
> EA_2　第 2 評価値

第4条　前二条の規定は，C測定（作業環境測定基準第10条第5項第1号から第4号までの規定により行う測定（作業環境測定基準第11条第3項及び第13条第5項において準用する場合を含む。）をいう。）及びD測定（作業環境測定基準第10条第5項第5号及び第6号の規定により行う測定（作業環境測定基準第11条第3項及び第13条第5項において準用する場合を含む。）をいう。）について準用する。この場合において，第2条第1項第1号中「A測定（作業環境測定基準第2条第1項第1号から第2号までの規定により行う測定（作業環境測定基準第10条第4項，第10条の2第2項，第11条第2項及び第13条第4項において準用する場合を含む。）をいう。以下同じ。）」とあるのは「C測定（作業環境測定基準第10条第5項第1号から第4号までの規定により行う測定（作業環境測定基準第11条第3項及び第13条第5項において準用する場合を含む。）をいう。以下同じ。）」と，同項第2号中「A測定及びB測定（作業環境測定基準第2条第1項第2号の2の規定により行う測定（作業環境測定基準第10条第4項，第10条の2第2項，第11条第2項及び第13条第4項において準用する場合を含む。）をいう。以下同じ。）」とあるのは「C測定及びD測定（作業環境測定基準第10条第5項第5号及び第6号の規定により行う測定（作業環境測定基準第11条第3項及び第13条第5項において準用する場合を含む。）をいう。以下同じ。）」と，「B測定の測定値」とあるのは「D測定の測定値」と「（2以上の測定点においてB測定を実施した場合には，そのうちの最大値。以下同じ。）」とあるのは「（2人以上の者に対してD測定を実施した場合には，そのうちの最大値。以下同じ。）」と，同条第2項及び第3項中「測定点がある単位作業場所」とあるのは「測定値がある単位作業場所」と，同条第2項から第4項までの規定中「測定点における測定値」とあるのは「測定値」と，同条第4項中「測定点ごとに」とあるのは「測定値ごとに」と，前条中「logEA$_1$」とあるのは「logEC$_1$」と，「logEA$_2$」とあるのは「logEC$_2$」と，「EA$_1$」とあるのは「EC$_1$」と，「EA$_2$」とあるのは「EC$_2$」と，「A測定の測定値」とあるのは「C測定の測定値」と，それぞれ読み替えるものとする。

別表（第2条関係）

物の種類	管理濃度
略	
34　鉛及びその化合物	鉛として 0.05 mg／m^3
略	

7　防じんマスクの選択，使用等について

（平成 17 年 2 月 7 日基発第 0207006 号）

（最終改正　令和 3 年 1 月 26 日基発 0126 第 2 号）

　　防じんマスクは，空気中に浮遊する粒子状物質（以下「粉じん等」という。）の吸入により生じるじん肺等の疾病を予防するために使用されるものであり，その規格については，防じんマスクの規格（昭和 63 年労働省告示第 19 号）において定められているが，その適正な使用等を図るため，平成 8 年 8 月 6 日付け基発第 505 号「防じんマスクの選択，使用等について」により，その適正な選択，使用等について指示してきたところである。

　　防じんマスクの規格については，その後，平成 12 年 9 月 11 日に公示され，同年 11 月 15 日から適用された「防じんマスクの規格及び防毒マスクの規格の一部を改正する告示（平成 12 年労働省告示第 88 号）」において一部が改正されたが，改正前の防じんマスクの規格（以下「旧規格」という。）に基づく型式検定に合格した防じんマスクであって，当該型式の型式検定合格証の有効期間（5 年）が満了する日までに製造されたものについては，改正後の防じんマスクの規格（以下「新規格」という。）に基づく型式検定に合格したものとみなすこととしていたことから，改正後も引き続き，新規格に基づく防じんマスクと併せて，旧規格に基づく防じんマスクが使用されていたところである。

　　しかしながら，最近，新規格に基づく防じんマスクが大部分を占めることとなってきた現状にかんがみ，今般，新規格に基づく防じんマスクの選択，使用等の留意事項について下記のとおり定めたので，了知の上，今後の防じんマスクの選択，使用等の適正化を図るための指導等に当たって遺憾なきを期されたい。

　　なお，平成 8 年 8 月 6 日付け基発第 505 号「防じんマスクの選択，使用等について」は，本通達をもって廃止する。

記

第 1　事業者が留意する事項

　1　全体的な留意事項

　　　事業者は，防じんマスクの選択，使用等に当たって，次に掲げる事項について特に留意すること。

　⑴　事業者は，衛生管理者，作業主任者等の労働衛生に関する知識及び経験を有する者のうちから，各作業場ごとに防じんマスクを管理する保護具着用管理責任者を指名し，防じんマスクの適正な選択，着用及び取扱方法について必要な指導を行わせるとともに，防じんマスクの適正な保守管理に当たらせること。

⑵　事業者は，作業に適した防じんマスクを選択し，防じんマスクを着用する労働者に対し，当該防じんマスクの取扱説明書，ガイドブック，パンフレット等（以下「取扱説明書等」という。）に基づき，防じんマスクの適正な装着方法，使用方法及び顔面と面体の密着性の確認方法について十分な教育や訓練を行うこと。

2　防じんマスクの選択に当たっての留意事項

　　防じんマスクの選択に当たっては，次の事項に留意すること。

⑴　防じんマスクは，機械等検定規則（昭和47年労働省令第45号）第14条の規定に基づき面体，ろ過材及び吸気補助具が分離できる吸気補助具付き防じんマスクの吸気補助具ごと（使い捨て式防じんマスクにあっては面体ごと）に付されている型式検定合格標章により型式検定合格品であることを確認すること。なお，吸気補助具付き防じんマスクについては，機械等検定規則（昭和47年労働省令第45号）に定める型式検定合格標章に「補」が記載されていることに留意すること。

　　また，型式検定合格標章において，型式検定合格番号の同一のものが適切な組合せであり，当該組合せで使用して初めて型式検定に合格した防じんマスクとして有効に機能するものであることに留意すること。

⑵　労働安全衛生規則（昭和47年労働省令第32号。以下「安衛則」という。）第592条の5，鉛中毒予防規則（昭和47年労働省令第37号。以下「鉛則」という。）第58条，特定化学物質等障害予防規則（昭和47年労働省令第39号。以下「特化則」という。）第43条，電離放射線障害防止規則（昭和47年労働省令第41号。以下「電離則」という。）第38条及び粉じん障害防止規則（昭和54年労働省令第18号。以下「粉じん則」という。）第27条のほか労働安全衛生法令に定める呼吸用保護具のうち防じんマスクについては，粉じん等の種類及び作業内容に応じ，別紙の表に示す防じんマスクの規格第1条第3項に定める性能を有するものであること。

⑶　次の事項について留意の上，防じんマスクの性能が記載されている取扱説明書等を参考に，それぞれの作業に適した防じんマスクを選ぶこと。

　ア　粉じん等の種類及び作業内容の区分並びにオイルミスト等の混在の有無の区分のうち，複数の性能の防じんマスクを使用させることが可能な区分であっても，作業環境中の粉じん等の種類，作業内容，粉じん等の発散状況，作業時のばく露の危険性の程度等を考慮した上で，適切な区分の防じんマスクを選ぶこと。高濃度ばく露のおそれがあると認められるときは，できるだけ粉じん捕集効率が高く，かつ，排気弁の動的漏れ率が低いものを選ぶこと。さらに，顔面とマスクの面体の高い密着性が要求される有害性の高い物質を取り扱う作業については，取替え式の防じんマスクを選ぶこと。

イ 粉じん等の種類及び作業内容の区分並びにオイルミスト等の混在の有無
の区分のうち，複数の性能の防じんマスクを使用させることが可能な区分に
ついては，作業内容，作業強度等を考慮し，防じんマスクの重量，吸気抵抗，
排気抵抗等が当該作業に適したものを選ぶこと。具体的には，吸気抵抗及び
排気抵抗が低いほど呼吸が楽にできることから，作業強度が強い場合にあっ
ては，吸気抵抗及び排気抵抗ができるだけ低いものを選ぶこと。

ウ ろ過材を有効に使用することのできる時間は，作業環境中の粉じん等の
種類，粒径，発散状況及び濃度に影響を受けるため，これらの要因を考慮し
て選択すること。

吸気抵抗上昇値が高いものほど目詰まりが早く，より短時間で息苦しく
なることから，有効に使用することのできる時間は短くなること。

また，防じんマスクは一般に粉じん等を捕集するに従って吸気抵抗が高
くなるが，RS 1，RS 2，RS 3，DS 1，DS 2又はDS 3の防じんマスクでは，
オイルミスト等が堆積した場合に吸気抵抗が変化せずに急激に粒子捕集効率
が低下するもの，また，RL 1，RL 2，RL 3，DL 1，DL 2又はDL 3の防じん
マスクでも多量のオイルミスト等の堆積により粒子捕集効率が低下するもの
があるので，吸気抵抗の上昇のみを使用限度の判断基準にしないこと。

(4) 防じんマスクの顔面への密着性の確認

粒子捕集効率の高い防じんマスクであっても，着用者の顔面と防じんマス
クの面体との密着が十分でなく漏れがあると，粉じんの吸入を防ぐ効果が低下
するため，防じんマスクの面体は，着用者の顔面に合った形状及び寸法の接顔
部を有するものを選択すること。特に，ろ過材の粒子捕集効率が高くなるほど，
粉じんの吸入を防ぐ効果を上げるためには，密着性を確保する必要があること。
そのため，以下の方法又はこれと同等以上の方法により，各着用者に顔面への
密着性の良否を確認させること。

なお，大気中の粉じん，塩化ナトリウムエアロゾル，サッカリンエアロゾ
ル等を用いて密着性の良否を確認する機器もあるので，これらを可能な限り利
用し，良好な密着性を確保すること。

ア 取替え式防じんマスクの場合

作業時に着用する場合と同じように，防じんマスクを着用させる。なお，
保護帽，保護眼鏡等の着用が必要な作業にあっては，保護帽，保護眼鏡等も
同時に着用させる。その後，いずれかの方法により密着性を確認させること。

(ア) 陰圧法

防じんマスクの面体を顔面に押しつけないように，フィットチェッカ
ー等を用いて吸気口をふさぐ。息を吸って，防じんマスクの面体と顔面と
の隙間から空気が面体内に漏れ込まず，面体が顔面に吸いつけられるかど

うかを確認する。

　(イ)　陽圧法

　　　防じんマスクの面体を顔面に押しつけないように，フィットチェッカー等を用いて排気口をふさぐ。息を吐いて，空気が面体内から流出せず，面体内に呼気が滞留することによって面体が膨張するかどうかを確認する。

　イ　使い捨て式防じんマスクの場合

　　　使い捨て式防じんマスクの取扱説明書等に記載されている漏れ率のデータを参考とし，個々の着用者に合った大きさ，形状のものを選択すること。

3　防じんマスクの使用に当たっての留意事項

　　防じんマスクの使用に当たっては，次の事項に留意すること。

(1)　防じんマスクは，酸素濃度18%未満の場所では使用してはならないこと。このような場所では給気式呼吸用保護具を使用させること。

　　また，防じんマスク（防臭の機能を有しているものを含む。）は，有害なガスが存在する場所においては使用させてはならないこと。このような場所では防毒マスク又は給気式呼吸用保護具を使用させること。

(2)　防じんマスクを適正に使用するため，防じんマスクを着用する前には，その都度，着用者に次の事項について点検を行わせること。

　ア　吸気弁，面体，排気弁，しめひも等に破損，亀裂又は著しい変形がないこと。

　イ　吸気弁，排気弁及び弁座に粉じん等が付着していないこと。

　　　なお，排気弁に粉じん等が付着している場合には，相当の漏れ込みが考えられるので，陰圧法により密着性，排気弁の気密性等を十分に確認すること。

　ウ　吸気弁及び排気弁が弁座に適切に固定され，排気弁の気密性が保たれていること。

　エ　ろ過材が適切に取り付けられていること。

　オ　ろ過材が破損したり，穴が開いていないこと。

　カ　ろ過材から異臭が出ていないこと。

　キ　予備の防じんマスク及びろ過材を用意していること。

(3)　防じんマスクを適正に使用させるため，顔面と面体の接顔部の位置，しめひもの位置及び締め方等を適切にさせること。また，しめひもについては，耳にかけることなく，後頭部において固定させること。

(4)　着用後，防じんマスクの内部への空気の漏れ込みがないことをフィットチェッカー等を用いて確認させること。

　　なお，取替え式防じんマスクに係る密着性の確認方法は，上記2の(4)のア

に記載したいずれかの方法によること。

(5)　次のような防じんマスクの着用は，粉じん等が面体の接顔部から面体内へ
　　漏れ込むおそれがあるため，行わせないこと。

　　ア　タオル等を当てた上から防じんマスクを使用すること。

　　イ　面体の接顔部に「接顔メリヤス」等を使用すること。ただし，防じんマ
　　　スクの着用により皮膚に湿しん等を起こすおそれがある場合で，かつ，面体
　　　と顔面との密着性が良好であるときは，この限りでないこと。

　　ウ　着用者のひげ，もみあげ，前髪等が面体の接顔部と顔面の間に入り込ん
　　　だり，排気弁の作動を妨害するような状態で防じんマスクを使用すること。

(6)　防じんマスクの使用中に息苦しさを感じた場合には，ろ過材を交換するこ
　　と。なお，使い捨て式防じんマスクにあっては，当該マスクに表示されている
　　使用限度時間に達した場合又は使用限度時間内であっても，息苦しさを感じた
　　り，著しい型くずれを生じた場合には廃棄すること。

4　防じんマスクの保守管理上の留意事項

　　防じんマスクの保守管理に当たっては，次の事項に留意すること。

(1)　予備の防じんマスク，ろ過材その他の部品を常時備え付け，適時交換して
　　使用できるようにすること。

(2)　防じんマスクを常に有効かつ清潔に保持するため，使用後は粉じん等及び
　　湿気の少ない場所で，吸気弁，面体，排気弁，しめひも等の破損，亀裂，変形
　　等の状況及びろ過材の固定不良，破損等の状況を点検するとともに，防じんマ
　　スクの各部について次の方法により手入れを行うこと。ただし，取扱説明書等
　　に特別な手入れ方法が記載されている場合は，その方法に従うこと。

　　ア　吸気弁，面体，排気弁，しめひも等については，乾燥した布片又は軽く
　　　水で湿らせた布片で，付着した粉じん，汗等を取り除くこと。

　　　　また，汚れの著しいときは，ろ過材を取り外した上で面体を中性洗剤等
　　　により水洗すること。

　　イ　ろ過材については，よく乾燥させ，ろ過材上に付着した粉じん等が飛散
　　　しない程度に軽くたたいて粉じん等を払い落すこと。

　　　　ただし，ひ素，クロム等の有害性が高い粉じん等に対して使用したろ過
　　　材については，1回使用するごとに廃棄すること。

　　　　なお，ろ過材上に付着した粉じん等を圧搾空気等で吹き飛ばしたり，ろ
　　　過材を強くたたくなどの方法によるろ過材の手入れは，ろ過材を破損させる
　　　ほか，粉じん等を再飛散させることとなるので行わないこと。

　　　　また，ろ過材には水洗して再使用できるものと，水洗すると性能が低下
　　　したり破損したりするものがあるので，取扱説明書等の記載内容を確認し，
　　　水洗が可能な旨の記載のあるもの以外は水洗してはならないこと。

　　　ウ　取扱説明書等に記載されている防じんマスクの性能は，ろ過材が新品の場合のものであり，一度使用したろ過材を手入れして再使用（水洗して再使用することを含む。）する場合は，新品時より粒子捕集効率が低下していないこと及び吸気抵抗が上昇していないことを確認して使用すること。

⑶　次のいずれかに該当する場合には，防じんマスクの部品を交換し，又は防じんマスクを廃棄すること。

　　　ア　ろ過材について，破損した場合，穴が開いた場合又は著しい変形を生じた場合

　　　イ　吸気弁，面体，排気弁等について，破損，亀裂若しくは著しい変形を生じた場合又は粘着性が認められた場合

　　　ウ　しめひもについて，破損した場合又は弾性が失われ，伸縮不良の状態が認められた場合

　　　エ　使い捨て式防じんマスクにあっては，使用限度時間に達した場合又は使用限度時間内であっても，作業に支障をきたすような息苦しさを感じたり著しい型くずれを生じた場合

⑷　点検後，直射日光の当たらない，湿気の少ない清潔な場所に専用の保管場所を設け，管理状況が容易に確認できるように保管すること。なお，保管に当たっては，積み重ね，折り曲げ等により面体，連結管，しめひも等について，亀裂，変形等の異常を生じないようにすること。

⑸　使用済みのろ過材及び使い捨て式防じんマスクは，付着した粉じん等が再飛散しないように容器又は袋に詰めた状態で廃棄すること。

第2　製造者等が留意する事項

　　防じんマスクの製造者等は，次の事項を実施するよう努めること。

1　防じんマスクの販売に際し，事業者等に対し，防じんマスクの選択，使用等に関する情報の提供及びその具体的な指導をすること。

2　防じんマスクの選択，使用等について，不適切な状態を把握した場合には，これを是正するように，事業者等に対し，指導すること。

別紙

粉じん等の種類及び作業内容	粉じんマスクの性能の区分
(略)	
○　鉛則第 58 条，特化則第 43 条及び粉じん則第 27 条 　金属のヒューム（溶接ヒュームを含む。）を発散する 　場所における作業において使用する防じんマスク	
・オイルミスト等が混在しない場合	RS 2，RS 3，DS 2，DS 3， RL 2，RL 3，DL 2，DL 3
・オイルミスト等が混在する場合	RL 2，RL 3，DL 2，DL 3
○　鉛則第 58 条及び特化則第 43 条 　管理濃度が 0. 1 mg/m³ 以下の物質の粉じんを発散す 　る場所における作業において使用する防じんマスク	
・オイルミスト等が混在しない場合	RS 2，RS 3，DS 2，DS 3， RL 2，RL 3，DL 2，DL 3
・オイルミスト等が混在する場合	RL 2，RL 3，DL 2，DL 3
(略)	

8　化学物質等による危険性又は有害性等の調査等に関する指針

（平成 27 年 9 月 18 日危険性又は有害性等の調査等に関する指針公示第 3 号）

1　趣旨等

　　本指針は，労働安全衛生法（昭和 47 年法律第 57 号。以下「法」という。）第 57 条の 3 第 3 項の規定に基づき，事業者が，化学物質，化学物質を含有する製剤その他の物で労働者の危険又は健康障害を生ずるおそれのあるものによる危険性又は有害性等の調査（以下「リスクアセスメント」という。）を実施し，その結果に基づいて労働者の危険又は健康障害を防止するため必要な措置（以下「リスク低減措置」という。）が各事業場において適切かつ有効に実施されるよう，リスクアセスメントからリスク低減措置の実施までの一連の措置の基本的な考え方及び具体的な手順の例を示すとともに，これらの措置の実施上の留意事項を定めたものである。

　　また，本指針は，「労働安全衛生マネジメントシステムに関する指針」（平成 11 年労働省告示第 53 号）に定める危険性又は有害性等の調査及び実施事項の特定の具体的実施事項としても位置付けられるものである。

2　適用

　　本指針は，法第 57 条の 3 第 1 項の規定に基づき行う「第 57 条第 1 項の政令で定める物及び通知対象物」（以下「化学物質等」という。）に係るリスクアセスメントについて適用し，労働者の就業に係る全てのものを対象とする。

3　実施内容

　　事業者は，法第 57 条の 3 第 1 項に基づくリスクアセスメントとして，(1)から(3)までに掲げる事項を，労働安全衛生規則（昭和 47 年労働省令第 32 号。以下「安衛則」という。）第 34 条の 2 の 8 に基づき(5)に掲げる事項を実施しなければならない。また，法第 57 条の 3 第 2 項に基づき，法令の規定による措置を講ずるほか(4)に掲げる事項を実施するよう努めなければならない。

(1)　化学物質等による危険性又は有害性の特定

(2)　(1)により特定された化学物質等による危険性又は有害性並びに当該化学物質等を取り扱う作業方法，設備等により業務に従事する労働者に危険を及ぼし，又は当該労働者の健康障害を生ずるおそれの程度及び当該危険又は健康障害の程度（以下「リスク」という。）の見積り

(3)　(2)の見積りに基づくリスク低減措置の内容の検討

(4)　(3)のリスク低減措置の実施

(5)　リスクアセスメント結果の労働者への周知

4　実施体制等

(1)　事業者は，次に掲げる体制でリスクアセスメント及びリスク低減措置（以下「リス

クアセスメント等」という。）を実施するものとする。

ア　総括安全衛生管理者が選任されている場合には，当該者にリスクアセスメント等の実施を統括管理させること。総括安全衛生管理者が選任されていない場合には，事業の実施を統括管理する者に統括管理させること。

イ　安全管理者又は衛生管理者が選任されている場合には，当該者にリスクアセスメント等の実施を管理させること。安全管理者又は衛生管理者が選任されていない場合には，職長その他の当該作業に従事する労働者を直接指導し，又は監督する者としての地位にあるものにリスクアセスメント等の実施を管理させること。

ウ　化学物質等の適切な管理について必要な能力を有する者のうちから化学物質等の管理を担当する者（以下「化学物質管理者」という。）を指名し，この者に，上記イに掲げる者の下でリスクアセスメント等に関する技術的業務を行わせることが望ましいこと。

エ　安全衛生委員会，安全委員会又は衛生委員会が設置されている場合には，これらの委員会においてリスクアセスメント等に関することを調査審議させ，また，当該委員会が設置されていない場合には，リスクアセスメント等の対象業務に従事する労働者の意見を聴取する場を設けるなど，リスクアセスメント等の実施を決定する段階において労働者を参画させること。

オ　リスクアセスメント等の実施に当たっては，化学物質管理者のほか，必要に応じ，化学物質等に係る危険性及び有害性や，化学物質等に係る機械設備，化学設備，生産技術等についての専門的知識を有する者を参画させること。

カ　上記のほか，より詳細なリスクアセスメント手法の導入又はリスク低減措置の実施に当たっての，技術的な助言を得るため，労働衛生コンサルタント等の外部の専門家の活用を図ることが望ましいこと。

⑵　事業者は，⑴のリスクアセスメントの実施を管理する者，技術的業務を行う者等（カの外部の専門家を除く。）に対し，リスクアセスメント等を実施するために必要な教育を実施するものとする。

5　実施時期

⑴　事業者は，安衛則第34条の2の7第1項に基づき，次のアからウまでに掲げる時期にリスクアセスメントを行うものとする。

ア　化学物質等を原材料等として新規に採用し，又は変更するとき。

イ　化学物質等を製造し，又は取り扱う業務に係る作業の方法又は手順を新規に採用し，又は変更するとき。

ウ　化学物質等による危険性又は有害性等について変化が生じ，又は生ずるおそれがあるとき。具体的には，化学物質等の譲渡又は提供を受けた後に，当該化学物質等を譲渡し，又は提供した者が当該化学物質等に係る安全データシート（以下「SDS」という。）の危険性又は有害性に係る情報を変更し，その内容が事業者に提供され

た場合等が含まれること。

(2)　事業者は，(1)のほか，次のアからウまでに掲げる場合にもリスクアセスメントを行うよう努めること。

　ア　化学物質等に係る労働災害が発生した場合であって，過去のリスクアセスメント等の内容に問題がある場合

　イ　前回のリスクアセスメント等から一定の期間が経過し，化学物質等に係る機械設備等の経年による劣化，労働者の入れ替わり等に伴う労働者の安全衛生に係る知識経験の変化，新たな安全衛生に係る知見の集積等があった場合

　ウ　既に製造し，又は取り扱っていた物質がリスクアセスメントの対象物質として新たに追加された場合など，当該化学物質等を製造し，又は取り扱う業務について過去にリスクアセスメント等を実施したことがない場合

(3)　事業者は，(1)のア又はイに掲げる作業を開始する前に，リスク低減措置を実施することが必要であることに留意するものとする。

(4)　事業者は，(1)のア又はイに係る設備改修等の計画を策定するときは，その計画策定段階においてもリスクアセスメント等を実施することが望ましいこと。

6　リスクアセスメント等の対象の選定

　　事業者は，次に定めるところにより，リスクアセスメント等の実施対象を選定するものとする。

(1)　事業場における化学物質等による危険性又は有害性等をリスクアセスメント等の対象とすること。

(2)　リスクアセスメント等は，対象の化学物質等を製造し，又は取り扱う業務ごとに行うこと。ただし，例えば，当該業務に複数の作業工程がある場合に，当該工程を1つの単位とする，当該業務のうち同一場所において行われる複数の作業を1つの単位とするなど，事業場の実情に応じ適切な単位で行うことも可能であること。

(3)　元方事業者にあっては，その労働者及び関係請負人の労働者が同一の場所で作業を行うこと（以下「混在作業」という。）によって生ずる労働災害を防止するため，当該混在作業についても，リスクアセスメント等の対象とすること。

7　情報の入手等

(1)　事業者は，リスクアセスメント等の実施に当たり，次に掲げる情報に関する資料等を入手するものとする。入手に当たっては，リスクアセスメント等の対象には，定常的な作業のみならず，非定常作業も含まれることに留意すること。また，混在作業等複数の事業者が同一の場所で作業を行う場合にあっては，当該複数の事業者が同一の場所で作業を行う状況に関する資料等も含めるものとすること。

　ア　リスクアセスメント等の対象となる化学物質等に係る危険性又は有害性に関する情報（SDS等）

　イ　リスクアセスメント等の対象となる作業を実施する状況に関する情報（作業標準，

作業手順書等，機械設備等に関する情報を含む。）

(2)　事業者は，(1)のほか，次に掲げる情報に関する資料等を，必要に応じ入手するものとすること。

　ア　化学物質等に係る機械設備等のレイアウト等，作業の周辺の環境に関する情報

　イ　作業環境測定結果等

　ウ　災害事例，災害統計等

　エ　その他，リスクアセスメント等の実施に当たり参考となる資料等

(3)　事業者は，情報の入手に当たり，次に掲げる事項に留意するものとする。

　ア　新たに化学物質等を外部から取得等しようとする場合には，当該化学物質等を譲渡し，又は提供する者から，当該化学物質等に係るSDSを確実に入手すること。

　イ　化学物質等に係る新たな機械設備等を外部から導入しようとする場合には，当該機械設備等の製造者に対し，当該設備等の設計・製造段階においてリスクアセスメントを実施することを求め，その結果を入手すること。

　ウ　化学物質等に係る機械設備等の使用又は改造等を行おうとする場合に，自らが当該機械設備等の管理権原を有しないときは，管理権原を有する者等が実施した当該機械設備等に対するリスクアセスメントの結果を入手すること。

(4)　元方事業者は，次に掲げる場合には，関係請負人におけるリスクアセスメントの円滑な実施に資するよう，自ら実施したリスクアセスメント等の結果を当該業務に係る関係請負人に提供すること。

　ア　複数の事業者が同一の場所で作業する場合であって，混在作業における化学物質等による労働災害を防止するために元方事業者がリスクアセスメント等を実施したとき。

　イ　化学物質等にばく露するおそれがある場所等，化学物質等による危険性又は有害性がある場所において，複数の事業者が作業を行う場合であって，元方事業者が当該場所に関するリスクアセスメント等を実施したとき。

8　危険性又は有害性の特定

　　事業者は，化学物質等について，リスクアセスメント等の対象となる業務を洗い出した上で，原則としてア及びイに即して危険性又は有害性を特定すること。また，必要に応じ，ウに掲げるものについても特定することが望ましいこと。

　ア　国際連合から勧告として公表された「化学品の分類及び表示に関する世界調和システム（GHS）」（以下「GHS」という。）又は日本工業規格（編注：日本産業規格）Z 7252に基づき分類された化学物質等の危険性又は有害性（SDSを入手した場合には，当該SDSに記載されているGHS分類結果）

　イ　日本産業衛生学会の許容濃度又は米国産業衛生専門家会議（ACGIH）のTLV－TWA等の化学物質等のばく露限界（以下「ばく露限界」という。）が設定されている場合にはその値（SDSを入手した場合には，当該SDSに記載されているばく露限界）

　　ウ　ア又はイによって特定される危険性又は有害性以外の，負傷又は疾病の原因となる
　　　おそれのある危険性又は有害性。この場合，過去に化学物質等による労働災害が発生
　　　した作業，化学物質等による危険又は健康障害のおそれがある事象が発生した作業等
　　　により事業者が把握している情報があるときには，当該情報に基づく危険性又は有害
　　　性が必ず含まれるよう留意すること。

9　リスクの見積り

　(1)　事業者は，リスク低減措置の内容を検討するため，安衛則第34条の2の7第2項
　　　に基づき，次に掲げるいずれかの方法（危険性に係るものにあっては，ア又はウに掲
　　　げる方法に限る。）により，又はこれらの方法の併用により化学物質等によるリスク
　　　を見積もるものとする。

　　ア　化学物質等が当該業務に従事する労働者に危険を及ぼし，又は化学物質等により
　　　当該労働者の健康障害を生ずるおそれの程度（発生可能性）及び当該危険又は健康
　　　障害の程度（重篤度）を考慮する方法。具体的には，次に掲げる方法があること。

　　　(ア)　発生可能性及び重篤度を相対的に尺度化し，それらを縦軸と横軸とし，あらか
　　　　じめ発生可能性及び重篤度に応じてリスクが割り付けられた表を使用してリスク
　　　　を見積もる方法

　　　(イ)　発生可能性及び重篤度を一定の尺度によりそれぞれ数値化し，それらを加算又
　　　　は乗算等してリスクを見積もる方法

　　　(ウ)　発生可能性及び重篤度を段階的に分岐していくことによりリスクを見積もる方
　　　　法

　　　(エ)　ILOの化学物質リスク簡易評価法（コントロール・バンディング）等を用いて
　　　　リスクを見積もる方法

　　　(オ)　化学プラント等の化学反応のプロセス等による災害のシナリオを仮定して，そ
　　　　の事象の発生可能性と重篤度を考慮する方法

　　イ　当該業務に従事する労働者が化学物質等にさらされる程度（ばく露の程度）及び
　　　当該化学物質等の有害性の程度を考慮する方法。具体的には，次に掲げる方法があ
　　　るが，このうち，(ア)の方法を採ることが望ましいこと。

　　　(ア)　対象の業務について作業環境測定等により測定した作業場所における化学物質
　　　　等の気中濃度等を，当該化学物質等のばく露限界と比較する方法

　　　(イ)　数理モデルを用いて対象の業務に係る作業を行う労働者の周辺の化学物質等の
　　　　気中濃度を推定し，当該化学物質のばく露限界と比較する方法

　　　(ウ)　対象の化学物質等への労働者のばく露の程度及び当該化学物質等による有害性
　　　　を相対的に尺度化し，それらを縦軸と横軸とし，あらかじめばく露の程度及び有
　　　　害性の程度に応じてリスクが割り付けられた表を使用してリスクを見積もる方法

　　ウ　ア又はイに掲げる方法に準ずる方法。具体的には，次に掲げる方法があること。

　　　(ア)　リスクアセスメントの対象の化学物質等に係る危険又は健康障害を防止するた

めの具体的な措置が労働安全衛生法関係法令（主に健康障害の防止を目的とした有機溶剤中毒予防規則（昭和47年労働省令第36号），鉛中毒予防規則（昭和47年労働省令第37号），四アルキル鉛中毒予防規則（昭和47年労働省令第38号）及び特定化学物質障害予防規則（昭和47年労働省令第39号）の規定並びに主に危険の防止を目的とした労働安全衛生法施行令（昭和47年政令第318号）別表第1に掲げる危険物に係る安衛則の規定）の各条項に規定されている場合に，当該規定を確認する方法。

 (イ) リスクアセスメントの対象の化学物質等に係る危険を防止するための具体的な規定が労働安全衛生法関係法令に規定されていない場合において，当該化学物質等のSDSに記載されている危険性の種類（例えば「爆発物」など）を確認し，当該危険性と同種の危険性を有し，かつ，具体的措置が規定されている物に係る当該規定を確認する方法

(2) 事業者は，(1)のア又はイの方法により見積りを行うに際しては，用いるリスクの見積り方法に応じて，7で入手した情報等から次に掲げる事項等必要な情報を使用すること。

 ア 当該化学物質等の性状

 イ 当該化学物質等の製造量又は取扱量

 ウ 当該化学物質等の製造又は取扱い（以下「製造等」という。）に係る作業の内容

 エ 当該化学物質等の製造等に係る作業の条件及び関連設備の状況

 オ 当該化学物質等の製造等に係る作業への人員配置の状況

 カ 作業時間及び作業の頻度

 キ 換気設備の設置状況

 ク 保護具の使用状況

 ケ 当該化学物質等に係る既存の作業環境中の濃度若しくはばく露濃度の測定結果又は生物学的モニタリング結果

(3) 事業者は，(1)のアの方法によるリスクの見積りに当たり，次に掲げる事項等に留意するものとする。

 ア 過去に実際に発生した負傷又は疾病の重篤度ではなく，最悪の状況を想定した最も重篤な負傷又は疾病の重篤度を見積もること。

 イ 負傷又は疾病の重篤度は，傷害や疾病等の種類にかかわらず，共通の尺度を使うことが望ましいことから，基本的に，負傷又は疾病による休業日数等を尺度として使用すること。

 ウ リスクアセスメントの対象の業務に従事する労働者の疲労等の危険性又は有害性への付加的影響を考慮することが望ましいこと。

(4) 事業者は，一定の安全衛生対策が講じられた状態でリスクを見積もる場合には，用いるリスクの見積り方法における必要性に応じて，次に掲げる事項等を考慮すること。

　　　ア　安全装置の設置，立入禁止措置，排気・換気装置の設置その他の労働災害防止の
　　　　ための機能又は方策（以下「安全衛生機能等」という。）の信頼性及び維持能力

　　　イ　安全衛生機能等を無効化する又は無視する可能性

　　　ウ　作業手順の逸脱，操作ミスその他の予見可能な意図的・非意図的な誤使用又は危
　　　　険行動の可能性

　　　エ　有害性が立証されていないが，一定の根拠がある場合における当該根拠に基づく
　　　　有害性

10　リスク低減措置の検討及び実施

　(1)　事業者は，法令に定められた措置がある場合にはそれを必ず実施するほか，法令に
　　　定められた措置がない場合には，次に掲げる優先順位でリスク低減措置の内容を検討
　　　するものとする。ただし，法令に定められた措置以外の措置にあっては，9(1)イの方
　　　法を用いたリスクの見積り結果として，ばく露濃度等がばく露限界を相当程度下回る
　　　場合は，当該リスクは，許容範囲内であり，リスク低減措置を検討する必要がないも
　　　のとして差し支えないものであること。

　　　ア　危険性又は有害性のより低い物質への代替，化学反応のプロセス等の運転条件の
　　　　変更，取り扱う化学物質等の形状の変更等又はこれらの併用によるリスクの低減

　　　イ　化学物質等に係る機械設備等の防爆構造化，安全装置の二重化等の工学的対策又
　　　　は化学物質等に係る機械設備等の密閉化，局所排気装置の設置等の衛生工学的対策

　　　ウ　作業手順の改善，立入禁止等の管理的対策

　　　エ　化学物質等の有害性に応じた有効な保護具の使用

　(2)　(1)の検討に当たっては，より優先順位の高い措置を実施することにした場合であっ
　　　て，当該措置により十分にリスクが低減される場合には，当該措置よりも優先順位の
　　　低い措置の検討まで要するものではないこと。また，リスク低減に要する負担がリス
　　　ク低減による労働災害防止効果と比較して大幅に大きく，両者に著しい不均衡が発生
　　　する場合であって，措置を講ずることを求めることが著しく合理性を欠くと考えられ
　　　るときを除き，可能な限り高い優先順位のリスク低減措置を実施する必要があるもの
　　　とする。

　(3)　死亡，後遺障害又は重篤な疾病をもたらすおそれのあるリスクに対して，適切なリ
　　　スク低減措置の実施に時間を要する場合は，暫定的な措置を直ちに講ずるほか，(1)に
　　　おいて検討したリスク低減措置の内容を速やかに実施するよう努めるものとする。

　(4)　リスク低減措置を講じた場合には，当該措置を実施した後に見込まれるリスクを見
　　　積もることが望ましいこと。

11　リスクアセスメント結果等の労働者への周知等

　(1)　事業者は，安衛則第34条の2の8に基づき次に掲げる事項を化学物質等を製造し，
　　　又は取り扱う業務に従事する労働者に周知するものとする。

　　　ア　対象の化学物質等の名称

　　イ　対象業務の内容

　　ウ　リスクアセスメントの結果

　　　(ア)　特定した危険性又は有害性

　　　(イ)　見積もったリスク

　　エ　実施するリスク低減措置の内容

(2)　(1)の周知は，次に掲げるいずれかの方法によること。

　　ア　各作業場の見やすい場所に常時掲示し，又は備え付けること

　　イ　書面を労働者に交付すること

　　ウ　磁気テープ，磁気ディスクその他これらに準ずる物に記録し，かつ，各作業場に
　　　労働者が当該記録の内容を常時確認できる機器を設置すること

(3)　法第59条第1項に基づく雇入れ時教育及び同条第2項に基づく作業変更時教育に
　　おいては，安衛則第35条第1項第1号，第2号及び第5号に掲げる事項として，(1)
　　に掲げる事項を含めること。

　　　なお，5の(1)に掲げるリスクアセスメント等の実施時期のうちアからウまでについ
　　ては，法第59条第2項の「作業内容を変更したとき」に該当するものであること。

(4)　リスクアセスメントの対象の業務が継続し(1)の労働者への周知等を行っている間
　　は，事業者は(1)に掲げる事項を記録し，保存しておくことが望ましい。

12　その他

　　表示対象物又は通知対象物以外のものであって，化学物質，化学物質を含有する製剤
　その他の物で労働者に危険又は健康障害を生ずるおそれのあるものについては，法第
　28条の2に基づき，この指針に準じて取り組むよう努めること。

9　化学物質等の危険性又は有害性等の表示又は通知等の促進に関する指針

（平成 24 年 3 月 16 日厚生労働省告示第 133 号）

（最終改正　令和 4 年 5 月 31 日厚生労働省告示第 190 号）

（目的）

第1条　この指針は，危険有害化学物質等（労働安全衛生規則（以下「則」という。）第 24 条の 14 第 1 項に規定する危険有害化学物質等をいう。以下同じ。）及び特定危険有害化学物質等（則第 24 条の 15 第 1 項に規定する特定危険有害化学物質等をいう。以下同じ。）の危険性又は有害性等についての表示及び通知に関し必要な事項を定めるとともに，労働者に対する危険又は健康障害を生ずるおそれのある物（危険有害化学物質等並びに労働安全衛生法施行令（昭和 47 年政令第 318 号）第 18 条各号及び同令別表第 3 第 1 号に掲げる物をいう。以下「化学物質等」という。）に関する適切な取扱いを促進し，もって化学物質等による労働災害の防止に資することを目的とする。

（譲渡提供者による表示）

第2条　危険有害化学物質等を容器に入れ，又は包装して，譲渡し，又は提供する者は，当該容器又は包装（容器に入れ，かつ，包装して，譲渡し，又は提供する場合にあっては，その容器）に，則第 24 条の 14 第 1 項各号に掲げるもの（以下「表示事項等」という。）を表示するものとする。ただし，その容器又は包装のうち，主として一般消費者の生活の用に供するためのものについては，この限りでない。

②　前項の規定による表示は，同項の容器又は包装に，表示事項等を印刷し，又は表示事項等を印刷した票箋を貼り付けて行うものとする。ただし，当該容器又は包装に表示事項等の全てを印刷し，又は表示事項等の全てを印刷した票箋を貼り付けることが困難なときは，当該表示事項等（則第 24 条の 14 第 1 項第 1 号イに掲げるものを除く。）については，これらを印刷した票箋を当該容器又は包装に結びつけることにより表示することができる。

③　危険有害化学物質等を譲渡し，又は提供した者は，譲渡し，又は提供した後において，当該危険有害化学物質等に係る表示事項等に変更が生じた場合には，当該変更の内容について，譲渡し，又は提供した相手方に，速やかに，通知するものとする。

④　前三項の規定にかかわらず，危険有害化学物質等に関し表示事項等の表示について法令に定めがある場合には，当該表示事項等の表示については，その定めによることができる。

（譲渡提供者による通知等）

第3条 特定危険有害化学物質等を譲渡し，又は提供する者は，則第24条の15第1項に規定する方法により同項各号の事項を，譲渡し，又は提供する相手方に通知するものとする。ただし，主として一般消費者の生活の用に供される製品として特定危険有害化学物質等を譲渡し，又は提供する場合については，この限りではない。

（事業者による表示及び文書の作成等）

第4条 事業者（化学物質等を製造し，又は輸入する事業者及び当該物の譲渡又は提供を受ける相手方の事業者をいう。以下同じ。）は，容器に入れ，又は包装した化学物質等を労働者に取り扱わせるときは，当該容器又は包装（容器に入れ，かつ，包装した化学物質等を労働者に取り扱わせる場合にあっては，当該容器。第3項において「容器等」という。）に，表示事項等を表示するものとする。

② 第2条第2項の規定は，前項の表示について準用する。

③ 事業者は，前項において準用する第2条第2項の規定による表示をすることにより労働者の化学物質等の取扱いに支障が生じるおそれがある場合又は同項ただし書の規定による表示が困難な場合には，次に掲げる措置を講ずることにより表示することができる。

1 当該容器等に名称及び人体に及ぼす作用を表示し，必要に応じ，労働安全衛生規則第24条の14第1項第2号の規定に基づき厚生労働大臣が定める標章（平成24年厚生労働省告示第151号）において定める絵表示を併記すること。

2 表示事項等を，当該容器等を取り扱う労働者が容易に知ることができるよう常時作業場の見やすい場所に掲示し，若しくは表示事項等を記載した一覧表を当該作業場に備え置くこと，又は表示事項等を，磁気ディスク，光ディスクその他の記録媒体に記録し，かつ，当該容器等を取り扱う作業場に当該容器等を取り扱う労働者が当該記録の内容を常時確認できる機器を設置すること。

④ 事業者は，化学物質等を第1項に規定する方法以外の方法により労働者に取り扱わせるときは，当該化学物質等を専ら貯蔵し，又は取り扱う場所に，表示事項等を掲示するものとする。

⑤ 事業者（化学物質等を製造し，又は輸入する事業者に限る。）は，化学物質等を労働者に取り扱わせるときは，当該化学物質等に係る則第24条の15第1項各号に掲げる事項を記載した文書を作成するものとする。

⑥ 事業者は，第2条第3項又は則第24条の15第3項の規定により通知を受けたとき，第1項の規定により表示（第2項の規定により準用する第2条第2項

ただし書の場合における表示及び第3項の規定により講じる措置を含む。以下
この項において同じ。）をし，若しくは第4項の規定により掲示をした場合であ
って当該表示若しくは掲示に係る表示事項等に変更が生じたとき，又は前項の
規定により文書を作成した場合であって当該文書に係る則第24条の15第1項
各号に掲げる事項に変更が生じたときは，速やかに，当該通知，当該表示事項
等の変更又は当該各号に掲げる事項の変更に係る事項について，その書換えを
行うものとする。

（安全データシートの掲示等）

第5条　事業者は，化学物質等を労働者に取り扱わせるときは，第3条第1項の
規定により通知された事項又は前条第5項の規定により作成された文書に記載
された事項（以下この条においてこれらの事項が記載された文書等を「安全デ
ータシート」という。）を，常時作業場の見やすい場所に掲示し，又は備え付け
る等の方法により労働者に周知するものとする。

②　事業者は，労働安全衛生法第28条の2第1項又は第57条の3第1項の調査
を実施するに当たっては，安全データシートを活用するものとする。

③　事業者は，化学物質等を取り扱う労働者について当該化学物質等による労働
災害を防止するための教育その他の措置を講ずるに当たっては，安全データシ
ートを活用するものとする。

（細目）

第6条　この指針に定める事項に関し必要な細目は，厚生労働省労働基準局長が
定める。

10 鉛等有害物を含有する塗料の剥離やかき落とし作業における労働者の健康障害防止について

(平成 26 年 5 月 30 日基安労発 0530 第 1 号　基安化発 0530 第 1 号)

標記について，一般に錆止め等の目的で鉛を数十％から十数％程度含有したり，クロムを含有する塗料が塗布された橋梁等建設物があり，また，業界の自主的な取組により鉛含有塗料の流通は少なくなっているものの，現在でも多くの建設物に塗布されている。これら鉛等有害物を含有する建築物の塗料の剥離やかき落とし作業（以下「剥離等作業」という。）を行う場合には，塗料における鉛等有害物の使用状況を適切に把握した上で，鉛中毒予防規則等関係法令を順守することはもとより，状況に応じた適切なばく露防止対策を講じる必要がある。また，これらの業務を発注する者は，鉛等有害物を含有する塗料の使用状況に係る情報を施工業者に提示し，必要なばく露防止対策を講じさせることが望ましい。

ついては，橋梁等建設物に塗布された塗料の剥離等作業における鉛等有害物による健康障害防止を徹底するため，下記の事項について，発注者に取組を要請するとともに，施工業者に適切な実施を指導されたい。なお，関係事業者団体の長宛て別添（略）のとおり周知しているので，関係事業者等に対する指導に当たり留意されたい。

記

（塗料の剥離等作業を発注する者について）

1　橋梁等建設物に塗布された塗料の剥離等作業を発注する者は，塗布されている塗料中の鉛やクロム等の有害な化学物質の有無について把握している情報を施工者に伝えるほか，塗料中の有害物の調査やばく露防止対策について必要な経費等の配慮を行うこと。

（塗料の剥離等作業を請け負う事業者について）

2　労働安全衛生法等関係法令に基づく対策の必要性を確認するため，橋梁等建設物に塗布された塗料の剥離等作業を請け負う事業者は，発注者に問い合わせる等して，当該塗料の成分を把握すること。

3　2により，当該塗料の成分について鉛等の有害物が確認された場合は，当該塗料の剥離等作業を行う事業者は，鉛中毒予防規則等関係法令に従い，湿式による作業の実施，作業主任者の選任と適切な作業指揮の実施，有効な保護具の着

用等を実施すること。

4　鉛等有害物を含有する塗料の剥離等作業を，近隣環境への配慮のために隔離
措置された作業場や屋内等の狭隘で閉鎖された作業場（以下「隔離区域等内作
業場」という。）で作業を行う場合は，当該区域内の鉛等有害物の粉じんの濃度
は極めて高濃度になるため，次の措置を行うこと。

⑴　剥離等作業は必ず湿潤化して行うこと。湿潤化が著しく困難な場合は，当
該作業環境内で湿潤化した場合と同等程度の粉じん濃度まで低減させる方策を
講じた上で作業を実施すること。

⑵　隔離区域等内作業場に粉じんを集じんするため適切な除じん機能を有する
集じん排気装置を設けること。この際，集じん排気装置の排気口は外部に設け
ること。また，集じん排気装置は作業場の空間に応じて十分な排気量を有する
ものとすること。

⑶　隔離区域等内作業場より粉じんを外部に持ち出さないよう洗身や作業衣等
の洗浄等を徹底すること。

⑷　隔離区域等内作業場については，関係者以外の立ち入りを禁じ，区域内で
作業や監視を行う労働者については，電動ファン付き呼吸用保護具又はこれと
同等以上の性能を有する空気呼吸器，酸素呼吸器若しくは送気マスクを着用さ
せること。なお，電動ファン付き呼吸用保護具については，フィルターを適切
な期間ごとに交換するなど適切に管理して使用させること。

⑸　呼吸用保護具については，隔離区域等内作業場より離れる都度，付着した
粉じんを十分に拭い，隔離区域等内作業場とは離れた汚染されていない場所に
保管すること。

⑹　隔離区域等内作業場の粉じんを運搬し，又は貯蔵するときは，当該粉じん
が発散するおそれがないよう堅固な容器を使用し，又は確実な包装をすること。
また，それらの保管については，一定の場所を定めておくこと。

5　鉛業務に常時従事する労働者に対し，法令に基づき鉛健康診断を行うととも
に，鉛中毒の症状を訴える者に速やかに医師の診断を受けさせるようにするこ
と。また鉛中毒にかかっている者及び健康診断の結果鉛業務に従事することが
適当でないと認める者に対しては，労働安全衛生法第66条の5に基づき，医師
等の意見を勘案して，鉛業務に従事させない等の適切な措置を講じること。

『鉛作業主任者テキスト』（第6版）正誤表

『鉛作業主任者テキスト』（第6版）に下記のとおり誤りがありました。お詫びして訂正いたします。

中央労働災害防止協会

該当頁・行	誤	正
158頁上から8行目	安衛法第57条の2の通知対象物	安衛法第57条第1項および第57条の2の通知対象物
168頁上から2行目	所轄労働基準監督署長が	所轄都道府県労働局長が

鉛作業主任者テキスト

平成23年3月15日	第1版第1刷発行
平成26年12月1日	第2版第1刷発行
平成29年10月31日	第3版第1刷発行
令和元年8月30日	第4版第1刷発行
令和2年11月30日	第5版第1刷発行
令和5年3月28日	第6版第1刷発行
令和5年10月10日	第2刷発行

編　　者　中央労働災害防止協会

発 行 者　平　山　　剛

発 行 所　中央労働災害防止協会
〒108-0023
東京都港区芝浦3丁目17番12号
吾妻ビル9階
電話　販売　03（3452）6401
　　　編集　03（3452）6209

印刷・製本　新日本印刷株式会社

落丁・乱丁本はお取り替えいたします　　　　　　　Ⓒ JISHA 2023
ISBN 978-4-8059-2093-0　C 3043

中災防ホームページ　https://www.jisha.or.jp/

本書の内容は著作権法によって保護されています。本書の全部または一部を複写（コピー）、複製、転載すること（電子媒体への加工を含む）を禁じます。